高等学校教材

系统工程原理及应用

陈队永　主编

中国铁道出版社

2014年·北京

内 容 简 介

本书为高等学校教材,主要介绍了系统工程的基本概念、原理和方法应用。结合多年本科教学实践,重点介绍了系统分析、系统预测、系统评价、网络计划技术和系统决策等的基本原理及其应用,理论联系实际,应用性突出。

本书适用于本科应用型人才培养,可作为管理工程、项目管理、工程管理、工商管理以及相关工程技术专业的教材,也可供其他相关学科、专业教学使用。

图书在版编目(CIP)数据

系统工程原理及应用/陈队永主编 . —北京:中国铁道出版社,2014.2
高等学校教材
ISBN 978-7-113-17859-8

Ⅰ.①系… Ⅱ.①陈… Ⅲ.①系统工程－高等学校－教材 Ⅳ.①N945

中国版本图书馆 CIP 数据核字(2013)第 302120 号

书　　名:**系统工程原理及应用**
作　　者:陈队永　主编

策　　划:刘红梅
责任编辑:刘红梅　　　编辑部电话:010-51873133　　　电子信箱:mm2005td@126.com
封面设计:郑春鹏
责任校对:胡明锋
责任印制:李　佳

出版发行:中国铁道出版社 (100054,北京市西城区右安门西街 8 号)
网　　址:http://www.tdpress.com
印　　刷:北京大兴新魏印刷厂
版　　次:2014 年 2 月第 1 版　 2014 年 2 月第 1 次印刷
开　　本:787 mm×1 092 mm　 1/16　 印张:16　 字数:413 千
印　　数:1～3 000 册
书　　号:ISBN 978-7-113-17859-8
定　　价:34.00 元

前 言

系统工程是系统科学的一个分支,是系统科学的实际应用,是一门高度综合性的管理工程技术。系统工程以大规模复杂系统为对象,从系统的整体观念出发,研究各个组成部分,分析各种因素之间的关系,运用定性与定量分析相结合的方法,寻找系统的最佳方案,使系统总体效果达到最优。

我国著名科学家钱学森曾指出:"系统工程是组织管理系统的规划、研究、设计、制造、试验和使用的科学方法,是一种对所有系统都具有普遍意义的方法";"系统工程是一门组织管理的技术"。

系统工程作为一门组织管理的技术,在我国工程建设、生产管理、商业经营、资源利用、环境保护、经济体制改革和科学研究等诸多领域均已取得了显著成效,应用领域日益广泛,其重要作用已被人们广泛认识和接受,在我国社会经济建设过程中必将发挥越来越重要的作用。

结合作者多年本科教学实践,本书主要介绍系统工程的基本概念、原理和方法应用。重点介绍了系统分析、系统预测、系统评价、网络计划技术和系统决策等的基本原理及其应用,尽量做到理论联系实际,突出应用性。全书共分为9章,主要内容如下:

第1章绪论,介绍了系统、系统工程、体系和系统科学体系的基本概念。

第2章系统工程方法论,介绍了处理复杂系统的基本观点、以霍尔为代表的硬系统工程方法论、以切克兰德为代表的软系统工程方法论、以兰德公司为代表的系统分析方法论、以钱学森为代表的综合集成方法论以及物理—事理—人理系统方法论。

第3章系统分析,介绍了系统分析的基本概念、系统环境分析、系统目标分析和系统结构分析。

第4章系统建模,介绍了系统模型的概念和系统建模主要方法。

第5章系统预测,介绍了系统预测的概念,定性预测方法中的专家会议法和德尔菲法,定量预测方法中的时间序列分析预测、灰色模型预测、回归分析预测和马尔可夫预测。

第6章系统评价,介绍了系统评价的概念、评价指标综合的主要方法、层次分析法和模糊综合评价法。

第7章系统网络计划,介绍了网络计划的概念、双代号网络计划、单代号网络计划、网络计划优化和网络计划技术的应用。

　　第8章系统决策,介绍了决策的概念、风险型决策、不确定性决策、效用理论在决策中的应用和对策分析。

　　第9章系统管理,介绍了战略研究与管理、路线图、网络化管理和矩阵式管理的基本概念和主要方法。

　　该书定位于本科应用型人才培养,可作为高等院校交通工程、交通运输、管理工程、项目管理、工程管理、工商管理以及相关工程技术专业的教材,也可作为其他相关学科、专业教学使用。

　　本书由石家庄铁道大学陈队永主编。各章编写分工为:第1章、第5章、第6章和第7章由石家庄铁道大学陈队永编写;第2章由石家庄铁道大学张慧丽编写;第3章由石家庄铁道大学康拥政编写;第4章由石家庄铁道大学郭倩倩编写;第8章由衡水市交通运输局贾世东和衡水市哈院王琛编写;第9章由石家庄铁道大学孙幸成编写。全书由陈队永进行统稿与审校。

　　本书得到了教育部高等学校特色专业建设点(交通工程,项目号:TS11283)、河北省高等教育教学改革研究项目(项目号:2012GJJG083)和高等学校专业综合改革试点项目(交通工程)的资助。在编写和出版过程中,还得到了石家庄铁道大学黄守刚的大力支持和帮助。在此一并表示诚挚的谢意。

　　在本书的编写过程中,参考了大量的相关文献和资料。由于所参考的文献和资料较多,只能将主要的文献列于书后。在此谨向所有文献和资料的作者表示衷心感谢和敬意。

　　限于时间和编者的水平,书中不妥和错漏之处在所难免,敬请专家和读者批评指正。

编者

2014 年 1 月

目　录

1　绪　　论 ………………………………………………………… 1

1.1　系统概述 ……………………………………………………… 1

1.2　系统工程 ……………………………………………………… 4

1.3　体系与体系工程 ……………………………………………… 8

1.4　系统科学体系 ………………………………………………… 12

复习思考题 ………………………………………………………… 17

2　系统工程方法论 ………………………………………………… 18

2.1　方法与方法论 ………………………………………………… 18

2.2　处理复杂系统问题的基本观点 ……………………………… 18

2.3　以霍尔为代表的硬系统工程方法论 ………………………… 20

2.4　以切克兰德为代表的软系统工程方法论 …………………… 23

2.5　以兰德公司为代表的系统分析方法论 ……………………… 25

2.6　以钱学森为代表的综合集成方法论 ………………………… 27

2.7　物理—事理—人理系统方法论 ……………………………… 29

复习思考题 ………………………………………………………… 30

3　系统分析 ………………………………………………………… 31

3.1　系统分析概述 ………………………………………………… 31

3.2　系统环境分析 ………………………………………………… 35

3.3　系统目标分析 ………………………………………………… 38

3.4　系统结构分析 ………………………………………………… 40

复习思考题 ………………………………………………………… 45

4　系统建模 ………………………………………………………… 46

4.1　系统模型概述 ………………………………………………… 46

4.2　系统建模方法 ………………………………………………… 51

复习思考题 ………………………………………………………… 55

5　系统预测 ………………………………………………………… 57

5.1　系统预测概述 ………………………………………………… 57

5.2　定性预测方法 ………………………………………………… 61

5.3　时间序列分析预测 ……………………………………………………… 66
5.4　灰色预测——GM(1,1)模型 ………………………………………… 72
5.5　回归分析预测 …………………………………………………………… 76
5.6　马尔可夫预测 …………………………………………………………… 90
复习思考题 …………………………………………………………………… 97

6　系统评价 ……………………………………………………………………… 100
6.1　系统评价概述 …………………………………………………………… 100
6.2　评价指标综合的主要方法 ……………………………………………… 107
6.3　层次分析法 ……………………………………………………………… 117
6.4　模糊综合评价法 ………………………………………………………… 131
复习思考题 …………………………………………………………………… 141

7　系统网络计划 ………………………………………………………………… 143
7.1　概　　述 ………………………………………………………………… 143
7.2　双代号网络计划 ………………………………………………………… 145
7.3　单代号网络计划 ………………………………………………………… 165
7.4　网络计划优化 …………………………………………………………… 176
7.5　网络计划技术应用举例 ………………………………………………… 184
复习思考题 …………………………………………………………………… 192

8　系统决策 ……………………………………………………………………… 195
8.1　决策分析概述 …………………………………………………………… 195
8.2　风险型决策 ……………………………………………………………… 201
8.3　不确定型决策 …………………………………………………………… 213
8.4　效用理论在决策中的应用 ……………………………………………… 216
8.5　对策分析 ………………………………………………………………… 220
复习思考题 …………………………………………………………………… 227

9　系统管理 ……………………………………………………………………… 230
9.1　战略研究与管理 ………………………………………………………… 230
9.2　战略管理的发展趋势 …………………………………………………… 232
9.3　路　线　图 ……………………………………………………………… 234
9.4　网络化管理 ……………………………………………………………… 242
9.5　矩阵式管理 ……………………………………………………………… 244
复习思考题 …………………………………………………………………… 249

参考文献 ………………………………………………………………………… 250

1 绪　论

　　系统工程是一门正处于发展阶段的学科。系统工程是组织管理系统的规划、研究、设计、制造、试验和使用的科学方法，是用系统科学的观点，合理地结合控制论、信息论、经济管理科学、现代数学、计算机技术和其他有关的工程技术，按照系统开发的程序和方法去研究和建造最优化系统的一门综合性的管理工程技术。系统工程以系统为对象，从系统的整体观念出发，研究各个组成部分，分析各种因素之间的关系，运用数学和系统分析方法，寻找系统的最优方案，使系统的总体效果达到最佳。

1.1　系统概述

1.1.1　系统的概念

　　"系统"一词最早出现于古希腊德莫克利特著的《宇宙大系统》一书中，原意是指事物中共性部分和每一事物应占据的位置，也就是部分组成整体的意思。

　　"系统"一词广泛存在与人类长期的社会实践，存在于自然界、人类社会及人类思维描述的各个领域，早已为人们所熟悉。从中文字面看，"系"指关系、联系，"统"指有机统一，"系统"则指有机联系和统一。究竟什么是系统呢？往往不同的人或同一个人在不同的场合会对它赋予不同的含义。

　　一般系统论创始人贝塔朗菲定义："系统是相互联系相互作用的诸元素的综合体"。

　　在美国的《韦氏大辞典》中，"系统"一词被解释为"有组织的或被组织化的整体；结合着的整体所形成的各种概念和原理的结合；由有规则的相互作用、相互依存的形式组成的诸要素集合"。

　　在日本的 JIS 标准中，"系统"被定义为"许多组成要素保持有机的秩序向同一目的的行动的集合体"。

　　前苏联大百科全书中定义"系统"为"一些在相互关联与联系之下的要素组成的集合，形成了一定的整体性、统一性"。

　　《中国大百科全书（自动控制与系统工程卷）》解释系统是由相互制约、相互作用的一些部分组成的具有某种功能的有机整体。

　　从系统基本特征的角度，寻找一种较为通用的描述方式。为此，我们采用钱学森给出的对系统的描述性定义：

　　系统是由相互作用和相互依赖的若干组成部分结合的具有特定功能的有机整体，记为

$$S = <E,R>$$

式中，E（elements）为系统 S（systems）中所有元素构成的集合；R（relationship）为系统中所有关系的集合。

该定义有以下四个要点：

（1）系统及其要素

系统是由两个以上要素组成的整体，构成这个整体的各个要素可以是单个事物（元素），也可以是一群事物组成的分系统、子系统等。系统与其构成要素是一组相对的概念，取决于所研究的具体对象及其范围。

系统是由一些要素系统的组成部分结合而成的，这些组成部分可能是一些元件、零件、个体，也可能是子系统（分系统）。小的系统由几个要素组成，一个钟表由几十个零件组成，一架飞机有几十万个零件，一个宇宙飞船有几百万个零部件，一座大城市算起来大约有几亿个要素。随着社会的发展与科学技术的进步，系统总是越来越复杂，组成部分的数量也越来越多。

应注意，往往一个系统作为独立的部分来看，它是一个完整的系统；但对于更大范围或者更高一级来说，它本身又是一个更大系统的一个组成部分。例如，人体中呼吸系统可以看做一个独立系统，而对"人"这样一个更大系统来说又是一个组成部分。常常把这种组成部分叫做"子系统"或者"分系统"。

（2）系统和环境

任一系统是它所从属的一个更大系统（环境或超系统）的组成部分，并与其相互作用，保持较为密切的输入输出关系。系统连同其环境一起形成系统总体。系统与环境也是两个相对的概念。

（3）系统的结构

在构成系统的诸要素之间存在着一定的有机联系，这样在系统的内部形成一定的结构和秩序。结构即组成系统的诸要素之间相互关联的方式。

例如，钟表由齿轮、发条、指针装配而成，但随便把一堆齿轮、发条、指针放在一起不能构成钟表，必须按各零件间的一定的结合关系装配起来才行。我国古代谚语："三个臭皮匠，顶个诸葛亮"，这是说几个平凡人组织起来集思广益的集体智慧是超过单独的几个人的简单相加的。但俗话又说："一个和尚挑水喝，两个和尚抬水喝，三个和尚没水喝。"为什么同样是三个平凡人，结果会如此迥异呢？这里的关键在于是否有组织。所以，系统是按照一定的组织方式结合的。

（4）系统的功能

任何系统都有其特定的功能。系统功能的实现受到其环境和结构的影响。

1.1.2　系统的特性

由系统的定义，不难总结出一般系统应具有下述特性。

1. 整体性

系统的整体性是系统最基本最核心的特性，主要表现为系统的整体功能。系统的整体功能不是各组成要素功能的简单叠加，也不是组成要素的简单拼凑，而是呈现出各组成要素所没有的新功能，可概括地表达为"系统整体不等于其组成部分之和"，而是"整体大于部分之和"，即"1+1＞2"。整体性具体体现在系统具有整体的结构、整体的特性、整体的状态、整体的行为、整体的功能上。

系统整体性说明，具有独立功能的系统要素及要素间的相互关系是根据逻辑统一性的要求，协调存在于系统整体之中。就是说，任何一个要素不能离开整体去研究，要素之间的联系和作用也不能脱离整体去考虑。系统不是各个要素的简单集合,否则它就不会具有作为整体的特定功能。脱离了整体性,要素的机能和要素之间的作用便失去了原有的意义,研究任何事物的单独部分不能得出有关整体性的结论。系统的构成要素和要素的机能、要素间的相互联系要服从系统整体的功能和目的,在整体功能的基础上展开各要素及其相互之间的活动,这种活动的总和形成了系统整体的有机行为。

2. 相关性

组成系统的要素是相互联系、相互作用的,相关性说明这些联系之间的特定关系和演变规律。例如,道路交通控制系统是一个大系统,它由道路网、车辆、信号控制系统以及交通规则等单元或子系统组成,通过系统内各子系统相互协调的运转使道路上行驶车辆有条不紊。要求系统内的各个子系统为整体目标服务,提高系统的有序性,尽量避免系统的"内耗",提高系统整体运行的效果。

3. 层次性

从系统作为一个相互作用的诸要素总体来看,它可以分解为一系列不同层次的子系统,并存在一定的层次结构。而它本身又是它所从属的一个更大系统的子系统。例如,生命系统:细胞⊂器官⊂生物体⊂群体⊂组织⊂社会。这是系统结构的一种形式,在系统层次结构中表述了在不同层次子系统之间的从域关系或相互作用的关系。在不同的层次结构中存在着小同的运动形式,构成了系统的整体运动特性,为深入研究复杂系统的结构、功能和有效地进控制与调节提供了条件。

4. 目的性

通常系统都具有某种目的。为达到既定的目的,系统都具有一定的功能,而这正是区别这一系统和那一系统的标志。系统的目的一般用更具体的目标来体现,比较复杂的社会经济系统都具有不止一个目标,因此需要用一个指标体系来描述系统的目标。比如,衡量一个工业企业的经营业绩,不仅要考核它的产量、产值指标,而且要考核它的成本、利润和质量指标。在指标体系中各个指标之间有时是相互矛盾的,为此,要从整体出发,力求获得全局最优的经营效果,这就要求在矛盾的目标之间做好协调工作,寻求平衡或折中方案。

5. 适应性

任何一个系统都存在于一定的物质环境之中,因此,它必然要与外界产生物质、能量和信息交换,外界环境的变化必然会引起系统内部各要素的变化。不能适应环境变化的系统是没有生命力的,只有能够经常与外界环境保持最优适应状态的系统,才是具有不断发展势头的理想系统。因此,系统必须与时俱进,适应外部环境的变化。只有系统内部关系和外部关系相互协调、统一,才能全面地发挥出系统的整体功能,保证系统整体向最优化方向发展。例如,一个企业必须经常了解市场动态、同类企业的经营动向、有关行业的发展动态和国内外市场的需求等环境的变化,在此基础上研究企业的经营策略,调整企业的内部结构,以适应环境的变化。

上述系统的五个基本特性,是处理系统问题时,应具备的主要观点,即从总体目标出发着眼长远、整体优化的观点;从系统的内在联系分析问题的观点;考虑系统结构层次性的观点;考虑外界条件变化,使系统适应环境的观点等。在系统分析、设计、评价、决策时,这些基本观点是第一位的。离开这些基本观点,将会导致错误的结果。

当然,我们还可以列出系统的其他一些特性,诸如集合性、动态性、可控性、反馈性、再现性等等。

1.1.3　系统的分类

系统的种类纷繁多样,我们可以从不同的角度对其进行分类。认识系统的类型,有助于在实际工作中对系统工程对象的性质有进一步的了解和分析。

1. 自然系统与人造系统

自然系统是主要由自然物(动物、植物、矿物、大气、水资源等)所自然形成的系统,像海洋系统、矿藏系统等;人造系统是根据特定的目标,通过人的主观意愿所建成的系统,如生产系统、管理信息系统等。实际上,大多数系统是自然系统与人造系统的复合系统。近年来,系统工程越来越注意从自然系统的关系中探讨和研究人造系统。

2. 实体系统与概念系统

凡是以矿物、生物、机械和人群等实体为基本要素所组成的系统称为实体系统;凡是由概念、原理、原则、方法、制度、程序等概念性的非物质要素所构成的系统称为概念系统。在实际生活中,实体系统和概念系统在多数情况下是结合在一起的。实体系统是概念系统的物质基础;而概念系统往往是实体系统的中枢神经,指导实体系统的行动或为之服务。系统工程通常研究的是这两类系统的复合系统。

3. 动态系统和静态系统

动态系统就是系统的状态随时间而变化的系统;而静态系统则是表征系统运行规律的模型中不含有时间因素,即模型中的量不随时间而变化,它可视作动态系统的一种特殊情况,即状态处于稳定的系统。实际上多数系统是动态系统,但由于动态系统中各种参数之间的相互关系非常复杂,要找出其中的规律性有时是非常困难的,这时为了简化起见而假设系统是静态的,或使系统中的各种参数随时间变化的幅度很小,而视同稳态的。也可以说,系统工程研究的是在一定时期、一定范围内和一定条件下具有某种程度稳定性的动态系统。

4. 封闭系统与开放系统

封闭系统是指该系统与环境之间没有物质、能量和信息的交换,因而呈一种封闭状态的系统;开放系统是指系统与环境之间具有物质、能量与信息的交换的系统。这类系统通过系统内部各子系统的不断调整来适应环境变化,以保持相对稳定状态,并谋求发展。开放系统一般具有自适应和自调节的功能。

此外,还可以根据某些特征,将系统分为因果系统、目的系统、控制系统、行动系统、对象系统、简单系统、复杂系统等。

1.2　系统工程

1.2.1　系统工程的概念

系统工程(systems engineering)是一门正处于发展阶段的新兴学科,其应用领域十分广阔。由于它与其他学科的相互渗透、相影响,不同专业领域的人对它的理解不尽相同。因此,要给出一个统一的定义比较困难。下面列举国内外学术和工程界对系统工程的一些定义,可为我们认识系统工程这门学科的性质提供参考。

中国著名科学家钱学森教授指出:"系统工程是组织管理系统的规划、研究、设计、制造、试验和使用的科学方法","系统工程是一门组织管理的技术"。

美国著名学者切斯纳(Chestnut)指出："系统工程认为虽然每个系统都由许多不同的特殊功能部分组成,而这些功能部分之间又存在着相互关系,但是每一个系统都是完整的整体,每一个系统都要求有一个或若干个目标。系统工程则是按照各个目标进行权衡,全面求得最优解(或满意解)的方法,并使各组成部分能够最大限度地互相适应。"

日本学者三浦武雄指出："系统工程与其他工程学不同之处在于它是跨越许多学科的科学,而且是填补这些学科边界空白的边缘科学。因为系统工程的目的是研究系统,而系统不仅涉及工程学的领域,还涉及社会、经济和政治等领域,为了圆满解决这些交叉领域的问题,除了需要某些纵向的专门技术以外,还要有一种技术从横向把它们组织起来,这种横向技术就是系统工程。也就是研究系统所需的思想、技术和理论等体系化的总称。"

《中国大百科全书(自动控制与系统工程卷)》指出："系统工程是从整体出发合理开发、设计、实施和运用系统的工程技术。它是系统科学中直接改造世界的工程技术。"

美国科学技术词典的定义:系统工程是研究彼此密切联系的众多要素所构成的复杂系统的设计的科学。在设计这种复杂系统时,应有明确预定功能及目标,而在组成它的各要素之间及各要素与整体之间又必须能够有机地联系、配合协调,以使系统总体达到最优目标。在设计时还要考虑到参与系统中人的因素和作用。

日本工业标准(JIS)规定："系统工程是为了更好地达到系统目标,而对系统的构成要素、组织结构、信息流动和控制机构等进行分析与设计的技术。"

汪应洛教授认为,所谓系统工程,是用来开发、运行和革新一个大规模复杂系统所需理论、方法论方法的总和(总称)。

系统工程既是一个技术过程,又是一个管理过程。为了成功地完成系统的研制,在整个系统寿命周期内,技术和管理两方面都很重要。

综上所述,系统工程的研究对象是大型复杂的人工系统和复合系统;系统工程的研究内容是组织协调系统内部各要素的活动,使各要素为实现整体目标发挥适当作用;系统工程的研究目的是实现系统整体目标最优化。因此,系统工程是一门现代化的组织管理技术,是特殊的工程技术,是跨越许多学科的边缘科学。

1.2.2 系统工程的特点

1. 整体性(系统性)

整体性是系统工程最基本的特点,系统工程把所研究的对象看成一个整体系统,这个整体系统又是由若干部分(要素与子系统)有机结合而成的。因此,系统工程在研制系统时总是从整体性出发,从整体与部分之间相互依赖、相互制约的关系中去揭示系统的特征和规律,从整体最优化出发去实现系统各组成部分的有效运转。

2. 关联性(协调性)

用系统工程方法去分析和处理问题时,不仅要考虑部分与部分之间、部分与整体之间的相互关系,而且还要认真地协调它们的关系。因为系统各部分之间、各部分与整体之间的相互关系和作用直接影响到整体系统的性能,协调它们的关系便可提高整体系统的性能。

3. 综合性(交叉性)

系统工程以大型复杂的人工系统和复合系统为研究对象,这些系统涉及的因素很多,涉的学科领域也较为广泛。因此,系统工程必须综合研究各种因素,综合运用各门学科和技术领域的成就，从整体目标出发使各门学科、各种技术有机地配合，以达到整体最优化的目的。例如，把人类送上月球的"阿波罗"登月计划，就是综合运用各学科、各领域成就的产物，这样一项复杂而庞大的工程没有采用一种新技术，而完全是综合运用现有科学技术的结果。

4. 满意性（最优化）

系统工程是实现系统最优化的组织管理技术，因此，系统整体性能的最优化是系统工程所追求并要达到的目的。由于整体性是系统工程最基本的特点，所以系统工程并不追求构成系统的个别部分最优，而是通过协调系统各部分的关系，使系统整体目标达到最优。

系统工程一般采用先决定整体框架，后进入内部详细设计的程序；试图通过将构成事物的要素加以适当配置来提高整体功能，其核心思想是"综合即创造"。

在运用系统工程方法来分析与解决现实复杂系统问题时，需要确立系统的观点（系统工程工作的前提）、总体最优及平衡协调的观点（系统工程的目的）、综合运用方法与技术的观点（系统工程解决问题的手段）、问题导向和反馈控制的观点（系统工程有效性的保障）。这些集中体现了系统工程方法的思想及应用要求。

1.2.3 系统工程的形成与发展

第一次提出"系统工程"一词的是 1940 年在美国贝尔电话公司试验室工作的莫利纳（E. C. Molina）和在丹麦哥本哈根电话公司工作的厄朗（A. K. Erlang），他们在研制电话自动交换机时，意识到不能只注意电话机和交换台设备技术的研究，还要从通信网络的总体上进行研究。他们把研制工作分为规划、研究、开发、应用和通用工程等五个阶段，以后又提出了排队论原理，并应用到电话通信网络系统中，从而推动了电话事业的飞速发展。

在第二次世界大战期间，一些科学工作者以大规模军事行动为对象，提出了解决战争问题的一些决策和对策的方法和工程手段，出现了运筹学。当时英国为防御德国的突然空袭，应用系统工程的方法，研究了雷达报警系统和飞机降落排队系统，取得了很多战果。

1945 年，美国建立了兰德公司（RAND Corp.）。该公司应用运筹学等理论方法研制出了多种应用系统，在美国国家发展战略、国防系统开发、宇宙空间技术以及经济建设领域的重大决策中，发挥了重要作用。

1957 年，美国密执安大学的哥德（Goode）和麦科尔（Machal）两位教授合作出版了第一部以"系统工程"命名的书。

20 世纪 50 年代后期和 60 年代中期，美国为改变空间技术落后于苏联的局面，先后制定和执行了北极星导弹核潜艇计划和阿波罗登月计划，这些都是系统工程在国防科研中取得成果的著名范例。

1965 年，麦科尔又编写了《系统工程手册》一书，比较完整地阐述了系统工程理论、系统方法、系统技术、系统数学、系统环境等内容。至此，系统工程初步形成了一个较为完整的理论体系。

20 世纪 70 年代以来，随着微型计算机的发展，出现了分级分布控制系统和分散信号处理系统，扩展了系统工程理论方法的应用范围。近年来，社会、经济与环境综合性的大系统问题日益增多，且许多技术性问题中还带有政治、经济的因素。例如，北欧跨国电网的供电问题。该电网有水、火、核等多种能源形式，规模庞大，电网调度本身在技术上已相当复杂，而且还要受到各国经济利益冲突、地理条件限制、环境保护政策制约和人口迁移状况的影响,因此,负荷调度的目标和最佳运行方式的评价标准十分复杂,涉及多个国家社会经济因素。该电网的系统分析者要综合这些因素,对 4 500 万 kW 的电力做出合理的并能被接受的调度方案,提交各国讨论、协调和决策,这就是一个典型的系统工程问题。

在我国,近代的系统工程研究可以追溯到 20 世纪 50 年代。1956 年,中国科学院在钱学森、许国志教授的引导下,建立了第一个运筹学小组;20 世纪 60 年代,著名的数学家华罗庚大力推广了统筹法、优选法。1977 年以来,系统工程的推广和应用出现了新局面,1980 年成立了中国系统工程学会,与国际系统工程界进行了广泛的学术交流。近年来,系统工程在各个领域都取得了许多丰硕的应用成果。

系统工程从准备、创立到发展的阶段、年代(份),重大工程实践或事件及重要的理论与方法贡献等如表 1.1 所示。

表 1.1 系统工程的产生与发展概况

年代(份)	重大工程实践或事件	重要理论与方法贡献
1930 年	美国发展与研究广播电视系统	正式提出系统方法的概念
1940 年	美国实施彩电开发计划	采用系统方法,并取得巨大成功
第二次世界大战期间	英、美等国的反空袭等军事行动	产生军事系统工程
20 世纪 40 年代	美国研制原子弹的"曼哈顿计划"	运用系统工程,并推动其发展
1945 年	美国空军建立研究与开发(R&D)机构,即兰德(Rand)公司的前身	提出系统分析的概念,强调其重要性
20 世纪 40 年代后期到 50 年代初期		运筹学的广泛运用与发展、控制论的创立与应用、电子计算机的出现,为系统工程奠定了重要的学科基础
1957 年	H. Good 和 R. E. Machol 发表名为《系统工程》的著作	系统工程学科形成的标志
1958 年	美国海军研制北极星导弹计划	美国海军特种计划局提出 PERT(网络优化技术),这是较早的系统工程技术
1965 年	R. E-Machol 编著《系统工程手册》	表明系统工程的实用化和规范化
1961~1972 年	美国实施"阿波罗"登月计划	创立了矩阵式管理技术、图解协调技术、风险评审技术、技术预测关联树法
1972 年	国际应用系统分析研究所(IIASA)在维也纳成立	系统工程的应用重点开始从工程领域进入到社会经济领域,并发展到一个重要的新阶段
20 世纪 60 年代开始	"两弹一星"工程、三峡工程、登月工程	系统工程在中国的研究与应用日益广泛

1.2.4 系统工程的应用

系统工程作为研究复杂系统的一种行之有效的技术手段,已经得到了广泛的应用,主要有如表 1.2 所示的若干领域。

表 1.2　系统工程的应用领域与主要研究内容

应用领域	主要研究内容
社会系统工程	它的研究对象是整个社会,是一个开放的复杂巨系统。它具有多层次、多区域、多阶段的特点,如社会经济系统的可持续协调发展总体战略研究
经济系统工程	运用系统工程的方法研究宏观经济系统的问题,如国家的经济发展战略、综合发展规划、经济指标体系、投入产出分析、积累与消费分析、产业结构分析、消费结构分析、价格系统分析、资源合理配置、经济政策分析、综合国力分析、世界经济分析等
区域规划系统工程	运用系统工程的原理和方法研究区域发展战略、区域综合发展规划、区域城镇布局、区域资源合理配置、城市资源规划、城市公共交通规划与管理等
环境生态系统工程	研究大气生态系统、大地生态系统、流域生态系统、森林与生物生态系统、城市生态系统等系统分析、规划、建设、防治等方面的问题,以及环境检测系统、环境计量预测模型等问题
能源系统工程	研究能源合理结构、能源需求预测、能源开发规模预测、能源生产优化模型、能源合理利用模型、电力系统规划、节能规划、能源数据库等问题
水资源系统工程	研究河流综合利用规划、流域发展战略规划、农田灌溉系统规划与设计、城市供水系统优化模型、水能利用规划、防污指挥调度、水污染控制等问题
交通运输系统工程	研究铁路、公路、航运、航空综合运输规划及其发展战略、铁路调度系统、公路运输调度系统、航运调度系统、空运调度系统、综合运输优化模型、综合运输效益分析等
农业系统工程	研究农业发展战略、大农业及立体农业的战略规划、农业投资规划、农业综合规划、农业区域规划、农业政策分析、农产品需求预测、农产品发展速度预测、农业投入产出分析、农作物合理布局、农作物栽培技术规划、农业系统多层次开发模型等
工程项目管理系统工程	研究工程项目的总体设计、可行性、工程进度管理、工程质量管理、风险投资分析、可靠性分析、工程成本效益分析等
科技管理系统工程	研究科学技术发展战略、科学技术预测、优先发展领域分析、科学技术评价、科技人才规划等
人口系统工程	研究人口总目标、人口系统数学模型、人口系统动态特性分析、人口结构分析、人口区域规划、人口系统稳定性等
教育系统工程	研究人才需求预测、人才与教育规划、人才结构分析、教育政策分析、学校系统化管理等

1.3　体系与体系工程

　　体系的基本含义是由系统组成的系统,英文有 System of Systems(SoS)、Super-System、Meta-System 等。从 20 世纪 80 年代以来,随着现代信息技术的迅速发展,各式各样由多个系统组成的更大的系统,在实际应用中快速发展起来,这就产生了体系的概念。如卫星对地观测体系、因特网体系、智能交通体系以及企业信息网体系等等。体系考虑问题的视野是系统之上的系统,包含本系统而比本系统更大的系统。系统概念的产生不仅适应了信息化社会发展的进程,同时也引起了相关领域人类活动方式的深刻变化。由于体系重要性的日渐突出,体系特性及其相关规律的研究引起人们重视,出现了把体系作为专门领域进行多学科交叉研究的趋向。

1.3.1 体系的概念

从系统的层次性看,系统可分解为一系列具有一定层次结构的子系统,同时,系统也可能被包含在更大的系统中,这个更大的复杂系统就是通常所说的体系。体系尽管作为由系统组成的更高层次系统所带来的新现象得到普遍承认和重视,但至今仍没有一个普遍接受的明确定义。

Eisner(1991)等人认为体系是:①系统耦合既非完全依赖也非完全独立,而是相互依存的;②单个系统从体系角度看是单一功能的;③每一系统的最优化并不保证整个整个体系的最优;④系统的联合运作提供对整个使命的满足。

Shenhar(1994)给出了一个简明的定义:体系是大范围分布系统的集合或系统的网络,这些系统一起工作达到共同目的。

Maier(1998)给出的定义是:体系是组分的集合物,这些组分单个可作为系统并具有以下特性:①组分独立工作;②组分的管理独立性。组分系统实际上是独立运行的。另外,他还指出,体系具有渐进开发与整体涌现的行为特性。

Sage(2001)等人认为,体系必须满足五个主要特征:组分系统独立运行;组分系统独立管理;组分系统分布在不同地点,它们之间仅有信息交互;可以涌现任何组分系统不具备的新行为或新功能;不断发展进化。体系永远不会停止进化,随着时间的推移,体系在不断地增加、减少、进化或产生新的功能和用途。

2002年10月,Old Dominion大学的Keating等人在倡议成立国家体系工程中心(NCSO-SE)论文中,认为应把体系定义为由多个自治的嵌入式复杂系统组成的元系统(Meta Systems),这些组分系统在技术、背景、运作、地理及概念框架等方面表现出多样性。

张最良等人(2005)认为,体系是能得到进一步"涌现"性质的关联或联结的独立系统集合。这个定义说明体系的三个基本要素:①系统独立可用;②相互关联或联结;③能得到进一步的涌现性质。

也有人认为,体系是由若干可以作为系统看待的组分构成的集合,并且每个组分具有两个额外的特性:即使用上的独立性和管理上的独立性。

体系定义的多样性,一方面说明体系问题的普遍性,各领域和专业都基于各自的背景提出自己的定义;另一方面也说明关于体系问题的研究尚处于初期,以至于还不能有一个共同接受的看法。事实上,系统和体系的概念有时是可以互换的两个概念,但它们既有相同之处,也有不同之处。一般来说,系统的概念比较泛一些,即可以指由众多系统组成的大系统,系统内部的各系统既可以是合作关系,也可以是对抗关系。体系虽然是由系统组成的,但体系中的各系统一般都为合作关系。因此,体系也是一种系统,但它是一种特殊的系统。

因此,可把体系定义为:基于统一的标准将一组地理上分布广泛且具有独立功能的系统集成为能完成单个系统所无法完成的特定目标的新系统。

如交通运输有铁路、公路、水路、空中运输等多个相互独立运行的系统,某种意义上讲,它们之间还存在相互竞争的关系。但是,在国家利益上,它们之间更要相互配合,协调发展,形成一个有机的整体,满足国民经济建设和人民生活各种不同层次的需要。因此,根据体系的定义,交通运输是由铁路、公路、水上、空中等运输系统构成的一个典型的体系。类似的体系还有能源体系(包括核能、火电、水电、太阳能、风能等多种能源系统)、社会保障体系、武器装备体系,等等。

1.3.2　对体系概念的理解

(1)体系是一类特殊的系统。说体系是系统,就应该具备系统的一般性特征,包括结果、组成、环境、运行等,体系也可以是复合的,即体系中可以包含体系或系统,而且也可以是分层的。说体系是特殊的系统,其特殊性主要体现在:一是体系属于高层的概念,例如,国家体系,一般不会去指那些低层的事物;二是体系内部组分系统可能有竞争关系但不会产生对抗关系,而更多的是合作关系;三是体系属于整体的概念,体系的任何局部都不能代表体系的本身,体系必须通过整体才能体现。体系的任何一部分的缺失,都会导致体系能力或性能的严重退化,这时也就不成为体系了,至少不是现在这个体系了。

(2)体系内各系统松散耦合,独立运行,相互依存。体系的内部组分系统联系是松散的,不像系统内部连接非常紧密,总是要通过最小(信息流)方式连接,以保证其运行的独立性。但体系内各组分系统又相互依存,以确保共同去完成体系的使命。

(3)体系渐进成型,效果整体涌现。体系形态是一个不断变化的过程,由于其组分系统不断变化,体系本身也在不断地改变,逐步成型。即使成型后,也会随着系统的老化又不断衰退,除非又重新改进。这样体系就一定有一个从形成到衰退的生命周期。但如果不断改变更新,体系就会长期存在,但其内部系统的生命周期仍然会存在。体系成型结果最好的时候就是体系能力发挥最好的时候,这时体系将因为系统之间的相互作用而形成最好的涌现效果,也是体系效能最高的时候。

涌现性是体系最重要的特征之一,是决定是否形成了体系的重要标准。没有涌现性,体系只能说是一组系统的集合。涌现性是指整体具有而部分不具有的东西。从层次结构的角度看,涌现性是指那些高层次具有而还原到低层次就不再存在的属性、行为、特征、功能。通俗地说,就是"1+1>2","整体大于部分之和","多来自少","复杂来自简单"等。

1.3.3　体系的结构及优化

体系的结构指的是体系的组成要素及内部结构关系,还包含了组成要素与环境之间的相互关系。这个结构反映了体系的组成和运行,结构决定功能。

体系结构的优化,是针对体系的需求和全寿命管理的需要,在一定经济和技术可行性等约束条件下,通过综合运用系统分析、建模仿真、系统优化等方法,对数量规模、质量性能、经费投入等方面的权衡分析和综合论证,对提出的备选方案进行对比分析、综合评价、寻求最佳体系建设方案和整体最优效能的全过程。

体系结构具有层次性和动态性等主要特征,反映了体系是由多层次组成、在发展过程中会不断演化等特点。因此,一方面,对于体系的优化必须从多个层次运行;另一方面,体系结构的优化还要根据演化过程中不同的情况进行。

1.3.4　体系工程的概念与特点

现在要研究和解决的问题,如低碳经济、绿色交通、环境保护、社会保障、网络信息体系建设都涉及多个复杂系统,集成这些复杂系统就形成了开放的复杂巨系统,这就是我们前面所说的体系。

体系工程(SOS Engineering),概括地说,就是采用系统思想和体系的观点,以整体优化为目标,对体系进行规划、研究、设计、实施、试验和使用的科学方法和工程技术活动。体系工程是学科交叉、系统交互的过程,体系工程提供体系的分析支持,包括系统交叉的某一时间阶段内在资源、性能和风险上的最佳平衡,以及体系的灵活性和健壮性的分析。从问题求解的角度,系统工程与体系工程需要解决的问题元素相比,其区别如表 1.3 所示。

表 1.3 体系工程与系统工程的对比

问题元素	系统工程	体系工程	问题元素	系统工程	体系工程
焦点	单个复杂系统	集成多个复杂系统	问题	规定的	涌现的
目标	最优化	满意	分析	技术主导	背景影响主导
途径	过程	方法学	边界	固定的	不固定的
期望	解决方案	初始响应			

(1)系统工程解决的问题是通过定义分析、设计实施等活动,开发单一复杂系统使之满足特定应用的需求。相反,体系开发的是要把已有系统、新设计的系统等集成为一个整体,形成由多个复杂系统组成的体系,以满足凸现的需要或使命要求。这是体系工程与传统系统不同的重要出发点。

(2)系统工程的主要目标是性能最优,而体系工程更着重于性能满意。满意意味着体系由于未来条件的不确定和复杂,在单一最好结构意义上,不存在最优性。当然,这并不表明在体系内没有局部严格最优化问题,也不意味着着力改善体系性能的优化不可能实现。体系工程要解决的问题和达到的目标是:①实现体系的集成,满足在各种想定环境下的能力需求;②对体系的整个寿命周期提供技术与管理支持;③确定组分系统的选择与配比,达到体系中组分系统间的费用、性能、进度和风险的平衡;④对体系问题求解并给出科学的分析及决策支持;⑤组分系统的交互、协调与协同工作,实现互操作;⑥管理体系的涌现行为,以及动态的演化与更新。

(3)解决系统问题工程的途径是确定过程。所谓过程是达到最终结果所采取的一系列行动步骤。但系统工程过程的结构化和条理化探究,对于解决体系问题过于限制。解决体系问题主要是方法论,过程是次要的。方法论提供指导,它比理论更具体但尚未规定为方法。这样能使体系工程保持灵活性,适应问题背景和条件变化。体系工程也必须有结构化的探究,但其形式应是动态的并适合于可能迅速变化的体系工程条件。

(4)系统工程传统上是作出一个系统来解决问题,所以努力的预期是问题的解决。相反,体系工程必须面对的复杂问题,不可能期望有最终的解。关注点必须放在初始响应的展开上。这个看法反映了体系工程问题由于时间压力或体系进化式开发而产生的需求。所以有人认为,体系工程与系统工程最大的不同,就是体系工程承认体系是可以进化的。

(5)传统系统工程问题有清楚的定义,比较清楚的目标,可以用已有的理论和知识去解决。然而,体系工程的问题往往是新出现的,问题背景变化迅速,导致体系也在不断地调整目标。目前尚没有系统的途径去解决这个问题。

(6)在解决问题的途径上,传统系统工程强调简化,重在问题技术方面的分析。但体系工程环境的现实表明,越来越重视背景对体系问题各方面的影响。

(7)传统系统工程主要从技术角度确定边界,在整个分析中认为是不变的。体系工程的边界由于新出现的技术、需求或条件变化等而变化,有一定的任意性。所以体系工程方法必须能看出并补偿系统边界的突然、可能急剧的变化,对体系范围的变化要有充分的思想准备。

1.3.5　体系工程的主要研究内容

目前,在国内外都有许多体系工程研究机构,如美国老道明大学的国家体系工程研究中心,主要研究体系工程开发准则、体系工程的知识框架、体系工程的工具和方法等;美国普渡大学主要开展体系优化与组合、体系评估与决策、体系博弈与竞争、体系建模与仿真等方面的理论研究,以及在航空交通管制系统、卫星应用等方面的工程实践;美国卡内基·梅隆大学主要开展体系的互操作性、体系发展的持续性和体系架构等方面的研究;美国国防采办大学建立了体系工程研究中心;英国国防部开展了支持网络化作战能力的体系架构和体系效能评估研究;荷兰的 Delft 大学技术、管理与政策系能源战略研究小组从能源开发、减少碳的排放量、电力网络传输等方面开展了体系工程相关的研究,其研究重点围绕如何科学制定各类政策,保证经济、社会及工业方面的健康持续发展。

从上述研究机构开展的研究工作看,体系工程的主要研究内容有以下方面。

(1)体系需求:在体系工程实践中待开发的体系需要达到的目标、满足的功能和所需结构的描述过程。

(2)体系设计:对体系开发所采用的方法、体系结构、管理方式进行顶层设计,是体系开发跨领域、跨层次、跨时段的整体谋划。

(3)体系集成:探求体系构成组件的集成原理与方法以实现体系开发目标。

(4)体系管理:体系开发与运行管理方法和理论探讨,是保障体系开发谋划取得实实在在效益的关键。

(5)体系优化:探究如何对体系进行结构与功能优化使其行为最接近体系开发目标。

(6)体系评估:对体系行为进行综合评估,以判断体系开发的最终效果,这些体系开发过程均要在体系结构框架的指导下进行。

(7)体系演化:表征了系统的动态行为,对体系演化机制与规律的研究将使我们认清体系的行为发展和结构演化。

在解决许多复杂系统问题中,体系理论的应用已经取得良好的效果,它的进一步发展和广泛应用,必将为复杂问题的决策作出更大的贡献。随着信息技术的发展,有关体系的问题是不容回避的。但对于体系的概念以及体系工程的应用都有待于更深入的研究。

1.4　系统科学体系

1.4.1　系统思想的产生与发展

社会实践的需要是系统工程产生和发展的动因。系统工程作为一门学科,虽形成于 20 世纪中期,但系统思想及其初步实践可以追溯到古代。了解系统思想的产生与发展过程,有助于加深对系统概念、系统工程产生背景和系统科学全貌的认识。

1. 朴素的系统思想及其初步实践

自从人类有了生产活动以后,由于不断地和自然界接触,客观世界的系统性便逐渐反映到人的认识中来,从而自发地产生了朴素的系统思想。这种朴素的系统思想反映到哲学上,主要是把世界当做统一的整体。

古希腊的唯物主义哲学家德谟克利特曾提出"宇宙大系统"的概念,并最早使用"系统"一词;辩证法奠基人之一的赫拉克利特认为"世界是包括一切的整体";亚里士多德的名言"整体大于部分的总和"是系统论的基本原则之一。

虽然古代还没有提出一个明确的系统概念,没有也不可能建立一套专门的、科学的系统方法论体系,但对客观世界的系统性及整体性却有了一定程度的认识,并能把这种认识运用到改造客观世界的实践中去,中国在这方面尤为突出。

中国人做事善于从天时、地利、人和中进行整体分析,主张"大一统"、"和为贵"。

春秋末期的思想家老子曾阐明了自然界的统一性。

管子《地员篇》对农作物与种子、地形、土壤、水分、肥料、季节、气候诸因素的关系的系统叙述。

春秋战国时期名医扁鹊主张按病人气色、声音、形貌综合分析,用刮痧、针灸、汤液、按摩、熨贴多种疗法治病。

周秦至西汉初年古代医学总集的《黄帝内经》,包含着丰富的系统思想。它根据阴阳五行的朴素辩证法,把自然界和人体看成由金、木、水、火、土五种要素相生相克、相互制约而形成的有秩序、有组织的整体。人与天地自然又是相应、相生而形成的更大系统。《易经》也被认为是朴素系统思想的结晶。强调人体各器官的有机联系、生理现象和心理现象的联系、身体健康与自然环境的联系。

东周时代,出现了世界构成的"五行说"(金、木、水、火、土)。

公元前6世纪,中国著名军事家孙武在他的《孙子兵法》中,阐明了不少朴素的系统思想和运筹方法。该书共13篇,讲究打仗要把道(义)、天(时)、地(利)、将(才)、法(治)等5个要素结合起来考虑。

我国古天文学很早就提示了天体运行与季节变化的联系,编制历法和指导农事活动的二十四节气。

在古代的工程建设上,都江堰最具代表性和系统性。都江堰于公元前256年由蜀郡太守李冰父子组织建造,至今仍发挥着重要作用。该工程由鱼嘴(岷江分流)、飞沙堰(分洪排沙)和宝瓶口(引水)等三大设施组成,整个工程具有总体目标最优化、选址最优、自动分级排沙、利用地形并自动调节水量、就地取材及经济方便等特点。

所有这些古代农事、工程、军事、医药、天文知识和成就,都在不同程度上反映了朴素的系统思想的自发应用。由于时代的局限性,他们只能以抽象的思辨原则来代替自然现象的客观联系,不能很好地把握整体与局部的关系。

2. 科学系统思想的形成

古代朴素的系统思想用自发的系统概念考察自然现象,其理论是想象的,有时是凭灵感产生出来的,没有也不可能建立在对自然现象具体剖析的基础上,因而这种关于整体性和统一性的认识是不完全和难以用实践加以检验的。早期的系统思想具有"不见树木,只见森林"和比较抽象的特点。

15世纪下半叶以后,力学、天文学、物理学、化学、生物学等相继从哲学的统一体中分离出来,形成了自然科学。从此,古代朴素的唯物主义哲学思想就逐步让位于形而上学的思想。这时的系统思想具有"只见树木,不见森林"和具体化的特点。

19世纪自然科学取得了巨大成就,尤其是能量转化、细胞学说、进化论这三大发现,使人类对自然过程相互联系的认识有了质的飞跃,为辩证唯物主义的科学系统观奠定了物质基础。这个阶段的系统思想具有"先见森林,后见树木"的特点。

辩证唯物主义认为,世界是由无数相互关联、相互依赖、相互制约和相互作用的过程所形成的统一体。这种普遍联系和整体性的思想,就是科学系统思想的实质。

1.4.2 系统理论的形成与发展

从古希腊和中国古代的哲学家、军事家到近、现代许多伟大的思想家,都有过关于系统思想的深刻论述。但从系统思想发展到(一般)系统论、控制论、信息论等系统理论,是和近代、现代科学技术的兴起与发展紧密联系的。

系统论或狭义的一般系统论,是研究系统的模式、原则和规律,并对其功能进行数学描述的理论。其代表人物为奥地利理论生物学家贝塔朗菲。

控制论是研究各类系统的控制和调节的一般规律的综合性理论,"信息"与"控制"等是其核心概念。它是继一般系统论之后,由数学家维纳在20世纪40年代创立的。

信息论是研究信息的提取、变换、存储与流通等特点和规律的理论。

从20世纪60年代中、后期开始,国际上又出现了许多新的系统理论。我国著名的科学家钱学森对系统理论和系统科学的发展有独到的贡献。

20世纪下半叶以来,系统理论对管理科学与工程实践产生了深刻的影响。系统工程学的创立,则是发展了系统理论的应用研究,它为组织管理系统的规划、研究、设计、制造、试验和使用提供了一种有效的科学方法,又为系统理论的进一步发展提供了丰富的实践材料和广阔的应用天地。

1.4.3 系统科学体系

我国著名科学家钱学森提出了一个清晰的现代科学技术的体系结构,认为从应用实践到基础理论,现代科学技术可以分为四个层次,如图1.1所示:首先是工程技术这一层次,然后是直接为工程技术提供理论基础的技术科学这一层次,再就是基础科学这一层次,最后通过进一步综合、提炼达到最高概括的马克思主义哲学。

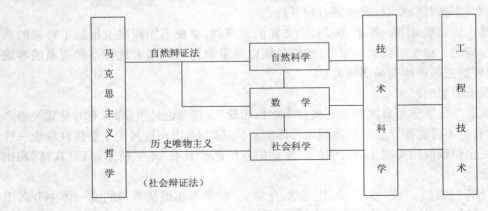

图1.1 现代科学技术体系

在此基础上他又进一步提出了一个系统科学的体系结构。他认为系统科学是由系统工程这类工程技术、系统工程的理论方法(像运筹学、大系统理论等)这一类技术科学(统称为系统学)以及它们的理论基础和哲学层面的科学所组成的一类新兴科学,如图1.2所示。

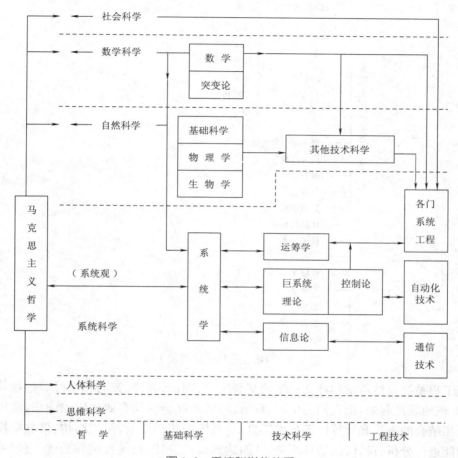

图1.2 系统科学的体系

系统学主要研究系统的普遍属性和运动规律,研究系统演化、转化、协同和控制的一般规律、系统间复杂关系的形成法则、结构和功能的关系、有序、无序状态的形成规律以及系统的仿真的基本原理等,随着科学的发展,它的内容也不断在丰富。由于其尚属于起步阶段,还不够成熟,因而学者们对系统科学的学科体系的认识仍有较大差异。系统工程是从实践中产生的,它用系统的思想与定量和定性相结合的系统方法处理大型复杂系统的问题,它是一门交叉学科。

系统工程是一门交叉学科,有其宽广的理论基础。系统工程的理论基础及工具的框架,大致如图1.3所示。

正如钱学森同志所说:"我认为把运筹学、控制论和信息论同贝塔朗菲(一般系统论)、普利高津(耗散结构理论)、哈肯(协同学)、弗洛里希、艾肯等人的工作融会贯通,加以整理,就可以写出《系统学》这本书。"可见系统论、信息论、控制论、运筹学是系统科学的重要理论基础及工具。运筹学提供了定量分析的工具,"三论"为系统科学的发展注入了新的思想。

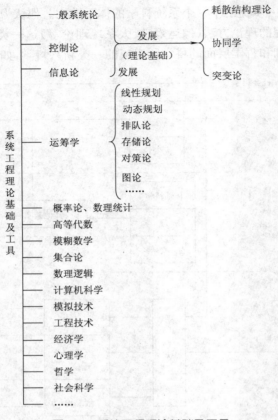

图 1.3　系统工程理论基础及工具

　　系统工程是把自然科学和社会科学的某些思想、理论、方法、策略和手段等根据总体协调的需要,有机地联系起来,把人们的生产、科研、经济和社会活动有效地组织起来,应用定量和定性分析相结合的方法和计算机等技术工具,对系统的构成要素、组织结构、信息交换和反馈控制等功能进行分析、设计、制造和服务,从而达到最优设计、最优控制和最优管理的目的,以便最充分地发挥人力、物力和信息的潜力,通过各种组织管理技术,使局部和整体之间的关系协调配合,以实现系统的综合最优化。

　　系统工程是一门工程技术,但它与机械工程、电子工程、水利工程等其他工程学的某些性质不尽相同。上述各门工程学都有其特定的工程物质对象,而系统工程则不然,任何一种物质系统都能成为它的研究对象,而且还不只限于物质系统,它可以包括自然系统、社会经济系统、经营管理系统、军事指挥系统等等。由于系统工程处理的对象主要是信息,所以系统工程是一门"软科学"。

　　系统工程在自然科学与社会科学之间架设了一座沟通桥梁。现代数学方法和计算机技术,通过系统工程,为社会科学研究增加了极为有用的定量方法、模型方法、模拟实验方法和优化方法。系统工程为从事自然科学的工程技术人员和从事社会科学的研究人员的相互合作开辟了广阔的道路。

　　当前,应用实践的一个难点是将系统科学的原理和方法,正确地用来解决社会、经济、交通、生态等领域的问题。钱学森把这些系统归于开放的复杂巨系统。这是一个新的认识层次,代表一种新的研究方法。他还认为：现阶段唯一能够有效处理复杂巨系统的方法，就是从定性到定量的综合集成方法。

复习思考题

1.选择一个你所熟悉的系统问题说明：(1)系统的功能及其要素；(2)系统的功能与结构、环境的关系。

2.说明系统一般属性的含义，并据此归纳出若干系统思想或观点。

3.为什么说"城市交通问题是一个系统工程问题"？

4.系统工程的特点是什么？它与其他学科的关系如何？

5.总结说明系统科学体系及系统工程的理论基础。

6.结合系统工程应用领域，说明系统工程在你所学专业领域的可能应用及其前景。

2 系统工程方法论

现代系统思想兴起后，学术界逐步将实践中用到的方法提升到方法论的高度。现代系统工程方法论代表性的流派有：以霍尔为代表的硬系统工程方法论、以切克兰德为代表的软系统工程方法论、以兰德公司为代表的系统分析方法论、以钱学森为代表的从定性到定量的综合集成方法论、物理事理—人理系统方法论。

2.1 方法与方法论

方法和方法论在认识上是两个不同的范畴。方法是用于完成一个既定任务的具体技术和操作；而方法论是进行研究和探索的一般途径，是对方法如何使用的指导。系统工程方法论是研究和探索复杂系统问题的一般规律和途径，是处理复杂系统问题的基本思想和方法论层次上各种方法的总和。

一般情况下，系统包含"硬件"单元，也包含"软件"要素，尤其是人的行为，使系统更具复杂性和不确定性。另外，复杂系统必然是多目标多方案的，因此，要有独特的思考问题和处理问题的方法，要用多种技术方案进行求解。这就是我们要讲的系统工程方法论。

系统工程方法论是一种将分析对象作为整体系统来考虑，在此基础上进行分析、设计、制造和使用的基本思想方法。系统工程方法论主要的研究对象有：各种系统工程方法的形成和发展、基本特征、应用范围、方法间的相互关系，以及如何构建、选择和应用系统方法。

系统工程方法论的基本特点是：研究方法强调整体性，技术成用强调综合性，管理决策强调科学性。

2.2 处理复杂系统问题的基市观点

人们在处理复杂系统问题时，要有辩证唯物主义的思想、对立统一的思想和一分为二的思想，而抓主要矛盾是其最主要的手段之一。系统工程工作者要认真领会上述指导思想，还必须掌握以下基本观点：整体观点、综合观点、层次观点、价值观点和发展观点。

2.2.1 整体观点

整体观点是把系统内部所有要素看成一个整体，在策划最优时，如果子系统最优与整体系统最优发生矛盾，子系统要服从整体系统，这就是人们常说的"局部服从整体，地方服从中央，个人服从集体"。另一方面，整个系统要对所有的子系统之间的关系进行协调，充分发挥各子系统的能动作用，使整个系统和各子系统都取得满意的效果。其次，整体观点要把系统与环境看成一个整体，从更高的角度来分析系统与环境的关系，在策划系统最优时，必须考虑环境的制约作用,必须使环境受益,在万不得已的情况下,力图使环境所受损失最小,决不允许环境受到不能接受的损失。

整体观点倡导人们在思考问题时要从系统的整体去思考、判断和解决,而不是站在狭隘的个人立场,站在小团体立场去观察、思考和解决问题。整体观点强调关系的协调,强调发挥子系统的能动作用,发挥两个积极性。整体观念要求站在更高的层次看待系统与环境,强调环境的制约作用,决不允许破坏环境。在提倡和谐社会、可持续发展的大背景下,人们更应强调整体观点,要站在全社会的角度思考、分析、处理某些问题。

2.2.2 综合观点

综合观点是指人们在思考、研究和解决问题时,要综合考虑系统的方方面面,协调系统内各要素之间的关系。因为系统内部要素之间存在相互依存、相互制约的关系,当人们对系统某些问题进行决策时,尤其是遇到多目标、多因素、关系纵横交错、环境千变万化的系统时,应对目标、因素等进行综合分析或评价,分清主次,对目标、因素进行综合。切忌只凭一时、一事、一地、一人进行决策。做好系统内各要素之间的协调工作,实现全系统的综合平衡,健康发展。

综合观点强调人们在判断和解决问题时要全面,要综合平衡系统的方方面面。要协调好系统内外各要素之间的关系,同时要分清主次。如在社会经济发展规划研究中,要综合考虑国民经济内部各产业平衡发展问题,各产业内部发展要素的平衡问题,国民经济发展与社会发展之间的平衡问题等。如在考评体系中,要综合考虑目前状态和对未来的作用(影响),实现的数量与质量的平衡。

2.2.3 层次观点

层次观点是指处理复杂问题时要抓住问题的主要矛盾,抓住主要矛盾的主要方面。因为任何一个系统,尤其是大系统,具有很明显的层次性,一般存在树状结构(鱼刺图形状)。因此,人们在分析、处理、解决这些问题时,在明确要解决问题的前提下,熟悉系统中诸要素在各种空间内的层次与分布,特别要分清系统诸要素在时间过程中的缓急,地域空间中的分布,权重空间中的轻重,目标空间中的主次,且将主要精力放在最主要的问题上,避免平均主义。

层次观点强调人们在思考、研究和解决问题时,不要混淆父辈、子辈问题,即使在同一辈分中也存在主次之分,不要搞平均主义,要根据系统层次和要素的重要性确定时间的前后、空间位置和资源的投入强度,要从系统目标、系统结构分析中找出系统的层次性。

2.2.4 价值观点

价值观点是指人们在设计、改造、管理和控制系统时,应考虑系统的投入与产出。具体地说就是用最少的投入价值创造出最多的使用价值。如用最短的时间、最少的人力、物力去改造一个现成的系统;或者说用同样的人、财、物和时间去开发一个性能最好的系统,这些都是价值观点的具体体现。人们对系统价值(效用)的判断往往要从系统的社会、经济、技术和政治等方面去衡量,或者从直接、间接角度,有形、无形角度去考虑。对于政策设计者来说,某项政策的价值计算既要考虑政策的正作用(收益),也要考虑政策的负作用(成本)。

　　价值观点提醒人们必须从价值角度去思考、研究、解决问题,必须从系统的投入产出,从对系统产生的正作用和负作用角度去思考、研究和解决问题;其次,在设计、改造、管理和控制一个系统时,研究人员能够把"希望马儿跑得快,希望马儿少吃草"变成具体的方案、政策、策略和手段。

2.2.5　发展观点

　　发展观点是指人们在思考、研究、解决和处理问题时,不能用静止的眼光看事物,而应该用动态的观点、用发展的观点去思考、研究、解决系统问题。因为系统永远处于运动之中,随着时间的推移,系统也在发展,所以一个最优的系统也不是一成不变的。其次,随着系统本身的发展、环境的变化以及人们价值观念的变化,选优的标准也在发展变化。第三,系统发展是有阶段性的,一般情况下是渐变的,对于复杂系统,在某些场合虽然可以用静态方法近似地处理某些问题,但必须用发展的观点去思考、去分析。

　　发展观点倡导人们应从系统演化角度去看待事物,从环境变化、价值观念变化角度去看待事物;其次,系统发展的阶段性、渐变性为研究系统方法提供了方便,即可以用静态方法处理某些动态问题。

2.3　以霍尔为代表的硬系统工程方法论

　　在系统工程方法论中,出现最早、影响最大的是霍尔(A. D. Hall)提出的三维结构模型。

　　1962 年美国贝尔电话公司的工程师霍尔总结开展系统工程的经验,写了《系统工程方法论》一书,提出了著名的三维结构方法体系。该方法最初来源于硬的工程系统,适用于良性结构系统。这种思维过程,在解决大多数硬的或偏硬的工程项目中,是卓有成效的,因此受到各国学者普遍重视。霍尔的方法论适应了 20 世纪 60 年代系统工程的应用需要,当时系统工程主要用来寻求各种技术问题的最优策略,或者用来组织管理大型工程的建设。霍尔提出了系统工程的三维结构,如图 2.1 所示,即时间维、逻辑维和知识维。

　　这就是把系统工程的活动,分为前后紧密相连接的 7 个阶段和 7 个步骤,同时考虑到为完成各阶段和步骤所需要的各种专业知识。霍尔的三维结构理论为解决大规模复杂系统提供了统一的思想方法。

2.3.1　时间维

　　对一个具体的系统工程活动从规划阶段到更新阶段按时间排列的顺序,可分为 7 个工作阶段:

　　规划阶段——制定系统工程活动的政策和规划;

　　拟订方案阶段——提出具体的计划方案;

　　研制阶段——实现系统的研制方案,并作出生产计划;

　　生产阶段——生产出系统的零部件及整个系统,并提出安装计划;

　　组装阶段——把整个系统组装好,通过试验运行制定出运行计划;

　　运行阶段——系统按照预期目标服务;

　　更新阶段——改进或充实旧系统使之变成新系统而更有效地工作。

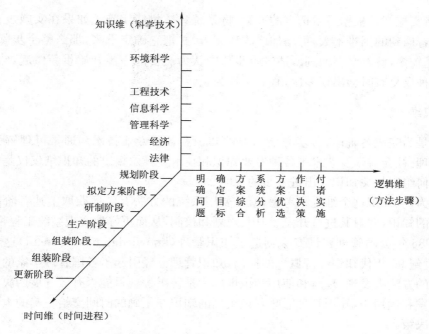

图 2.1　霍尔的三维结构理论图

2.3.2　逻辑维

按照系统工程方法来思考和解决问题,有一个逻辑的思维过程,这个过程通常分为 7 个步骤:

(1)明确问题——弄清问题的实质。通过尽量全面地搜集有关资料和数据说明问题的历史、现状和发展趋势,从而为解决目标问题提供可靠依据。

(2)确定目标——弄清并提出为解决问题所需要达到的目标,并且制定出衡量是否达到目标的标准,以利于对所有供选择的系统方案进行衡量。

(3)方案综合——按照问题性质及总目标形成一组可供选择的系统方案,方案中系统工程要明确所选系统的结构和相互参数。在系统方案综合时最重要的问题是自由地提出设想。

(4)系统分析——对可能入选的方案进一步说明其性能和特点以及与整个系统的相互关系。为了对众多备选方案进行分析比较,往往通过形成一定模型,把这些方案与系统的评价目标联系起来。

(5)方案优选——在一定的限制条件下,对各入选方案总希望选出最优者,当评价目标只有一个定量的指标,而且备选的方案个数不多时,容易从中确定最优者。但当备选方案数很多,评价目标有多个,而且彼此之间又有矛盾时,要选出一个对所有指标都优的方案是不可能的,这必须在各个指标间有一定的协调,可使用多目标最优化方法来进行评价,确定各个方案的优劣次序。

(6)作出决策——由决策者根据更全面的要求,选择一个或几个方案来试用,有时不一定就是以上选出的最优方案。对于决策技术的研究,则是系统工程的课题之一。

（7）付诸实施——根据最后选定的方案，将系统具体付诸实施。如果在实施过程中，进行比较顺利或者遇到的困难不大，可略加修改和完善，并把它确定下来，那么整个步骤即告一段落；如果问题较多，就有必要回到所述逻辑步骤中认为需要的一步开始重新做起，然后再决策或实施。这种反复有时会出现多次，直到满意为止。

2.3.3　知识维

知识维是为完成各阶段、各步骤所需要的知识和各种专业技术。通常可理解为工程、商业、法律、管理、社会科学及艺术等各种专业知识和技术。霍尔提出的知识维仅仅是概念上的，他没有就如何组织相关知识作出进一步的说明。

一般认为，从知识这个维度来考虑，就是要用系统的方法有效地获取上述各阶段、各逻辑步骤所必需的知识，并对其进行开发、利用、规划和控制，从而更好地实现系统工程目标。

自从 1986 年美国管理咨询专家创造了知识管理（knowledge management）这个词，特别是随着 20 世纪 90 年代知识经济概念的提出，知识管理已经引起了各国管理学家的密切关注，如何用系统的方法去发现、理解和使用知识也成为系统工程项目能否有效开展的决定性因素。在系统的开发和运用中，知识管理意味着把正确的知识在正确的时间交给正确的人，使之能作出最满意的决策。

系统工程中知识管理的过程一般划分为以下阶段。

（1）知识辨识阶段——根据系统工程的总体目标要求，制定知识来源战略，划定知识管理范围，辨识知识。

（2）获取知识阶段——将现存知识（信息库、文件或人脑中）正式化。

（3）知识选择阶段——评估知识及其价值，去除相互冲突的知识。

（4）储存知识阶段——通过适当、有效的方式储存所选择的知识。

（5）知识共享阶段——将正确的知识传输给每一个阶段的使用者。

（6）知识使用阶段——在各个阶段的工作中使用知识。

（7）知识创新阶段——通过科研、实验和创造性思维发现新知识。

霍尔提出的基于时间维、逻辑维、知识维的三维结构，标志着硬系统工程方法论的建立，也有文献将运筹学方法论、系统分析方法论、霍尔三维结构、系统动力学方法论统称为硬系统工程方法论。

硬系统工程方法论的特点是强调明确的目标，认为对任何现实问题都必须而且可能弄清其需求，其核心内容是优化。霍尔方法论适应了 20 世纪 60 年代系统工程的应用需求，当时系统工程主要用来寻求各种战术问题的最优策略，或者用来组织管理大规模工程项目。

1972 年，霍尔和 Warfeild 为克服约束条件复杂的多目标大系统组织方面的困难，在霍尔三维结构的基础上提出了统一规划法。其实质是对霍尔管理矩阵中规划阶段的具体展开，利用它可以较好实现对大型复杂系统的全面规划和总体安排。

2.3.4　霍尔管理矩阵

将霍尔三维结构模型的时间维和逻辑维结合起来形成的两维结构模型，称为霍尔管理矩阵（表 2.1）。

表 2.1　霍尔管理矩阵

逻辑维 时间维		1 明确问题	2 确定目标	3 方案集合	4 系统分析	5 方案优选	6 作出决策	7 付诸实施
1	规划阶段	a_{11}	a_{12}	a_{13}	a_{14}	a_{15}	a_{16}	a_{17}
2	方案阶段	a_{21}	a_{22}	a_{23}	a_{24}	a_{25}	a_{26}	a_{27}
3	研制阶段	a_{31}	a_{32}	a_{33}	a_{34}	a_{35}	a_{36}	a_{37}
4	生产阶段	a_{41}	a_{42}	a_{43}	a_{44}	a_{45}	a_{46}	a_{47}
5	组装阶段	a_{51}	a_{52}	a_{53}	a_{54}	a_{55}	a_{56}	a_{57}
6	运行阶段	a_{61}	a_{62}	a_{63}	a_{64}	a_{65}	a_{66}	a_{67}
7	更新阶段	a_{71}	a_{72}	a_{73}	a_{74}	a_{75}	a_{76}	a_{77}

霍尔管理矩阵是系统工程解决问题的时间阶段和逻辑阶段步骤的总称,它体现了系统工程把设想变为现实的具体工作流程。系统工程处理问题必须遵循系统工程观念的指导,按照霍尔管理矩阵规定的时间阶段和逻辑步骤有序地进行。

2.4　以切克兰德为代表的软系统工程方法论

20 世纪 70 年代,系统工程开始逐步应用于社会、经济系统问题的研究,由于涉及的因素相当复杂且很多难以进行定量分析,霍尔三维结构此时已不再适用,20 世纪 80 年代中期在管理科学家中又兴起一轮批评浪潮,他们认为现在管理学院太偏重理论和定量方法,培养出来的人成为眼光狭窄的技术型干部,缺乏人际关系学问。为了适应发展的需要,1981 年,英国学者切克兰德(P. Checkland)提出了软系统工程方法论。与霍尔三维结构不同,切克兰德方法论的核心不是最优化而是比较或学习,即从模型和现状的比较中来学习改善现状的途径。

软系统工程方法论是针对不良结构问题而提出的,这类问题往往很难用数学模型表示,通常只能用半定量、半定性甚至只能用定性的方法来处理,这类方法被人们称为"软"的方法,软的主要标志是它吸取了人们的判断和直觉,因此解决问题时更多地考虑了环境因素与人的因素。切克兰德提出的软系统工程方法论的主要内容和工作过程如图 2.2 所示。

1. 认识问题

收集与问题有关的信息,表达问题现状,寻找构成或影响因素及其关系,以便明确系统问题结构、现存过程及其相互之间的不适应之处,确定有关的行为主体和利益主体。

2. 根底定义(弄清关联因素)

根底定义是该方法中较具特色的阶段,其目的是弄清系统问题的关键要素,为系统的发展及其研究确立各种基本的看法,并尽可能选择出最合适的基本观点。根底定义所确立的观点要能经得起实际问题的检验。

3. 建立概念模型

概念模型是来自于根底定义、通过系统化语言对问题抽象描述的结果,其结构及要素必须符合根底定义的思想,并能实现其要求。

4. 比较及探寻

将第一步所明确的现实问题(主要是归纳的结果)和第三步所建立的概念模型(主要是演

绎的结果)进行对比。有时通过比较,也需要对根底定义的结果进行适当修正。

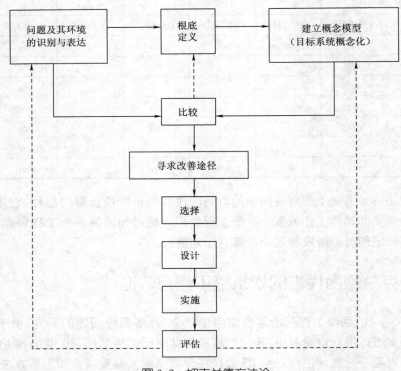

图 2.2　切克兰德方法论

5. 选择

针对比较的结果,考虑有关人员的态度及其他社会、行为等因素,选择出现实可行的改善方案。

6. 设计与实施

通过详尽和有针对性的设计,形成具有可操作性的方案,并使得有关人员乐于接受和愿意为方案的实现竭尽全力。

7. 评估与反馈

根据在实施过程中获得的新的认识,修正问题描述、根底定义及概念模型等。

切克兰德方法化的核心是"比较"与"探寻",它强调从"理想"模式(概念模型)与现实状况的比较中,探寻改善现状的途径,使决策者满意(化)。

通过认识与概念化、比较与学习、实施与再认识等过程,对社会经济等问题进行分析研究。这是一般软系统工程方法论的共同特征。

综上所述,软系统工程方法论与硬系统工程方法论相比有许多不同,表 2.2 一般性地给出了它们之间的差异。

表 2.2　软、硬系统工程方法论比较

方法论 比较内容	硬系统工程方法论	软系统工程方法论
处理对象	技术系统	有人参与的系统
核心内容	优化分析	比较学习

续上表

方法论 比较内容	硬系统工程方法论	软系统工程方法论
处理的问题	明确、良结构	不明确、不良结构
处理的方法	定量模型、定量方法	概念模型、定性方法
价值观	一元、要求优化、有明确的好的系统出现	多元的,满意解,系统有好的变化或者从中学到了某些东西

2.5　以兰德公司为代表的系统分析方法论

　　系统分析方法最初产生于第二次世界大战时期。美国的兰德公司(Rand)在长期的研究中发展并总结了一套解决复杂问题的方法和步骤,称为"系统分析"。系统分析的宗旨在于提供重大的研究与发展计划和相应的科学依据,提供实现目标的各种方案并给出评价,提供复杂问题的分析方法和解决途径。

2.5.1　系统分析的定义

　　广义的解释,把系统分析作为系统工程的同义语;狭义的理解:(1)系统分析是系统工程的一个逻辑步骤,这个步骤是系统工程的中心部分。(2)系统分析为系统工程实现优化提供了一个逻辑的途径,它贯穿于系统工程的全过程。

　　一般来说,系统分析,就是利用科学的分析工具和方法,分析和确定系统的目的、功能、环境、费用与效益等问题,抓住系统中需要决策的若干关键问题,根据其性质和要求,在充分调查研究和掌握可靠信息资料的基础上,确定系统目标,提出实现目标的若干可行方案,通过模型进行仿真试验,优化分析和综合评价,最后整理出完整、正确、可行的综合资料,从而为决策提供充分的依据。

2.5.2　系统分析的实质

　　系统分析的实质如下:

　　(1)系统分析作为一种决策的工具,其主要目的在于为决策者提供直接判断和决定最优方案的信息和资料。

　　(2)系统分析把任何研究对象均视为系统,以系统的整体最优化为工作目标,并力求系统工程建立数量化的目标函数。

　　(3)系统分析强调科学的推理步骤,使所研究系统中各种问题的分析均能符合逻辑的原则和事物的发展规律,而不是凭主观臆断和单纯经验。

　　(4)应用数学的基本知识和优化理论,从而使各种替代方案的比较,不仅有定性的描述,而且基本上都能以数字显示其差异。至于非计量的有关因素,则运用直觉、判断及经验加以考虑和衡量。

　　(5)通过系统分析,使得待开发系统在一定的条件下充分挖掘潜力,做到人尽其才,物尽其用。

2.5.3　对系统分析应有的认识

　　系统分析是一种仍在不断发展中的现代科学方法,虽然已在很多领域采用并取得显著成效,但这并不是说,任何问题都可用系统分析来研究,因为还要考虑到经济与时效等因素。为此,在采用系统分析前,应对以下几方面有所认识:

(1)系统分析不是容易的事,它不是省事、省时的工作,它需要有高度能力的分析人员、辛勤而漫长时间的工作。

(2)系统分析虽然对制定决策有很大的助益,但是它不能完全代替想象力、经验和判断力。

(3)系统分析最重要的价值,在于它能解决问题的容易部分,这样决策者就可集中其判断力,来解决较难的问题。

(4)对任何问题,通常均有不同的解决方案,应用系统分析研究问题,应对各种解决问题的方案,计算出全部费用,然后再进行比较。

(5)费用最少的方案,不一定就是最佳的选择,因为选择最佳方案的着眼点,不在"省钱"而在"有效"。

2.5.4 系统分析的要素

系统分析的要素很多,根据兰德型代表人物之一——希奇的思想进行系统分析时,必须把握以下 4 个基本要素。

1. 目的

这是决策的出发点,为了正确获得决定最优化系统方案所需的各种有关信息,系统分析人员的首要任务就是要充分了解建立系统的目的和要求,同时还应确定系统的构成和范围。

2. 替代方案

一般情况下,为实现某一目的,总会有几种可采取的方案或手段。这些方案彼此之间可以替换,故叫做替代方案或可行方案。如要进行货物运输,可以选择航空运输、铁路运输、水路运输和公路运输几种方式,同时还存在不同运输方式之间的组合运输方式,而这些方案针对货物运输的目的(安全、经济、快捷),总是各有利弊的。究竟选择哪一种方案最合理? 这就是系统分析研究和解决的问题。

3. 模型

这是对实体系统抽象的描述,它可以将复杂的问题化为易于处理的形式。即使在尚未建立实体系统的情况下,也可以借助一定的模型来有效地求得系统设计所需要的参数,并据此确定各种制约条件,同时还可以利用模型来预测各替代方案的性能、费用和效益,有利于各种替代方案的分析和比较。

4. 评价基准

这是系统分析中确定各种替代方案优先顺序的标准。通过评价标准对各方案进行综合评价,确定出各方案的优先顺序。评价基准一般根据系统的具体情况而定,费用与效益的比较是评价各方案的基本手段。

2.5.5 系统分析的步骤

任何问题的研究与分析,均有其一定的逻辑推理步骤。根据系统分析各要素相互之间的制约关系,系统分析的步骤可概括如下:

1. 问题构成与目标确定

当一个研究分析的问题确定以后,首先要将问题做系统与合乎逻辑的叙述,其目的在于确定目标,说明问题的重点与范围,以便进行分析研究。

2.搜集资料与探索可行方案

在问题构成之后,就要拟定大纲和决定分析方法,然后依据已搜集的有关资料找出其中的相互关系,寻求解决问题的各种可行方案。

3.建立模型(模型化)

为便于分析,应建立各种模型,利用模型预测每一方案可能产生的结果,并根据其结果定量说明各方案的优劣与价值。模型的功能在于组织我们的思维及获得处理实际问题所需的指示或线索。但模型充其量只是现实过程的近似描述,如果它说明了所研究的系统的主要特征,就算是一个满意的模型。

4.综合评价

利用模型和其他资料所获得的结果,对各种方案进行定量和定性的综合分析,显示出每一项方案的利弊得失和成本效益,同时考虑到各种有关的无形因素,如政治、经济、理论等,所有因素加以合并考虑并研究,获得综合结论,以指示行动方针。

5.检验与核实

以试验、抽样、试行等方式鉴定所得结论,提出应采取的最佳方案。

在分析过程中可利用不同的模型在不同的假定下对各种可行方案进行比较,获得结论,提出建议,但是否实行,则是决策者的责任。

任何问题,仅进行一次分析往往是不够的,一项成功的分析,是一个连续循环的过程,如图 2.3 所示。

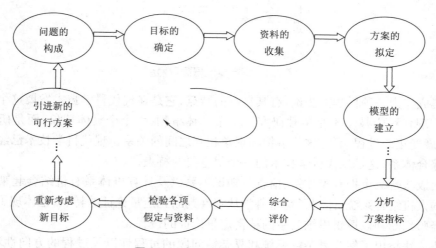

图 2.3 系统分析方法论的步骤

2.6 以钱学森为代表的综合集成方法论

我国对系统工程方法论的研究起步较晚,但取得了较多的成果。1987 年,钱学森提出了定性和定量相结合的系统研究方法,并把处理复杂巨系统的方法命名为定性定量相结合的综合集成方法,把它表述为从定性到定量的综合集成技术。1992 年,他又提出从定性到定量的综合集成研讨体系,进而把处理开放复杂巨系统的方法与使用这种方法的组织形式有机结合起来,将其提升到了方法论的高度。

开放复杂巨系统是指:(1)系统与子系统分别与外界有各种各样的能量、信息或物质的交换,而且通过学习互相取得知识;(2)系统内部结构复杂,不仅要用定量模型,而且要用定性模型,各个子系统的知识表达不同,获取知识方式也各有不同,系统中的结构随着情况变化会不断演变;(3)子系统数量巨大。

综合与集成是系统工程中出现频率很高的术语。综合高于集成,综合集成的重点是综合,目的是创造、创新。集成注重物理意义上的集中,主要反映量变;综合的含义更广、更深,反映质变。"综合即创造"指系统工程领域的一句名言。综合集成的含义如图 2.4 所示。

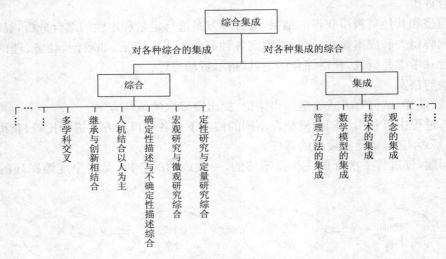

图 2.4 综合集成概念示意图

综合集成作为一种科学方法论,有其自身的特点,它是在现代科学技术发展这个大背景下提出来的。现代科学技术不是单独研究一个个具体事物、一个个具体现象,而是研究这些事物、现象发展变化的过程,研究这些事物和现象相互之间的关系。现代科学技术已经形成一个很严密的综合体系,这是现代科学技术的一个很重要的特点。

综合集成法是一个把专家体系、信息与知识体系以及计算机体系有机结合起来构成的高度智能化的人机结合系统,体现了精密科学从定性判断到定量论证的特点,也体现了以形象思维为主的经验判断到以逻辑思维为主的精密定量论证的过程。

综合集成法指出了解决复杂巨系统和复杂性问题的过程性以及过程的方向性和反复性。这个过程是从提出问题和形成经验性假设开始,体现专家体系所具有的科学理论、经验知识和判断力、智慧,第一步采取研讨的方式进行,通常是定性的,这一步骤以形象思维和社会思维为主。第二步则是精密的严格论证。精密的严格论证是通过人机结合、人机交互、反复对比、逐次逼近的方式进行,对经验性假设作出明确的结论,这一步骤以逻辑思维和辩证思维为主。通过精密的严格论证,如果经验性假设被证实,则得出的结论就是现阶段对客观事物认识的科学结论,否则就需要对经验性假设进行修正,提出新的经验性假设,再重复以上过程。

综合集成研讨厅体系由三部分组成:以计算机为核心的现代高新技术的集成与融合所构

成的机器体系、专家体系和知识体系,其中专家体系和机器体系是知识体的载体。这三个体系构成高度智能化的人机结合体系,不仅具有知识与信息采集、存储、传递、调用、分析与综合的功能,更重要的是具有产生新知识和智慧的功能。研讨厅按照分布交互网络和层次结构组织起来,形成一种具有纵深层次、横向分布、交互作用的矩阵体系,为解决开放的复杂巨系统问题提供了规范化、结构化的形式。

从定性到定量的综合集成方法论的实质是将专家群体、数据和多种信息与计算机技术有机地结合起来;把各种学科的理论与人的经验知识结合起来,发挥它们的整体优势和综合优势。此方法论的特点是定性分析与定量分析结合,而后上升到定量认识;自然科学与社会科学相结合;科学理论与经验知识相结合;宏观与微观相结合;各类人员相结合;人与计算机相结合。这一方法论的整个过程如图 2.5 所示。

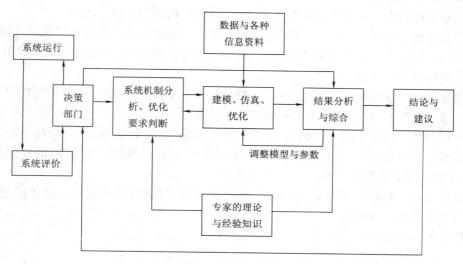

图 2.5　综合集成方法

2.7　物理—事理—人理系统方法论

物理—事理—人理系统方法论简称为 WSR 系统方法论,是中国系统工程学会前任理事长、中国科学院系统科学研究所顾基发研究员和英国华裔学者朱志昌博士于 1995 年提出的。

WSR 系统方法论具有传统的东方特色,得到了国际上的认同。WSR 系统方法论认为,在处理复杂问题时,不但要考虑对象物的方面(物理),而且要考虑如何更好地使用这些物的方面,即事的方面(事理),同时还要考虑由于认识问题、处理问题、实施管理与决策都离不开的人的方面(人理)。把这三方面结合起来,产生最大的效益。物理—事理—人理系统方法论的内容如表 2.3 所示。

表 2.3　物理—事理—人理系统方法论的内容

要素	物理	事理	人理
道理	物质世界、法则、规则的理论	管理和做事的理论	人、纪律、规范的理论
对象	客观物质世界	组织、系统	人、群体、人间关系、智慧

续上表

要素	物理	事理	人理
着重点	是什么? 功能分析	怎样做? 逻辑分析	应当怎么做? 人文分析
原则	诚实、真理、尽可能正确	协调、有效率、尽可能平滑	人性、有效果、尽可能灵活
需要的知识	自然科学	管理科学、系统科学	人文知识、行为科学

实际上,对于任何层次的研究,系统工程均要用四维坐标考虑问题,即空间的全局性、时间的长远性、事间的严谨性和人间的协调性(处理好人际关系)。这里空间的全局性考虑的是物理和事理,空间的全局性、时间的长远性和事间的严谨性则考虑的是事理,而事间的严谨性和人间的协调性则可认为考虑的是人理。

WSR 系统方法论的工作步骤大致有 6 步。

(1)理解上级意图。这一步骤体现了东方管理特色,强调与上级的沟通。

(2)调查分析。这是一个物理分析过程,任何结论只有在仔细调查研究情况后才能得出。

(3)形成目标。对于一个复杂的问题,问题解决到什么程度,即确定目标是一个较为困难的问题,需要经过反复迭代。

(4)建立模型。这里所指的模型是广义的模型,除数学模型外,还可以是物理模型、概念模型、运作步骤、规则等。这个过程主要运用物理和事理。

(5)协调关系。由于不同人所拥有的知识不同、价值观不同、立场不同、利益不同、认知不同,从而对同一个问题、同一个目标、同一个方案可能产生不同的看法和感受,因此需要协调。协调相关主体的关系在整个项目过程中十分重要。

(6)提出建议。在综合了物理、事理、人理之后,提出解决问题的建议。提出的建议要可行,要尽可能使相关主体满意。

WSR 系统方法论的工作步骤如图 2.6 所示。

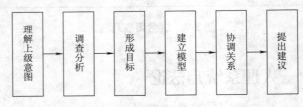

图 2.6　WSR 系统方法论的工作步骤

1.方法和方法论有什么区别? 为什么要研究系统工程方法论?

2.什么是霍尔三维结构? 它有何特点?

3.霍尔和切克兰德的系统工程方法论有什么不同?

4.WSR 的系统方法论的内容和工作步骤是什么?

5.举例说明系统工程方法论的应用。

3 系统分析

系统分析的主要内容是分析系统内部与系统环境之间和系统内部各要素之间的相互依赖、相互制约、相互促进的复杂关系,分析系统要素的层次结构关系及其对系统功能和目标的影响,通过建立系统的分析模型使系统各要素及其环境间的协调达到最佳状态,最终为决策提供依据。

3.1 系统分析概述

系统工程方法论的基础是系统分析技术,系统分析是完成系统工程问题的中心环节。在探讨系统工程方法论之前,有必要掌握和了解系统分析技术。

3.1.1 系统分析的基本概念

对于系统分析,目前有着不同的解释。广义的系统分析就是系统工程,即将系统分析视作系统工程的同义词。狭义的系统分析是系统工程的一项优化技术,系统分析的目的在于分析系统内部与系统环境之间、系统内部各要素之间的相互依赖、相互制约、相互促进的复杂关系,分析系统要素的层次结构关系及其对系统功能和目标的影响,通过建立系统的分析模型使系统各要素及其与环境之间的协调达到最佳状态,最终为系统决策提供依据。采用系统分析方法探讨问题时,决策者可以获得对问题综合的和整体的认识,既不忽略内部各因素的相互关系,又能顾全外部环境变化所可能带来的影响。在已掌握信息的情况下,以最有效的策略解决复杂的问题,以期顺利地达到系统的各项目标。

3.1.2 系统分析的特点

注重系统与环境及其系统各要素之间的关系,借助定量和定性分析方法,寻求系统整体综合最优的策略是系统分析的最主要特点。系统分析的特点为:

(1)以系统整体最优为目标。系统中的各分系统,都具有特定的目标和功能,只有相互分工协作,才能达到系统的整体目标。在系统分析时应以系统的整体综合最优为主要目标,如果只研究改善某些局部问题,而忽略其他分系统,则系统的整体效益将可能得不到保证。因此,任何系统分析都必须以发挥系统整体的最大效益为准,不可局限于个别分系统,以防顾此失彼。

(2)强调系统各要素之间的联系。系统分析处理问题总是以系统的观点面向所处理的事物,它认为系统由若干个相互联系、相互作用、相互制约的要素构成,各个要素的相互协作才能导致系统总目标的实现。正确分析和处理系统内部各个要素之间的关系,是系统分析人员所要处理的一个基本问题。

(3)寻求解决问题的方案是其主要目的。系统分析是一种处理问题的方法,有很强的针对性,其目的在于寻求解决问题的最优方案。许多问题都含有不确定因素,系统分析就是在不确定情况下,研究解决问题的各种方案可能产生的结果。

(4)运用定量方法解决系统问题。系统分析在处理问题的手段上不是单凭经验和直觉,它需要借助于相对可靠的数字资料及其所建立起来的系统模型作为分析判断的基础,以保证分析结果的客观性。定量化方法对于具有大量历史资料和数据的系统问题的处理是十分有效的,特别是在相对微观的系统中应用得更为普遍。

(5)凭借价值判断作出决策。系统分析不可能完全反映客观世界的所有情况,在系统分析的过程中需要对事物做某种程度的假设,或者是使用过去的历史资料来推断系统未来的发展趋向,然而未来环境的变化总是具有一定的不确定性,从而很难保证分析结果的完全客观性。此外,方案的优劣应该是定量和定性分析的结合、数据和经验的结合。因此,在进行方案的评价时,仍需凭借价值判断、综合权衡,以判断由系统分析提供的各种不同策略可能产生的效益的优劣,以便选择最优方案。

3.1.3　系统分析的组成要素

系统分析包括以下几个方面的要素。

1. 目标

系统的目标就是系统存在的目的,它是系统目的的具体化,目标对于系统是总体性的东西。一般来说,在进行系统分析前应该对系统目标有一个明确的定义,并且要求经过系统分析后,必须明确说明确定的目标是必要的、有根据的、可行的。必要的是指为什么做这样的目标选择;有根据的是指要拿出确定目标的背景材料和从各个角度的论证与论据;可行的是指,目标的实现在资源、资金、人力、技术、环境、时间等方面是有保证的。

2. 方案

方案是实现系统目标可以采取的实施策略,它是系统进行优选的前提,没有足够数量的方案就没有优化。假如实现某一目标的方案只有一种,实际上就没有优化的必要。只有具有在性能、费用、效益、时间等指标上互有长短并能进行对比的备选方案,才能对各方案进行分析与比较。方案的分析与比较一般要通过定量和定性的方法加以论证,同时还要提供每一方案执行后的预期效果。

3. 指标

指标是系统目标的具体体现,它是对系统方案进行分析与评价的基本出发点。方案预期效果的好坏需要有一套指标给予评价,不同的指标体系对方案的评价结果完全不同。反映目标的指标主要是从技术性能与技术适应性、费用与效益、时间等方面进行考虑的。

4. 模型

模型是进行系统分析的基本工具,因为系统进行优选的前提是必须建立反映系统目标的适当模型,模型也是对系统指标的具体衡量方法。通过模型可以对反映系统特征的相关参数和因素进行本质方面的描述,从而对各方案的性能、费用和效益作出较为准确的预测。模型是方案分析和比较的基础,模型优化和评价的结果是方案选优的判断依据。

5. 标准

方案预期效果的优劣需要有相应的评价尺度,标准就是一种对各指标值的衡量尺度。依据标准就可对方案指标进行综合评价,同时可按不同准则排出方案的优先顺序。主要的标准包括费用效益比、性能周期比、费用周期比等。

　　6. 决策

　　在不同准则下的方案优先顺序确定之后,决策者就可根据分析结果的不同侧面、个人的经验判断和各种决策原则进行综合的整体的考虑,最后作出抉择,选择一个综合效益最优的方案。

　　一些基本的决策原则有当前和长远利益相结合,局部和整体利益相结合,内部和外部条件相结合,以及定量和定性方法相结合。

3.1.4　系统分析的原则

　　1. 内部因素与外部因素相结合

　　系统的内部因素往往是可控的,而外部因素往往是不可控的,系统的功能或行为不仅受到内部因素的作用,而且受到外部因素的影响和制约,因此对系统进行分析,必须把内外各种合关因素结合到一起来考虑。通常的处理办法是,把内部因素选为决策变量,把外部因素作为约束条件,用一组联立方程式来反映它们之间的相互关系。

　　2. 当前利益与长远利益相结合

　　选择最优方案,不仅要从目前利益出发,而且还要同时考虑长远利益,要两者兼顾。如果两者发生矛盾,应该坚持当前利益服从长远利益的原则。

　　3. 局部效益与总体效益相结合

　　局部的最优并不意味着总体最优。总体的最优往往要求局部放弃最优而实现次优或次次优。所以进行系统分析,必须坚持"系统总体效益最优、局部效益服从总体效益"的原则。

　　4. 定性分析与定量分析相结合

　　定量分析是指采用数学模型进行的数量指标的分析,但是一些政治因素与心理因素、社会效果与精神效果目前还无法建立数学模型进行定量分析,只能依靠人的经验和判断力进行定性分析。因此在系统分析中,定性分析不可忽视,必须把定性分析与定量分析结合起来进行综合分析,或者交叉地进行,这样才能达到系统选优的目的。

3.1.5　系统分析的步骤

　　系统分析处理问题的方法从系统的观点出发,分析系统各种因素的相互影响,在对系统目标进行充分论证的基础上,提出解决问题的最优行动方案。系统分析对问题的处理已经形成了一套完整的处理问题的思维步骤和逻辑框架,其典型的逻辑框架结构如图 3.1 所示。

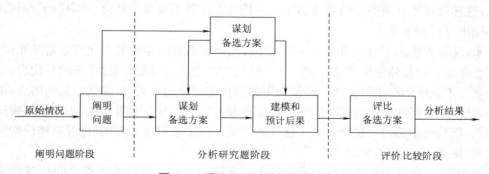

图 3.1　系统分析过程的逻辑结构

　　系统分析的思维步骤一般分为阐明问题阶段、分析研究阶段和评价比较阶段。阐明问题阶段的工作是提出目标、确定评价指标和约束条件;分析研究阶段的工作是提出各种备选方案,并预计实施后可能产生的后果;评价比较阶段主要分析各方案后果的利弊,并提供给决策者作为判断决策的依据。该过程一般需要经过多次反复,在系统分析过程中根据需要可能回到前面任一环节,以便获得更加准确的信息。

【例 3.1】 阿拉斯加原油输送方案的系统分析。

分析:系统分析问题是如何由阿拉斯加东北部的普拉德霍湾油田向美国本土运输原油。

1. 任务和环境

要求每天运送 200 万桶原油。油田处在北极圈内,海湾长年处于冰封状态,陆地更是常年冰冻,最低气温达到零下 50 ℃。

2. 提出可行方案

可行方案有两个:

方案 Ⅰ:由海路用油船运输;

方案 Ⅱ:用带加温系统的油管输送。

方案 Ⅰ 的优点是每天仅需四至五艘超级油轮就可满足输送量的要求,似乎比铺设油管省钱,但存在的问题是:第一,要用破冰船引航,既不安全又增加了费用;第二,起点和终点都要建造大型油库,这又是一笔巨额花费,而且考虑到海运可能受到海上风暴的影响,油库的储量应在油田日产量的十倍以上。总之,该方案的主要问题是:不安全、费用大、无保证。

方案 Ⅱ 的优点是可利用成熟的管道输油技术,但存在的问题是:第一,要在沿途设加温站,这样不仅管理复杂,而且还要供给燃料,然而运送燃料本身又是一件很困难的事;第二,加温后的输油管不能简单地铺在冻土里,因为冻土层受热溶化后会引起管道变形,甚至造成断裂。为了避免这种危险,有一半的管道需要用底架支撑和作保温处理,这样架设管道的成本费用要比铺设地下油管高出三倍。

3. 决策人员的处理策略

(1)考虑到安全和供油的稳定性,暂把方案 Ⅱ 作为参考方案做进一步的细致研究,为规划做准备;

(2)继续拨出经费,广泛邀请系统分析人员提出新的可行方案。

4. 提出可行方案 Ⅲ

其原理是把含 10%～20% 氯化钠的海水加到原油中去,使在低温下的原油成乳状液,仍能畅流,这样就可用普通的输油管道运送了。该方案获得了很高的评价,并取得了专利。

5. 提出可行方案 Ⅳ

后来,又有人提出了可行方案 Ⅳ。该方案提出者对石油的生成和变化有丰富的知识,他们注意到埋在地下的石油原来是油、气合一的,这时它们的熔点很低,经过漫长的年代后,油气才逐渐分离。于是他们提出将天然气转换为甲醇后再加到原油中去,以降低原油的熔点,增加其流动性,这样用普通的管道就可以同时输送原油和天然气。与方案 Ⅲ 相比,不仅不需要运送无用的海水,而且也不必另外铺设输送天然气的管道。由于采用这一方案,仅管道铺设费就节省了将近 60 亿美元,且比方案 Ⅲ 节省了一半花费。

本例表明,系统分析的重要性以及系统分析工作与专业工程技术工作之间相辅相成的关系。若当初只是在方案 Ⅱ、Ⅲ 基础上进行系统优化,即确定最好的管道直径、壁厚、加压等,则无论如何也达不到方案Ⅳ所取得的巨大效益。

3.2 系统环境分析

系统的环境对系统的发展起到限制性作用,系统的发展和变化必须适应环境的发展和变化。实际上,解决问题的方案是否完善依赖于对整个问题环境的了解,对环境不了解必然导致所提方案存在缺陷,所以系统的环境分析是系统方法的一项重要内容。

3.2.1 系统环境

任何系统总存在一定的边界,环境是存在于系统边界外的物资的、经济的、信息的和人际的等相关因素的总称。所以,系统环境是指系统之外的与之有关的自然、经济、技术、社会等因素的总称。系统环境因素按其基本特征可归纳为四大类:自然环境、科学技术环境、社会经济环境和人的因素(即来自人或群体关系的因素)。

按照系统与环境的关系可将系统分为孤立系统、封闭系统和开放系统,系统工程研究的系统通常是开放系统。研究开放系统不仅要研究系统本身的结构与状态,而且要研究系统所处的外部环境。环境因素的属性和状态的变化,会使系统发生变化,这就是系统对环境的适应性。反过来,系统本身的活动,也可使环境相关因素的属性或状态发生变化,这实质上就是环境因素的开放性,系统与环境是共同发展的。从系统分析的角度来看,对系统环境的分析有多个实际意义。

(1)环境是提出系统工程课题的来源。一旦环境发生某种变化,如某种材料、能源出现短缺,或者出现了新材料、新能源,为了适应环境的变化,就会引出系统工程的新课题。

(2)系统边界的确定要考虑环境因素。在系统边界的确定过程中,要根据具体的系统要求划分系统的边界,如有无外协要求或者技术引进问题。

(3)系统分析与决策的资料取决于环境。这是至关重要的,因为系统分析和决策所需的各种资料,如市场动态资料、其他企业的新产品发展情况,对于一个企业编制产品开发计划起着重要的作用,其相关资料都必须依赖于环境而提供。

(4)系统的外部约束通常来自环境。环境对系统发展目标有所限制。例如,系统环境方面的资源、财源、人力、时间和需求方面的限制,都会制约系统的发展。

(5)系统分析的好坏最终需要系统环境的检验与评价。从系统分析的结果实施过程来看,环境分析的正确与否将直接影响到系统方案实施的效果,只有充分把握未来环境的系统分析才能取得良好的结果。这说明环境是系统分析质量好坏的评判基础。

3.2.2 环境因素的确定与评价

确定环境因素,就是根据实际系统的特点,通过考察环境与系统之间的相互影响和作用,找出对系统有重要影响的环境因素的集合。环境因素的评价,就是通过对有关环境因素的分析,区分有利和不利的环境因素,弄清环境因素对系统的影响程度、作用方向和后果等。

实际中为了确定环境因素.必须对系统进行分析,按系统的构成要素或分系统的种类和特征,寻找与之关联的环境要素。先凭直观判断和经验,确定一个边界,这一边界通常位于研究者或管理者认为对系统不再有影响的地方。在以后逐步深入的研究中,随着对问题有了深刻的认识和了解,再对原先划定的边界进行修正。

以企业经营管理系统为例进行环境分析,它所面临的主要环境因素如图 3.2 所示。

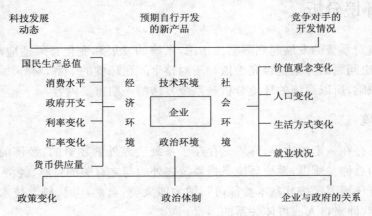

图 3.2　企业经营管理系统环境分析

在对环境因素进行分析时,还必须考虑系统自身的条件,也就是要综合分析系统的内部条件和外部环境条件,一般采用 SWOT 分析法。SW 是指系统内部的优势和劣势(Strengths and Weaknesses),OT 是指外部环境存在的机会和威胁(Opportunities and Threatens)

SWOT 分析是一种广为应用的系统分析和战略选择方法,其基本步骤如图 3.3 所示。SWOT 分析表主要用于因素调查和分析。以企业为对象的 SWOT 分析表如表 3.1 所示。

在分析企业内部条件时,既要考虑自身的优势,又要考虑自身的不足,而优势和劣势又是相对的,主要应与竞争对手的状况相比较。外部环境因素的分析,主要是对可能存在的机会和威胁进行分析。同时,要认识到某些环境因素对本企业和对竞争对手的影响是相同的。也就是说,有利的条件对大家都有利,不利的条件对大家的影响也大致一样。关键是怎样抓住存在的机会,利用有利条件,避免不利因素的影响和威胁,扬长避短,求得发展。企业和竞争对手所处的环境有相同和类似的方面也有不同、甚至存在很大差异的方面,在进行 SWOT 分析时要根据实际情况,通过相互比较,加以详细地考察。

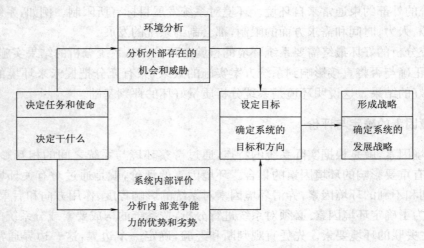

图 3.3　SWOT 分析的基本过程

表 3.1 企业 SWOT 分析

企业内部条件			企业外部环境		
优势	产品销路好		机会	需求量扩大	
	产品质量好			引进先进技术	
	基础管理好			引进人才	
劣势	企业规模小		威胁	原材料价格上涨	
	企业负担重			利率过高	
	资金不足			竞争激烈	

3.2.3 未来环境预测

在对环境未来的发展变化趋势进行预测时,应根据各种环境因素的特征作具体分析,通常应注意:

(1)由于变化较为缓慢、处于相对稳定状态的一类环境因素,诸如价值观念、人口发展等,只需作一般性的探讨。

(2)由于平稳发展、具有明显趋势、带有一定规律性或周期性变化的环境因素,应作细致的分析和预测,可以采用定量分析方法,如时间序列分析、回归分析、灰色预测等。

(3)由于随机性很强、动荡不定的环境因家,通常只能采用定性分析方法。

情景分析法是未来环境预测常用的一种方法,又称情景描述法。它是 20 世纪 70 年代中期起被广泛使用的一种系统分析方法。这种方法主要是通过情景设定和描述,来考察和分析系统,描述可能出现的状况和获得成功所必需的条件等。情景设定和描述就是对每种可行方案设定未来环境的几种状态——正常的、乐观的和悲观的环境状况,并给出相应的特征和条件。通过对环境现状的分析,依据事件的逻辑连贯性,通过一系列的因果关系,逻辑推理和思维判断,并结合定量分析方法,弄清从现状到未来情景的转移过程,进而判断系统可能出现的情况及其特征。情景描述既要发挥想象力,又要重视人们的经验、知识、技术以及综合判断能力。

应用情景分析法的大致步骤是:

(1)明确情景描述的目的、基本设想和范围(如预测时间、关联因素、环境范围等)以及所持观点(如乐观悲观和现实的观点等)。

(2)对预测对象的历史状况和现时状况进行分析,在此基础上对其发展趋势和未来状态进行分析和预测。

(3)结合有关的数据资料,采用定量和定性相结合方法,使对未来的发展前景的描绘更科学。

(4)拟定实现未来战略目标的备选方案以及主要问题,估计和预测可行方案在多种设定情景下的后果,以制定适应性强的战略规划。

情景分析法在研究复杂系统问题时十分有用。这种方法可以描述远期可能出现的多种情景,以及对抽象的事物作尽可能具体的描述;还可以同时考虑社会、政治、经济和心理因素的状况及其相互间产生的联系和影响。它迫使人们对变化着的现时环境和未来环境进行细致的分析和严密的思考,弄清环境的发展趋势、可能的状况和演变过程,以及容易疏忽的细节。它带有充分自由设想的特色. 但又具有科学性。

美国未来学家赫·凯思（H·Kahn）是应用这种方法的代表之一。他在 1966 年出版的《关于可供选择的世界未来：问题和课题》中，运用这种方法研究了世界范围内文化、政治、科技、社会诸方面发展的可能方案。美国通用电气公司将这种方法应用于企业发展战略研究，对十年前景构想了四种状态：标准的未来，似锦的未来，暗淡的未来，维持现状的未来。针对未来的几种状态，该公司制定了相应的方案和应变战略。

3.3　系统目标分析

系统目标是指系统发展所要达到的结果。系统目标对系统发展起着决定性作用，系统目标一旦确定，系统将朝着所规定的方向发展。

目标分析是整个系统分析工作的关键，是系统目标的具体化。有了明确的目标，才能针对目标提出可行方案，进而选择合理方案。

3.3.1　目的、目标及其属性

目的和目标并非两个对等的概念。目的是指通过努力，系统预期达到的水平。目标是指系统在实现目的的过程中的努力方向，是系统目的的具体化。例如，对某一项工程，建设过程中要求它"投资省"、"建设速度快"、"建成后的经济效益好"、"对环境破坏小"等，这些都属于系统目标。目标的属性是指对目标的度量。例如，衡量投资、成本、利润用"万元"；衡量寿命、返本期、建设周期用"年"或"月"；衡量征用土地量用"平方公里"；对水环境影响的衡量可用"生化耗氧量"，大气环境的衡量可用"可吸入颗粒物比例"或直接用"污染物排放量"等。

值得指出的是，有些目标的属性难以定量度量，如舒适度、心理承受力、社会舆论及影响等目标。在系统分析时要对这些目标的实现程度作出量化的估计，通常采取两种方法，一是经过调查研究给出比较客观的评分标准；二是应用模糊集理论中的隶属度的概念，对难以量化的因素作出评判。

3.3.2　系统总体目标的确定

系统总体目标是对系统的总体要求，是确定系统整体功能和任务的依据。

制定系统的总体目标，要用全局、发展、战略的眼光，考虑社会、经济、科学技术发展所提出的新要求，注意目标的合理性、现实性、可能性和经济性，根据系统自身的状况和能力，以及环境条件，提出切合实际的目标。

同时还应制定出系统的近期目标和远期目标。要充分估计到总体目标在正反两方面的作用。要充分考虑系统的内部条件和外部环境的允许程度，当受到内部条件、外部环境的限制和约束，使最佳或最理想的目标还无法考虑时，可以暂时选择用可以实现的次好目标代替，当时间、空间、环境条件等发生变化时，对目标再作相应的调整和修正。

3.3.3　建立系统的目标集

所谓目标集是各级分目标和目标单元的集合，也是逐级逐项落实总体目标的结果。总目标是对系统整体的期望和要求、往往比较笼统和抽象,可操作性差,因此需要对总目标进行分解。通过目标分解,对总体目标逐级逐项地加以落实,便于找到有效的行动方案。下面介绍两种常见的目标分解方法:

1. 目标树

在处理实际问题时,常常会遇到系统目标不止一个,而是多个,从而构成一个目标集合。对目标集合的处理,往往是从总目标开始将总目标逐级分解,按子集、分层次画成树状的层次结构,称为目标树或目标集。总目标分解的主要原则是:

(1)按目标的性质将目标子集进行分类,把同一类目标划分在同一目标子集内。

(2)目标的分解要考虑系统管理的必要性和管理能力。

(3)要考虑目标的可度量性。通过对总目标的逐步分解最后得到如图 3.4 所示的目标树状结构图。

把目标集合画成树状结构的优点是,目标集合的构成与分类比较清楚、直观,即可按目标的性质进行分类,便于目标间的价值权衡。

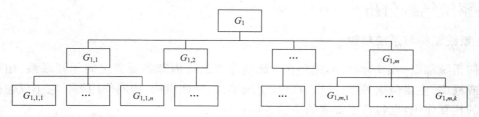

图 3.4　目标树状结构图

2. 目标手段分析

目标和手段是相对而言的。对目标的逐步落实,就是探索实现上层目标的途径和手段的过程,目标手段系统图如图 3.5 所示。

目标树中的每一个目标都可看成是下一级目标或实现上一级目标的手段。每一个目标向上是它所服务的更高一级目标,也可以从每一个目标分解出作为其手段的若干个下级目标。以图 3.4 所示的目标树为例,对目标 G_1,试探寻找实现它的手段,把它分解为多个下级目标 $G_{1,1}$,$G_{1,2}$,$\cdots$,$G_{1,m}$,再分别探索实现 $G_{1,1}$,$G_{1,2}$,$\cdots$,$G_{1,m}$的手段,再把他们细分为若干个更为具体的子目标,如 $G_{1,1,1}\sim G_{1,1,n}$,$\cdots$,$G_{1,m,1}\sim G_{1,m,k}$。对于仍然找不到途径和手段的目标,继续进行分解,直到找到

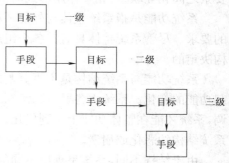

图 3.5　建立目标集的动态过程

所有可实现的目标的途径和手段,使所有子目标清晰具体为止,然后把所有的目标组合起来,就构成了系统的目标体系或目标集合。

例:国家教育系统规划中分析系统的目标树如图 3.6 所示。

总目标是提高我国全民文化素质,为达到此目标就要加强基础教育、大力发展职业教育、提高高等教育、发展成人教育等,加强基础教育就要发展学前教育、普及九年义务教育、注重特殊教育等。

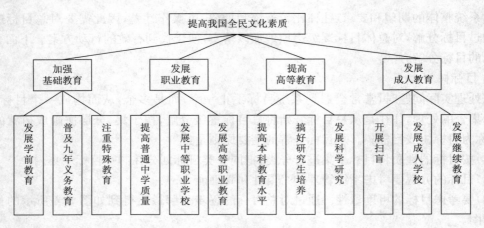

图 3.6　国家教育系统规划目标树

3.4　系统结构分析

3.4.1　系统结构与系统功能

　　任何系统都以一定的结构形式存在。结构是指系统内部各要素之间相互联系、相互作用的方式或秩序,主要包括等级、层次、秩序、组织形式、反馈机构、协同作用等。它不仅包括了要素之间的相互作用,也包含了要素的活动和信息往来。

　　一般说来,结构是从系统内部描述系统整体的性质,功能是从系统外部描述系统整体的特征。

　　系统结构是系统保持整体性和使系统具备必要的整体功能的内部依据,是反映系统内部要素之间相互联系、相互作用形式的形态化,是系统中要素的秩序的稳定化和规范化。

　　系统功能是指系统整体与外部环境相互作用中表现出来的效应和能力,以满足系统目标的要求。尽管系统整体具有其各个组成部分没有的功能,但是系统的整体功能又是由系统结构决定的。

　　系统功能与系统结构是不可分割的。结构是功能的基础,并决定功能,结构变化必然会引起功能的变化。系统内各要素的组织结构愈合理,系统的各组成部分之间的相互作用就愈协调,系统才能在整体功能上达到优化。功能对结构也存在反作用,如功能性的病态,也会导致系统结构的恶化或崩溃。

　　由于结构不同,系统呈现出不同的性能。比如,金刚石与石墨都是由碳原子组成的,但由于结构不同,它们的性质和功能却截然不同。系统的结构能够使系统保持质的稳定性和连续性。如汽车在使用过程中,多次更换零部件要素具有可替换性,但由于其结构相对固定,所以仍能保持其功能。

　　在对系统进行分析时,要善于通过改变系统的结构来调整系统的功能,或者从系统的目标出发,根据最佳功能的要求,寻求优化的结构,构建新系统或对原有系统进行改造。

　　系统结构分析是系统分析的重要内容,也是系统分析和系统设计的理论基础。系统结构分析的主要内容包括系统的要素分析、要素间的相关性分析、系统的层次性分析以及系统的整体性分析。

3.4.2 系统要素集的分析

为了实现系统目标.要求系统必须具备实现系统目标的特定功能,而系统的特定功能则由系统的一定结构来保证,系统要素又是构筑系统结构的基本单元。因此,系统必须有相应的要素集。系统要素分析有两项工作:

首先是确定要素集。其确定方法是在已定的目标树基础上进行的,对照目标树采用"搜集"的方法,集思广益,开拓创新,找出对应的能够实现目标的实体部分,即为要素集。

其次是对已得到的要素进行价值分析。这是因为实现某一目标可能有多种要素、因此存在着择优问题。择优的标准是在满足给定目标前提下,使所选要素的构成成本最低。这里主要运用价值工程技术。

经过上述两项工作之后,可以得到满足目标要求的系统要素集。由于此要素集经过必要性和优选分析,因此它是比较合理的。但这个要素集不一定是最优的,也不是最后的,因为还有许多相关联的环节需要分析与协调。

3.4.3 系统的相关性分析

系统要素集的确定只是说明已经根据目标集的对应关系选定了各种所需的系统结构组成要素或功能单元。它们是否达到目标要求,还要看它们之间的相关关系如何,这就是系统的相关性分析的问题。系统的属性不仅取决于它的组成要素的质量和合理性,还取决于要素之间应保持的某些关系。同样的砖、瓦、砂、石、木、水泥可以盖出高质量的漂亮楼房,也可以盖出低劣质量的楼房。

由于系统的属性千差万别,其组成要素的属性复杂多样,因此要素间的关系是极其多种多样的。这些关系可能表现在系统要素之间能保持的在空间结构、排列顺序、相互位置、松紧程度、时间序列、数量比例、信息传递方式,以及组织形式、操作、程序、管理方法等许多方面。这些关系组成了一个系统的相关关系集,即

$$R=\{r_{ij}\mid i,j=1,2,\cdots,n\}$$

由于相关关系只能发生在具体的要素之间,因此任何复杂的相关关系,在要素不发生规定性变化的条件下,都可变换成两两要素之间的相互关系,即二元关系是相关关系的基础,而其他更加复杂的关系则是在二元关系的基础上发展的。如表 3.2 所示的是系统二元关系分析表。

在二元关系分析中,首先要根据目标的要求和功能的需要明确系统要素之间必须存在和不应存在的二元关系,同时必须消除模棱两可的二元关系。当 $r_{ij}=1$ 时,要素间存在二元关系;当 $r_{ij}=0$ 时,要素间不存在二元关系。

表 3.2 系统要素二元关系分析表

关系要素 \ 要素	e_1	e_2	...	e_j	...	e_n
e_1	r_{11}	r_{12}	...	r_{1j}	...	r_{1n}
e_2	r_{21}	r_{22}	...	r_{2j}	...	r_{2n}
⋮	⋮	⋮	⋮	⋮	⋮	⋮

续上表

关系　要素 要素	e_1	e_2	⋯	e_j	⋯	e_n
e_i	r_{i1}	r_{i2}	⋯	r_{ij}	⋯	r_{in}
⋮	⋮	⋮	⋮	⋮	⋮	⋮
e_n	r_{n1}	r_{n2}	⋯	r_{nj}	⋯	r_{m}

通过二元关系分析表,可以明确存在的二元关系的必要性和这些二元关系的内容;可以明确系统内要素的重要程度及输出和输入的关系。同时又可看出所有行的二元关系都是该要素的输出关系,而所有列的二元关系则都是输入关系,这样可以掌握系统任何一个要素在系统运行中输出的二元关系的总和和输入的二元关系的总和,这对系统状态的掌握、管理与控制是非常有用和有效的,可以明确系统要素间二元关系的性质以及其变化对分目标和总目标的影响。例如,二元关系可能是技术的、经济的、组织的、操作的、心理的等。

通过对这些二元关系的性质优化分析,可以得出保持最优的二元关系的尺度和范围,这为优化研究提出了更为具体和更实际的问题。

3.4.4　系统的层次性分析

大多数的系统都是以多阶层递阶形式存在的。哪些要素归属于哪一层,层次之间保持何种关系,以及层数和层次内要素的数量等都很重要。对于这些问题的研究将从系统的本质上加深对系统结构的认识,从而揭示事物合理存在的客观规律,这是提出系统层次性分析的理论依据。

为了实现给定的目标,系统或分系统必须具备某种相应的功能,这些功能是通过系统要素的一定组合和结合来实现的。由于系统目标的多样性和复杂性,任何单一或比较简单的功能都不能达到目的,需要组成功能团和功能团的联合。这样,功能团必然要形成某种阶层结构形式、各层次上功能团的阶层关系和功能团之间的相互作用。没有这种层次上的安排,各个功能团就不能相互协调运图,最后实现系统整体的目标。其他的系统事物也大体类似。例如,工厂的分厂、车间、工段、小组;社会上的各级行政机构、社团组织等,也都是这种功能团的结合,最后实现工厂和社会组织的目标。

系统的层次性分析主要解决系统分层和各层组成及规模合理性问题。这种合理性主要从以下两个方面考虑。

(1)传递物质、信息与能量的效率、质量和费用。对于技术系统,主要看能量和信息的传递链的组成及传递路线的长短。例如,在工程技术系统中,能量和信息的传递链及路径的长短与系统内部的层次多少有关。环节过多,摩擦越多. 传递效率越低,信息越容易失真。组织管理系统也是一样,层次多,涉及人员多,关系复杂,时延长,效率低,费用高。一项研究表明,公司董事会的决定经过 6 个层次后信息损失平均达 80%,即董事会 100%、副总裁 63%、部门主管 56%、工厂经理 40%、一线工长 30%、职工 20%。由于系统的组织层次愈多,上下级之间的沟通就愈差,这将直接影响信息的传递和决策的执行。所以必须从优化系统的结构和功能出发,确定合理的层次结构,减少不必要的层次,提高沟通的效率和质量。

另一方面,系统的层次幅度不能太宽,即所包含的子系统或要素不能过多,否则不利集中。

例如,工程技术系统中元件过于分散,对实现总体功能不利。管理系统也存在管理幅度问题,一个工长最多看 30 名工人,过多则难以有效地控制和管理。

总之,必须用系统的观点,以系统整体的结构和功能的优化为原则,设计和组织系统的层次结构,妥善考虑层次的设置、子系统的协调以及子系统和要素合理归纳的问题。

(2)功能团(或功能单元)的合理结合和归属问题。某些功能团放在一起能起相互补益的作用,有些则相反。在技术系统中,控制功能必须放在执行功能之上,否则也起不到控制作用。管理机构系统内,不同层次内放哪些机构合适,这是很重要的问题。例如,行政机构中的人事处和党的机构中的干部处在层次上如何安排是一个值得研究的问题,因为它们的功能团作用有交叉。功能团归属问题也影响很大。会计师、检查员归属不同层次,效用发挥是不同的。实践表明,监察功能一般不应放在同层次内管理。同样,在技术系统中,控制功能必须放在执行功能之上,否则也起不到控制作用。

3.4.5　系统的整体性分析

系统的整体性分析是系统结构分析的核心,是解决系统整体协调和整体最优化的基础。上述的系统要素集、关系集和阶层关系的分析,在某种程度上都是研究问题的一个侧面,它的合理化或优化还不足以说明整体的性质。整体性分析则要综合上述分析的结果,从整体最优上进行概括和协调,以得到系统效用的最大值和整体最优输出。

实践表明,提高系统整体效果具有某些规律性,它们是:

(1)系统的各个组成部分对系统整体均有其独特的作用,应按"各占其位,各司其职"的整体观点对待。突出整体中的任何局部(即使它非常重要)的作用都将影响甚至是损害整体效果。

(2)系统的各个组成部分必须按系统整体目标进行有序化,偏离整体目标的各自为政,或目标分散,或意见分歧,都将增加系统的内耗,最后使系统无输出或少输出。但是有序化要求有一个强大的引力场,像铁分子在磁场中一样,这是达到有序化的前提条件。

(3)要注意整体中的协调环节和连接部分。没有协调环节和连接部分也就没有整体,当然也谈不上提高整体效果,如糊纸盒的糨糊、衣服上的纽扣、十字路口的红绿灯、住房中的走廊等,都是系统中的协调环节和连接部分。这些部分往往容易被人们忽视。若考虑不周,就会影响甚至冲销整体效果。正如细节决定成败。

(4)不断调整和处理系统中的矛盾成分和落后环节,才能不断提高系统的整体效果。系统内部的各个组成部分有基本的配套关系和适应比例。个别部分出现不适应或矛盾状态,就必须及时调整和处理,否则整体发展就要受到影响。例如,国民经济发展中,农业、轻工业、重工业的比例;生命系统中,各种营养成分的比例;生产系统中各个技术环节的适应关系;干部队伍中各种人员的比例;化肥品种的配合关系;各种人才的知识结构等都有矛盾成分和落后环节的问题。要提高系统的整体效果,就必须不断搜集资料和掌握情况并进行分析,正确处理那些不适应的部分,以促进系统的均衡协调发展。

3.4.6　寿命周期分析

系统生命周期就是系统从产生构思到不再使用的整个生命历程。

任何系统都会经历一个发生、发展和消亡的过程。一个系统经过系统分析、系统设计和系统实施,投入使用以后,经过若干年,由于新情况、新问题的出现,人们又提出了新的目标,要求设计更新的系统。这种周而复始、循环不息的过程被称为系统的生命周期。

系统寿命周期分析是对系统从产生到衰亡的全过程的分析,主要是从整体上研究系统发展变化的规律。通过寿命周期分析根据系统在不同阶段上的特点,制定和实施相应的措施,以妥善地解决问题和有效地实现系统的目标。

系统的生命周期有四个阶段。第一个阶段是诞生阶段,即系统的概念化阶段;一旦进行开发,系统就进入第二个阶段,即开发阶段,在该阶段建立系统;第三个阶段是生产阶段,即系统投入运行阶段;当系统不再有价值时,就进入了最后阶段,即消亡阶段。这样的生命周期不断重复出现。

不同类型的系统,各个时期的成长性、工作、任务和目标又各具特点。一股说来,在系统产生和发展的时期,其有序性越来越强;而当系统进入衰老消亡的时期,有序性越来越差。

系统在寿命周期内的变化规律可用增长曲线来描述,常用的增长曲线是龚波茨(Gompartz)曲线和 S 形曲线。在此仅简要介绍龚波茨曲线。

龚波茨曲线是英国数学家和统计学家龚波茨提出的,其数学表达式为

$$\dot{y}_t = k a^{b^t}$$

式中,a,b,k 为参数。

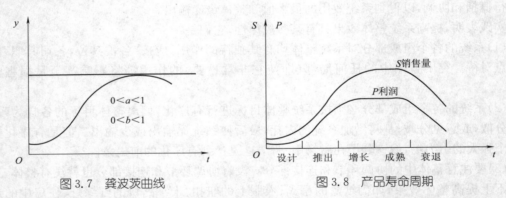

图 3.7　龚波茨曲线　　　　　　　　　图 3.8　产品寿命周期

龚波茨曲线如图 3.7 所示。初期增长速率较慢,随后增长速率逐渐加快,达到一定水平后,增长率逐渐降低,而进入稳定状态。

寿命周期的概念应用十分广泛,如产品的寿命周期、技术的寿命周期、企业的寿命周期等。产品的寿命周期是指产品从进入市场至退出市场这一时期的销售情况随时间变化的规律,如图 3.8 所示。产品寿命周期通常分为 5 个阶段:设计阶段,主要是产品开发和销售预测工作,带有试探性和可逆性;推出阶段,产品开始在目标市场销售,起初销量较低,但具有上升趋势;增长阶段,产品试销已基本完成,销售量和利润以一定速率增长,产品的生命力在增强,企业进行规模生产和运行,竞争者日益增多;成熟阶段,利润趋于平稳,继而开始下降,激烈的竞争使产品价格下跌,以维持一定的销售量;衰退阶段,利润下降,销售量持续递减,逐渐无利可图,产品要么退出市场,要么被新开发的产品代替。

在企业经营管理中,可以应用产品寿命周期的概念,根据产品在不同时期的特点而采取相应的策略。在萌发期(设计和推出期),产品的研究与开发是最重要的推销手段;在增长期,这种手段依然有效;在增长和成熟期,因为生产同类产品的厂商增多,企业面临的主要问题是吸

引人们购买本企业的产品,而不购买竞争对手的产品。因此这一阶段产品的价格和广告是最重要的销售手段;在饱和阶段,质量更上一个档次是十分重要的销售和竞争手段;在衰退期,寻求新的消费者的广告虽然重要,但其收效不会十分显著。

复习思考题

1. 系统分析的特点有哪些?

2. 系统分析的组成要素有哪些?

3. 简述目标分析的意义和基本手段。

4. 简述环境分析的重要意义,试分析某系统的环境因素,并运用 SWOT 分析法进行综合分析。

5. 简述未来环境预测的必要性,以及未来环境预测的基本思路。

6. 系统的结构分析有哪些?

7. 试就某实际问题分析其构成要素,并分析要素间的相关关系和层次结构。

8. 理解和掌握系统寿命周期的概念对分析和认识实际问题有何意义? 试应用寿命周期分析的要领分析一个实际问题。

4 系统建模

　　系统的特性取决于系统组成部分及结构。为了掌握系统变化的规律，须对系统各组成部分之间的联系进行观察与研究。系统建模就是研究系统各组成部分之间的关系、系统运行机理及其发展规律的重要方法。

　　要对系统进行有效的分析研究，就必须首先建立系统的模型，并在此基础上对系统进行定性、定量或者定性与定量相结合的分析，找出研究对象的特征和发展规律，最终才能研究出所需要的结果。特别是对复杂系统而言，往往不能直接对系统本身进行实验，因而更需要借助于系统建模和系统分析方法。因此，系统建模是系统工程解决问题的必要工具，也是系统工程人员必须掌握的技术手段。

4.1　系统模型概述

4.1.1　系统模型的定义与特征

1.定义

　　系统模型是一个系统某一方面本质属性的描述，它以某种确定的形式（如文字、符号、图表、实物、数学公式等）提供关于该系统的知识。

　　可见，系统模型的概念是比较宽泛的，满足以上条件均可称为系统模型，如产品原理图、工作流程图、地球仪、物流和化学公式等均可称为系统模型。

　　系统模型一般不是系统本身，而是对现实系统的描述、模仿或抽象。系统是复杂的，系统的属性也是多方面的。对于大多数研究目的而言，没有必要考虑系统的全部属性，因此，系统模型只是系统某一方面本质属性的描述，本质属性的选取完全取决系统工程研究的目的。所以，根据不同的研究目的，可以对同一个系统建立不同的系统模型。系统模型反映实际系统的主要特征，但它又高于实际系统而具有同类问题的共性。

　　建立系统模型这种创造性劳动，不仅是一门技术，而且是一门艺术。对同一个系统，不同的人应该根据研究目的及其他情况，建立自己的模型。即使是出于相同的研究目的，不同的人建立的模型可能也不大相同。要建立巧而优的模型，必须一切从实践出发，实事求是，具体问题具体分析，从理论与实践的结合上解决问题。

2.特征

　　社会活动和生产实践中人们所关心和研究的实际对象称为原型，如机械系统、电力系统、生态系统、交通系统、社会经济系统等。模型则是对实际对象予以必要的简化，用适当的表现形式或规则将其主要特征描绘出来，而得到的模仿品。模型也有结构，模型结构与原型结构不同，但二者又有直接或间接的联系。原型中必须考虑的结构问题都应在模型中有所反映，能以模型的语言反映出来。当然，模型反映的是原型的本质属性或主要特征，但又高于原型而具有同类问题的共性。

构造模型是为了研究原型,通过模型研究能够把握原型的主要特性。模型又是对原型的简化,应当压缩一切可以压缩的信息,力求经济性好、便于操作。没有简化成模型,同原型相比未能简化的模仿品不是好模型。因此,一个适用的系统模型应该具有如下三个特征。

(1)是现实系统的抽象或模仿。这是由于真实系统本身是非常复杂的,有些复杂关系需要耗费太多的人力和物力,对研究目的而言也没有很大的意义。有些复杂关系也并非以现有能力所能研究透彻的。例如,整个宇宙的模型究竟如何,各星体及物质的发展情况如何,以现在的科技知识只能进行局部的建模,还有很多问题有待人类进一步研究。

(2)由反映系统本质或特征的主要因素构成。既然建模是对现实系统的抽象或模仿,那么如何在有限的资源下最有效地对模型做一个逼近,就成为建模的主要任务。这就要求建立的模型要反映出系统的本质特征。

(3)集中体现这些主要因素之间的关系。作为一个复杂系统,各主要因素之间是相互联系、相互作用的,如社会经济系统的各个部门之间是相互联系、相互制约的,这种相互作用的关系成为复杂系统的一个重要特征。模型作为现实系统的一个抽象,必然要将其相互关系反映出来。

例如,在研究地球表面时,显然不可能按1∶1的比例建立地球模型以供研究。那么如何建立地球模型呢?目前常见的有地球仪和世界地图。显然,两者都是对硕大而复杂的地球的一种抽象和模仿;地球仪忽略了地球的椭球形状,而把它简化成一个圆球;同时也忽略了地球表面的山峦起伏、高原盆地,而把它简化成一个光滑的球体。而世界地图更是用平面替代了复杂的球面。研究地球表面的重要特征之一就是位置与距离。无论是地球仪还是地图都力图比较准确地表现出这一特征。但地球仪或者地图选择把地球表面的哪些特征表现出来,哪些特征可以忽略,这都取决于这个模型的用途。

模型是否把原型的本质或者主要特征反映出来,是模型是否有效、能否在对模型进行研究的基础上得出适用于原型的有用结论的关键。是否以及怎样把原型的本质通过模型揭示出来,并没有一个放之四海皆准的现成方法,除了遵循系统工程的基本原理和系统建模的基本思路以外,还需凭借经验和感觉,这也是系统工程常被称为“科学加艺术”的主要原因。

3. 使用系统模型的必要性

人类认识和改造客观世界的研究方法,主要有三种,即实验法、抽象法和模型法。实验法通过对客观事物本身直接进行科学实验来开展研究,因此局限性较大。抽象法把现实系统抽象为一般的理论概念,然后进行推理和判断,因此缺乏实体感,过于概念化。模型法是在对现实系统进行抽象的基础上,把它们再现为某种实物的、图形的或教学的模型,然后通过模型来对系统进行分析、对比和研究,最终导出结论。由此可见模型法既避免了实验法的局限性,又避免了抽象法的过于概念化,所以成为系统工程中一种最常用的研究方法。

系统工程中广泛使用系统模型还基于以下5个方面的考虑:

(1)系统开发的需要。开发新系统时,由于系统尚未建立,无法直接进行实验,只能通过建造系统模型来对系统进行研究,以实现对系统的分析、优化和评价。

(2)经济上的考虑。对大型复杂系统直接进行实验,其成本十分昂贵,而使用系统模型就经济得多。

(3)安全上的考虑。对某些系统(如载人航天飞行器、核电站、武器装备等)通过直接实验进行分析,往往是很危险的,有时甚至是根本不允许的。

　　(4)时间上的考虑。社会、经济、生态等系统,由于惯性大、反应期很长,对其直接进行实验要等若干年后才能看到结果,这是系统分析和评价所不允许的。而使用系统模型进行分析,很快就可以得到分析结果。

　　(5)系统模型容易操作,分析结果易于理解。有时对现实系统进行直接实验虽然是允许的,也不过分费时、费钱,但此时采用系统模型仍具优越性。因为现实系统中包含的因素太多且复杂,实验得到的结果往往难以直接与其中某一因素挂钩。因此,直接实验的结果不易理解,且实验过程中要改变系统参数也相当困难。但若使用系统模型情况就不一样了,由于系统模型突出了研究目的所要关注的主要特征,因此容易得到一个更加清晰的结果,且在系统模型(尤其是数学模型)上进行参数修正也相对容易。

　　4. 系统模型与数学模型

　　所谓数学模型是指通过抽象和简化,使用数学语言对研究对象的一个近似的刻画,以便于人们更深刻地认识所研究的对象。原则上讲,现代数学所提供的一切数学表达式,包括几何图形、代数结构、拓扑结构、序结构、分析表达式等,均可以作为一定系统的数学模型。大量的数学模型是对系统进行定量分析的工具。用数学形式表示的输出对输入的响应关系,就是广泛使用的一种定量分析模型。数学模型在系统建模中发挥了巨大的作用,是系统模型的一种重要形式。系统理论和系统工程都主要使用数学模型作为定量分析的工具,以便给出设计、操作系统所必需的定量结论。但数学模型同样可以作为系统定性描述的工具,如为了描述系统演化现象,人们关心的主要是系统定性性质的改变与否,定性分析是更加基本的。

　　数学模型是抽象模型,必须以正确认识系统的定性性质为前提。不能要求它直接反映系统原型的结构,但必定与原型结构有内在联系,原型中的结构问题在模型中用数学语言描述,能用数学方法分析和解决。简化原型必须先做出某些假设,这些假设只能是定性分析的结果。例如,原型的结构稳定与否可转化为模型中数学结构的稳定与否。使用数学模型有如下优点:

　　(1)数学模型是定量分析的基础。在自然科学和工程技术领域,数量不准将招致质量低劣;在社会科学领域,没有定量分析会使人心中无数,可能造成决策失误,引起不必要的混乱。因此,采用数学模型进行定量分析已成为当代自然科学和社会科学进一步发展的共同要求。

　　(2)数学模型是系统预测和决策的工具。可以利用系统已有的数据建立预测模型,来预测系统的未来状态,为正确决策提供依据。

　　(3)数学模型可变性好、适应性强、分析问题速度快、经济性好,且便于使用计算机。因此,数学模型是所有模型中使用最广泛的一种。我们通常所说的系统建模,大多数情况下都是指建立系统的数学模型。

　　5. 系统模型与计算机模型

　　计算机模型是指用计算机程序定义的模型。建立计算机模型首先要明确构成系统的"构件"。然后把它们之间的相互关联方式提炼成若干简单的行为规则,并以计算机程序表示出来,以便通过计算机上的数值计算来模仿系统运行演化,观察如何通过对构件执行这些简单规则而涌现出系统的整体性质,预测系统的未来走向。所有数学模型都可以转化为计算机模型,通过计算机来研究系统。许多无法建立数学模型的系统,如复杂的物理过程,特别是生物、社会和行为过程,也可能建立计算机模型。

　　计算机模型有很多优点。用计算机程序定义的模型,可以做到既严格又可执行,能够在计算机上研究和预测系统,通过计算机实验来检验结果。相比之下,用数学表达式定义的模型,求解和处理往往需要复杂、艰深的理论和技巧,费时费力,可行性常常较差,所得结果有时无法用实验检验。对于那些无法用真实的实验来检验的复杂系统,计算机实验是唯一可用的实验检验手段。计算机实验是一种新兴的实验形式,其中有许多科学和哲学的问题尚未解决。但它为研究复杂巨系统提供了唯一普遍可行的实验手段。

4.1.2 系统模型的分类

系统种类繁多,作为系统的描述——系统模型的种类也很多。表 4.1 列出了按不同原则分类的系统模型,从不同的侧面反映模型的不同特征,从中可以了解系统模型的多样性。

表 4.1 系统模型的分类方法

序号	分类原则	模型种类
1	按建模材料不同	抽象、实物
2	按与实体的关系	形象、类似、数学
3	按模型表征信息的程度	观念性、数学、物理
4	按模型的构造方法	理论、经验、混合
5	按模型的功能	结构、性能、评价、最优化、网络
6	按与时间的依赖关系	静态、动态
7	按是否描述系统内部特性	黑箱、白箱、灰箱
8	按模型的应用场合	通用、专用
9	数学模型的分类: (1)按变量形式分 (2)按变量之间的关系分	确定性、随机性、连续型、离散型 代数方程、微分方程、概率统计、逻辑

如按照模型的形式,模型可分为三大类:物理模型、数学模型和概念模型。

1. 物理模型

所谓物理的(physical),是广义的,具有物质的、具体的、形象的含义。物理模型又可分为以下几种:

(1)实体模型,即系统本身。当系统的尺寸刚好适合在桌面上研究而又没有危险性时,就可以把系统本身作为模型(这里所说的桌面上是广义的,当然包括落地式)。实体模型包括抽样模型,如标准件的生产检验、胶卷和药品的检验,是从总体中抽取一定容量的样本来进行,样本就是实体模型。

(2)比型模型,即将系统放大或缩小,使之适合在桌面上研究。例如,海洋工程中的船舶实验室,航空工程中的风洞实验室,都是将设计研究中的船只和飞机按比例缩小在同样比例缩小后的船池和风洞里进行实验。

(3)相似模型,即根据相似系统原理,利用一种系统去替代另一种系统。这里说的相似系统,是指物理形式不同而有相同的数学表达式,特别是相同的微分方程系统。在工程技术中,常常用电学系统代替机械系统、热学系统进行研究。

2. 数学模型

依据所用的数学语言不同,数学模型可分为以下几类:

(1)解析模型,即用解析式表示的模型。这类模型在现实生活中占多数,如牛顿力学公式等。

(2)逻辑模型,即表示逻辑关系的模型,如方框图、计算机程序等。

(3)网络模型,即用网络图形来描述系统的组成要素及要素之间的相互关系(包括逻辑关系与数学关系),如网络计划图等。

(4)图像与表格,这里说的图像是坐标系中的曲线、曲面和点等几何图形,以及甘特图、直方图、饼图等,它们通常伴有数据表格。

(5)信息网络与数字化模型,这是一类新的模型,如仿真模型。其中仿真模型通常以算法、程序和仿真装置的形式出现。根据所使用的仿真计算类型(模拟机、数字机和混合机)不同,所建立的仿真模型也不相同。

3. 概念模型

概念模型指如下形式的模型:任务书、明细表、说明书、技术报告、咨询报告等,以及表达概念的示意图。这种模型不像数学模型或物理模型,在工程技术中很难直接使用。但是在系统工程的工作之初,问题尚不明晰,物理模型和数学模型都很难建立,则不得不采用这种模型。

对各种模型都要一分为二。物理模型形象生动,但是不易改变参数。数学模型容易改变参数,便于运算、求最优解,但是很抽象,有时不易说明其物理意义。各模型对于系统研究的关系如图 4.1 所示。

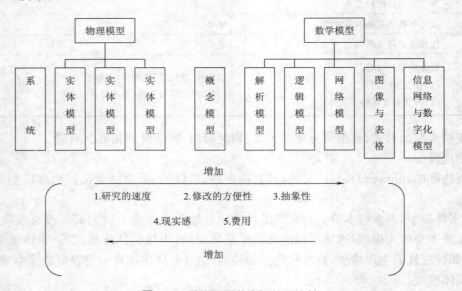

图 4.1　系统模型分类与特征比较

4.1.3　对系统模型的要求

对系统模型的要求可以概括为三条,即现实性、简明性、标准化。

1. 现实性

即在一定程度上能够较好地反映系统的客观实际,应把系统本质的特征和关系反映进去,而把非本质的东西去掉,但又不影响反映本质的真实程度。也就是说,系统模型应有足够的精度。精度要求不仅与研究对象有关,而且与所处的时间、状态和条件有关。因此,为满足现实性要求,对同一对象在不同情况下可以提出不同的精度要求。

2. 简明性

在满足现实性要求的基础上,应尽量使系统模型简单明了,以节约建模的费用和时间。这也就是说,如果一个简单的模型已能使实际问题得到满意的解答,就没有必要去建一个复杂的模型,因为建造一个复杂的模型并求解要付出很高代价。

3. 标准化

在建立某些系统的模型时,如已有某种标准化模型可供借鉴,则应尽量采用标准化模型,或对标准化模型加以某些修改,使之适合对象系统。

以上三条要求往往是相互抵触的,容易顾此失彼。例如,现实性和简明性就常常存在矛盾。如果模型复杂一些,虽然满足现实性要求,但建模和求解却相当困难,同时也可能影响标准化的要求。为此,必须根据对象系统的具体情况妥善处理。

一般的处理原则是:力求达到现实性,在现实性的基础上达到简明性,然后尽可能满足标准化。

4.2　系统建模方法

4.2.1　系统建模的原则

从前面的论述可以看出,对系统建模的要求非常严格。要建立出好的模型是不容易的。人们在建模的不断实践中,总结提出了系统建模应该遵循的四项原则。

1. 抓住主要矛盾

建模都是针对某一目的而言的,建模只有在一定目的的指引下才有方向。所以,建模时只应包括与研究目的有关的方面,抓住问题的主要方面,而不是去囊括对象系统的所有方面。

在前面提到的地图问题中可以看得很清楚。怎样的一张地图才是合理有效的呢?哪些特征必须标注在地图上呢?这取决于地图的用途。旅游地图显然需要把主要的旅游景点和商业区标注得很清楚;而交通地图则更需要把道路状况与规则,包括机动车道还是非机动车道,单向行驶还是双向行驶,甚至一些重要地区某些类型车辆可以进出的时间标注清楚。所以,不同用途的地图应该有不同的形式。

2. 力争清晰明了

在现实生活中,需要研究的对象往往是非常复杂的大系统,如社会经济系统、环境系统等。一个大型复杂系统是由许多联系密切的子系统组成的,而且子系统有时也包含自己的子系统,层层叠加,使得系统结构非常复杂,给研究带来了很大的难度。这就要求人们在建模时,子模型与子模型之间,除了保留研究目的所必需的信息联系外,其他的耦合关系要尽可能减少,以保证模型结构尽可能清晰明了。

在前面地图的例子里,如果把所有的信息全部标注在一张图上,会怎么样呢?这样的地图看上去很齐全(模型揭示了对象的全部特征),事实上却一点也看不清楚,即无法利用模型来分析对象,所以这个模型其实并不是最佳的。当然,现在的地理信息系统可以根据对信息的不同要求,放大或缩小地图的比例,从而符合各种用户的要求。

3. 精度要求适当

精度要求是一个重要方面,其要求的高低对系统模型有重要影响。但是,并非精度越高越好。建立系统模型时,应视研究目的和使用环境不同,选择适当的精度等级,以保证模型切题、实用,而又不致花费太多。

选用何种精度的模型,也取决于目的,或者说是成本与收益比较的结果。在前面讨论的地球仪和地图的例子中,显然地球仪要比地图更加精确的反映了地球表面情况,因为地球仪是立体的,而地图是平面的。一张世界地图,无论采用怎样的测绘技术,四周的变形也是很严重的。但是世界地图的制作成本和放置成本比较低,所以对于那些对距离和位置关系的判断要求不高的用户而言,一张世界地图仍是一个不错的地球模型。

4. 尽量使用标准模型

在建立一个实际系统的模型时,应该首先大量调阅模型库中的标准模型,如果其中某些可供借鉴,不妨先试用一下。如能满足要求,就应该使用标准模型,或者尽可能向标准模型靠拢。这样有利于比较分析,也有利于节省费用和时间。

4.2.2　系统建模的步骤

系统建模的步骤大致可以划分如下。

1. 准备阶段

面临复杂的系统,我们应弄清问题的复杂背景、建模的目的或目标。模型问题化是要明确建模的对象、建模的目的、建模用来解决哪些问题、如何运用模型来解决问题等。

首先,对于打算分析的问题和模型,我们要熟悉模型的所属领域,要清楚建模的对象是属于自然科学、社会科学,还是工程技术科学等领域。不同领域的模型都具有各自领域的特点与规律,应当根据具体的问题来寻求建模的方法与技巧。

其次,建模是为了说明解决问题,还是为了预测、决策和设计一个新的系统,或者是兼而有之。

最后,我们还要确定模型的实现是用模拟还是仿真、定性还是定量等方式来解决。

2. 系统认识阶段

首先,是系统建模的目标。对优化或决策问题,大都需要建立模型的目标,例如,质量最好、产量最高、能耗最少、成本最低、经济效益最好、进度最快等,同时要考虑是建立单目标模型还是建立多目标模型。目标确定之后,要将目标表述为适合于建模的相应形式,通常表示为模型中目标的最大化或最小化。

其次,是系统建模的规范。根据模型问题要求和模型的目标,拟定模型的规范,使模型问题规范化。规范化工作包括对象问题有效范围的限定、解决问题的方式和工具要求、最终结果的精度要求及结果形式和使用方面的要求。

再次,是系统建模的要素。根据模型目标和模型规范确定所应涉及的各种要素。在要素确定过程中须注意选择真正起作用的因素,筛去那些对目标无显著影响的因素。对选定因素应注意它们是确定性的还是不确定性的,能否进行定量分析等。

最后,是系统建模的关系及其限制。模型中的关系要求建模者从模型和模型规范出发,对模型要素之间的各种影响、因果联系进行深入分析,并作适当的筛选,找出那些对模型真正起作用的重要关系。所有这些关系将把目标与所有要素联系为一个整体,形成模型分析的基础,这时通常可以表示为一个结构模型。在确定关系后,模型规范告诉我们,模型的建立必须在一定的环境、一定的范围、一定的要求下进行,这个环境、范围和要求必然要对模型起限制作用。

此外,要素本身的变化有一定限度,要素的相互影响作用也只能在一定的限度内保持有效。因此,模型制约化工作要求建模者找出对模型目标、模型要素和模型关系起限制作用的各种局部性和整体性约束条件。

3. 系统建模阶段

模型是对现实系统的某种表示,所以模型离不开形式。要素原型如何表示为要素变量,要素变量之间的关系如何表示,要素变量与模型目标之间的关系如何表示,约束条件如何表示,以及各个部分的整体性表示,特别是如何进行有关方面的数量表示,这些都是模型形式化问题。

建模是为了解决实际问题,模型的形式只能恰当适中,并非越复杂越好,而是要便于使用、便于有效地解决问题。由于前几步工作大都是从某些特定角度去考虑问题分析问题的,从全局观点看,这样难免造成某些重复、重叠与繁杂,必须对问题进行简化。模型简洁化工作要求建模者针对上述可能出现的问题,以有效地反映模型问题、模型目标和模型规范为前提,对模型的各部分表示进行删繁就简,使模型具有简明的表示形式。

对于复杂的系统,通常用一个略图来定性地描述系统,考虑到系统的原型往往是复杂的、具体的,建模的过程必须对原型进行抽象、简化,把那些反映问题本质属性的形态、量纲及其关系抽象出来,简化非本质因素,使模型摆脱原型的具体复杂形态。并且假定系统中的成分和因素、系统环境的界定以及设定系统适当的外部条件和约束条件。对于有若干子系统的系统,通常确定子系统,明确它们之间联系,并描述各个子系统的输入输出(I/O)关系。

在建模假设的基础上,进一步分析建模假设的各个条件。首先区分哪些是常量,哪些是变量;哪些是已知的量,哪些是未知的量;然后查明各种量所处的地位、作用和它们之间的关系,选择恰当的数学工具和建模方法,建立刻画实际问题的数学模型。一般讲,在能够达到预期目的的前提下,所用的数学工具越简单越好,建模时究竟采用什么方法构造模型则要根据实际问题的性质和模型假设所给出的信息而定。就拿系统建模中的机理分析法和系统辨识法来说,它们是建立数学模型的两种基本方法,机理分析法是在对事物内在机理分析的基础上,利用建模假设所得出的建模信息和前提条件来建模型;系统辨识法是对系统内在机理无所知的情况下利用建模假设或实际对系统为测试数据所给出的事物系统的输入、输出信息来建立模型。随着计算机科学的发展,计算机模拟有力地促进数学建模的发展,也成为一种重要的构造模型的基本方法,这些建模方法各有其优点和缺点,在构造模型时,可以同时采用,以取长补短,达到建模的目的。

4. 模型求解阶段

模型表示形式的完成不是建模工作的结束,如何利用模型进行计算求解成为最重要的问题。构造数学模型之后,模型求解常常会用到传统的和现代的数学方法,对于复杂系统,常常无法用一般的数学方法求解,计算机模拟仿真是模型求解中最有力的工具之一。其方法是根据已知条件和数据,分析模型的特征和模型的结构特点,设计或选择求解模型的数学方法和算法,然后编写计算机程序或运算与算法相适应的软件包,并借助计算机完成对模型的求解。

5. 模型分析与检验

依据建模的目的要求,对模型求解的数字结果,或进行稳定性分析,或进行系统参数的灵敏度分析,或进行误差分析等。通过分析,如果不符合要求,就修正或增减建模假设条件,重新建模,直到符合要求。如果通过分析符合要求,还可以对模型进行评价、预测、优化等方面的分析和探讨。

　　数学模型的建立是为系统分析服务的,因此模型应当能解释系统的客观实际。在模型分析符合要求之后,还必须回到客观实际中去对模型进行检验,看它是否符合客观实际。若模型不合格,则必须修正模型或增减模型假设条件,重新建模,循环往复,不断完善,直到获得满意结果。

　　以上几个阶段可用框图的形式表示,如图4.2所示。

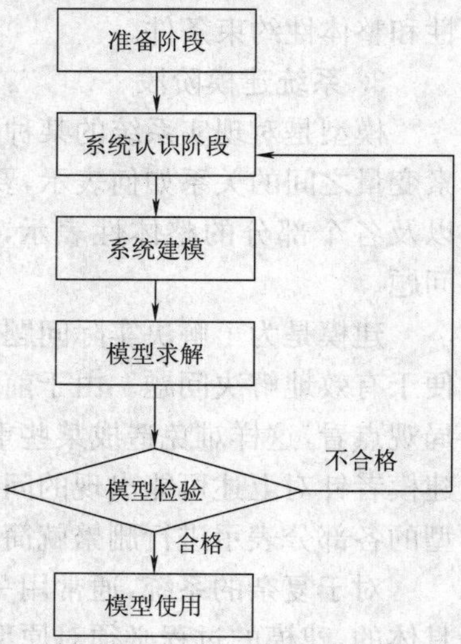

4.2.3　系统建模主要方法

　　建立系统模型是一种创造性的劳动。建模方法难以一一列举,这里简单介绍几种:推理法、实验和统计分析法、类似法等。

　　1. 推理法

　　对于内部结构和特性已经清楚的系统,即所谓的"白箱"系统(例如大多数的工程系统),可以利用已知的物理、化学、经济定律和定理,经过一定的分析和推理,得到系统模型。

图 4.2　系统建模的主要步骤

　　2. 实验和统计分析法

　　对于那些内部结构和特性不清楚或不很清楚的系统,即所谓的"黑箱"或"灰箱"系统,如果允许进行实验性观察,则可以通过实验方法测量其输入和输出,然后按照一定的辨识方法,得到系统模型。

　　对于那些属于"黑箱",但又不允许直接进行实验观察的系统(例如非工程系统多数属于此类),可以采用数据收集和统计分析的方法来建造系统模型。

　　数据分析包括抽样调查与统计分析(如交通量调查)、时间序列分析、相关分析和横断面数据分析。时间序列分析和相关分析通常是用最小二乘法寻找拟合曲线或回归曲线,然后合理外推,预测系统未来情况的。横断面数据分析(某一年度或其他时点的数据)有多种模型,线性规划也是利用横断面数据进行分析的。

　　3. 类似法

　　类似法即建造原系统的相似模型(类似模型)。有的系统,其结构和性质虽然已经清楚,但其模型的数量描述和求解却不好办,这时如果有另一种系统其结构和性质与之相同,则建造出的模型也类似,但是该模型的建立及处理要简单得多,我们就可以把后一种系统的模型看成是原系统的相似模型。利用相似模型,按对应关系就可以很方便地求得原系统的模型。例如,很多机械系统、气动力学系统、水力学系统、热力学系统与电路系统之间某些现象彼此相似,特别是通过微分方程描述的动力学方程基本一致,因此可以利用研究得很成熟的电路系统来构造上述系统的相似模型。

　　4. 混合法

　　大部分系统模型的建立往往是上述几种方法综合运用的结果。

　　上面针对不同情况提出了建立系统模型的几种方法(或思路)。应该指出的是,这些方法只能供系统建模者参考,而要真正解决系统建模问题还须充分开发人的创造力,综合运用各种科学知识,针对不同的系统对象,或者建立新模型,或者巧妙地利用已有模型,或者改造已有模型,才能创造出更加适用的系统模型。因此,有人把建立系统模型看成是一种艺术,这说明建立系统模型确实需要充分发挥人的创造性,而不可能有现成的模式照搬。

以上建模方法在实际工程中的应用非常广泛。如前文所述,可按照模型的形式将其分为三大类:数学模型、物理模型和概念模型。下面以数学模型的构建方法为例来说明推理法和类似法的应用。实验和统计分析法的应用举例参见回归分析预测。

4.2.4 数学模型的构建方法

数学模型的建立往往要采用推理法,其一般步骤如下:(1)明确目标;(2)找出主要因素,确定主要变量;(3)找出各种关系(内含的科学定律,如产品生产的物耗、能耗等);(4)明确系统的资源和约束条件;(5)用数学符号、公式表达各种关系和条件;(6)代入数据进行"符合计算",检查模型是否反映所研究的问题;(7)简化和规范模型的表达形式。

由于现实系统的复杂性和易变性,往往需要修正现有的模型。有时建立的模型过于复杂,求解困难,这就要把模型加以简化与近似。对模型进行修正与简化的方法通常有:

(1)去除一些变量,例如,应用优选法模型时,如果变量太多,试验次数就会大大增加,这时根据已有的经验,抓住其中一两个主要变量进行优选试验,往往可以事半功倍。

(2)合并一些变量,即把性质类同的一些变量合并为一个变量,以减少变量的数目。

(3)改变变量的性质,通常采用的办法有:把某些变量看成常量;把连续变量看成离散变量;把离散变量看成连续变量;限定变量在一定范围内取值。

(4)改变变量之间的函数关系,把非线性关系近似为线性关系可以简化问题,这是常用且行之有效的办法。但是,自组织理论告诉我们:对于线性化要保持警惕性,如果在线性化求得解答之后能尝试一下求解原来的非线性问题,也许会有意外的收获。在随机模型中,常用一些熟知的概率分布函数,如正态分布、指数分布等,代替那些不太好处理的概率分布函数。

(5)改变约束,增加某些约束,或去掉某些约束,或对约束进行一些修改。一般,增加约束后得到的解答偏低,称之为保守的或悲观的解。减少约束后得到的解答偏高,称之为冒进的或乐观的解。虽然两者都不是真正的解,但是可以指出解的范围,这在对系统进行初步估计时是很有用处的。

模型有粗细之分。一般来说,在研究一个新系统时,首先是建立一个简单的粗模型,以求得对于系统的解能有一个概略的了解,找到前进的方向,然后将模型逐步细化,求得较为精确的解。

运筹学中的规划模型就是数学模型的典型例子,归纳起来有两类:

第一,对于给定的人力、物力、财力等资源进行规划,以实现利润最高。

第二,对于给定的任务进行规划,争取用最少的人力、物力、财力等资源去完成它,即实现成本最低。

它们都包括目标函数与约束条件两个方面,构成一个完整的数学模型。所谓线性规划是指这样的最优化模型:其目标函数与约束条件都是线性的代数表达式。

复习思考题

1.何谓系统模型? 系统模型有哪些主要特征?

2.对系统模型有哪些基本要求? 系统建模主要有哪些方法,分别说明这些建模方法的适用对象和建模思路。

3. 设某选矿厂由 3 个矿山供应矿石,各矿山生产的矿石质量和成本如表 4.2 所示。选矿厂将这 3 种矿石混合使用,要求混合矿石的含铁量不低于 48%,含磷量不高于 0.25%。现在的问题是:这 3 种矿石应该怎样混合才能使选矿厂的原矿成本最低,建立其数学模型。

表 4.2　各矿山的矿石质量和成本

矿山	含铁量(%)	含磷量(%)	成本(元/t)
甲矿	54.00	0.13	C_1
乙矿	49.00	0.22	C_2
丙矿	45	0.34	C_3

5

系统预测

预测是决策的基础,没有科学的预测就没有科学的决策。人们作出决策是为了影响未来的事态发展,而关于未来事态发展的预测是进行决策的必要前提。未来发展过程总是由必然性推移和偶然性推移组合而成,未来总是带有不确定的成分,对于未来的准确预测的能力,一向是人们所珍视的能力,预测理论是指导和提高这种能力的方法。

5.1 系统预测概述

5.1.1 系统预测的概念及实质

"凡事预则立,不预则废","人无远虑,必有近忧"。自有历史记载以来,甚至更早一些,人们就试图预测未来。例如,对于出现的各种节气、日食或月食这类纯粹的物理现象,人们在很早以前就能凭借经验对它们作出足够精确的预测。然而,处理当今错综复杂、迅速发展变化的系统对象,需要人们作出的决策远比我们出门时根据天气情况决定是否带雨具的决策要困难得多。因此,预测未来并不是靠想入非非或仅凭个人的冥思苦想,更不是靠算命先生或风水先生的"未卜先知",而是要靠科学,这当然包括科学的头脑、科学的方法以及科学的手段。系统预测就是根据系统发展变化的实际数据和历史资料,运用现代的科学理论和方法,以及各种经验、判断和知识,对事物在未来一定时期内的可能变化情况,进行推测、估计和分析。

系统预测的实质就是充分分析、理解系统发展变化的规律,根据系统的过去和现在估计未来,根据已知预测未知,从而减少对未来事物认识的不确定性,以指导我们的决策行动,减少决策的盲目性。

5.1.2 预测的基本原理

1. 相似性原理

相似性原理是指根据同类事物的发展过程所具有的某些相似的特性,利用历史上这类事物发展过程及其结果,来推断与之相似但还处于初始阶段的当前事物的发展进程及其结果。例如,第二次世界大战的发生和发展过程,同第一次世界大战有许多相似之处,有人在1934年根据"一战"战前出现的种种现象同当前的情况进行比较,预言"二战"不久将爆发。因事物的内在性质结构千差万别,完全相同的事物是没有的,事物在运动发展中所受到的影响也不尽相同,故两种事物的发展过程完全相同是不可能的。因此,用相似性原理进行预测时,要抓住事物的本质特征对其进行预测,不要求全责备,要注意不能以此作为事物发展趋势及结果的唯一依据,要结合其他方法和原理进行综合分析。

2. 相关性原理

相关性原理也称因果原理，是根据事物之间的相互依存关系的特性，通过分析影响某一事物发展的外来因素，推断该事物的发展趋势。由于事物的因果关系是普遍存在的，而且是推动事物发展的重要条件，通过对事物未来发展产生影响的各种因素进行分析，以因求果，一般也能对事物的未来发展作出具有一定准确性的预测。但事物之间的因果关系较为复杂时，不能简单地从因求果，这时用相关性原理进行分析往往较为困难，甚至难以得到较为准确、正确的预测结果，故使用以慎重为宜。

3. 概率原理

概率原理也称为可能性原理、统计性原理。事物随机变化的不确定性给预测带来极大的困难，当推断预测结果能以较大的概率出现时，就可以认为该结果是可用的。

4. 惯性原理

惯性原理也称为延续性原理，是根据事物发展存在着连续过程的特性，利用事物的过去运动轨迹来推断事物的发展趋势和前景的原理。

5.1.3 预测的基本要素

进行科学的预测，以下几个要素是不可缺少的。

（1）预测者与预测对象，两者组成预测系统。预测对象不仅规定预测活动涉及的客体（系统），还要指明预测的具体内容，即要对它的什么状态或特性进行预测，因为预测对象往往是十分复杂的，一般情况下不是对它的所有状态和特性都进行预测。

（2）预测信息。预测是一种信息加工处理活动。所谓预测信息，是开展预测活动所需输入的信息。预测活动实质上是对所依据的信息进行加工处理得出预测结果的活动。

（3）预测模型。是对预测信息进行加工处理并得出所需要的预测结果信息的知识框架（模型）。

（4）预测策略。是预测者开展预测活动的行动方案，包括预测程序和收集信息、操作预测模型的策略或计划等。

（5）预测约束。主要是预测者开展预测活动可以支配的资源及时间限制。

（6）预测活动。这是预测策略的实施，以得出满意的预测结果为目的的实践活动。

5.1.4 预测方法的分类

实际上，预测和决策可以凭经验和直觉作出。例如，早晨上班之前，可以看看天色，然后根据以往的经验预测今天是否会下雨，从而决定是否带雨具。但是，现代社会的发展，使系统结构日益复杂，变化过程中存在着极大的不确定性和随机性，这就使得我们在系统的组织、管理中凭经验直觉作出决策并获得成功的可能性大大减小。为了在错综复杂、急剧变化的环境中，减少决策失误，改善管理调控，系统预测的理论和方法都随着实践的需要有了迅速的发展，形成了一套科学的预测方法。

根据预测对象、时间、范围、性质等的不同，可对预测方法进行不同的分类。根据方法本身的性质特点，可将预测方法分为定性预测、时间序列预测和因果关系预测三类，归纳如图 5.1 所示。

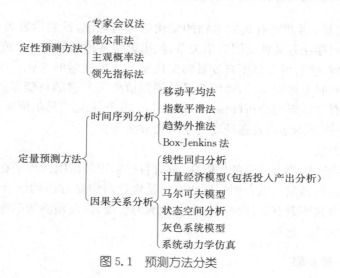

图 5.1　预测方法分类

1. 定性预测方法

定性预测方法也称为定性预测,主要是依据人们对系统过去和现在的经验、判断和直觉,如市场调查、专家打分、主观评价等作出预测。主要是以现实与历史的事实以及各种有关现象之间的普遍联系,特别是以因果关系为依据,以人的知识、经验和逻辑思维能力为武器,通过抽象的分析、推理与判断,对预测对象的发展趋势与前景作出预测的活动过程。由于该方法在形式上简便易行,对预测所需的前提条件要求不高,适用性也较强,至今仍被广泛使用。特别是由于引进了某些现代科学方法,比如,建立一整套相对固定的调查评估程序、运用打分等定量评估作为定性分析的参考等,因而仍是当前各个领域尤其是上层建筑诸领域普遍采用的预测方法。这类方法主要有专家会议法、德尔菲(Delphi)法、主观概率法、领先指标法等。

2. 定量预测方法

定量预测方法也称为定量预测,主要是根据事物不断发展的特性,将预测对象的过去和现在的各个侧面,尽量量化成各种具体数字,然后按照预测对象从过去发展到现在的轨迹的各种特点、性质,并考虑其发展进程中所遇到的各种外来因素的作用,以及预测对象与其他有关事物发展的相互关系,运用数学手段,建立数学模型并求解出预测结果。定量预测方法有一定的科学性,对于多数自然现象或较简单的社会现象的预测,常常会取得较接近实际的结果。但定量预测方法也存在定量分析方面固有的缺陷,只能反映事物外部的、数量上的发展变化,而要准确地反映事物内部的质变,以及事物之间的复杂关系,则无能为力;因而只适用于预测事物的渐变,而不适用于预测事物的突变。定量预测主要包括时间序列分析和因果关系分析两类。

时间序列分析预测方法:由于事物在其发展变化过程中,总有维持或延续原状态的趋向,事物的某些基本特征和性质将随时间的延续而维持下去,因此可以根据系统对象随时间变化的历史资料(如统计数据、实验数据和变化趋势等),只考虑系统变量随时间的发展变化规律,对其未来作出预测。它主要包括移动平均法、指数平滑法、趋势外推以及博克斯-詹金斯(Box-Jenkins)方法等。

因果关系预测方法:事物发展变化有内在的因果关系,如事物的存在、发展和变化都受有关因素的影响和制约,事物的存在和变化都有一定的模式;特性相近的事物,在其变化发展过程中,常有相似之处,因此可有先发事物的变化进程与状况,预测后发类似事物的发展变化。由于系统变量之间存在着某种前因后果关系,找出影响某种结果的一个或几个因素,建立起它们之间的数学模型,然后可以根据自变量的变化预测结果变量的变化。因果关系模型中的因变量和自变量在时间上是同步的,即因变量的预测值要由并进的自变量的值来旁推。因果关系预测方法主要有线性回归分析(linear regression analysis)法、马尔可夫(Markov)法、状态空间预测法、计量经济预测法以及系统动力学仿真方法等。

3. 综合预测方法

任何一种预测方法都有一定的局限性,都有自己适用的范围。为了克服这些缺陷,往往综合使用多种方法进行预测。综合预测方法有时是定性与定量方法的结合,有时是定量与定量方法的综合。综合预测兼有定性预测与定量预测的长处,因此预测的精度和可靠性都较高,是现代预测方法发展的大趋势。

5.1.5　预测的一般步骤

系统预测是一种科学预测,是对系统对象的发展、演变的客观规律的认识和分析过程。因此,系统预测应该建立在科学的理论基础之上,采用合理的分析、测算以及评价方法和手段。这样系统预测技术应当包括它所遵循的理论、预测对象的历史和现状资料与数据、所能采用的计算方法或分析判断方法、预测方法和结果的评价与检验等要素。预测技术所遵循的理论又包括两个方面:一是预测对象本身所处学科领域的理论,用以辨识事物发展的客观规律,指导预测方法的选择和结果的分析检验,例如天气预报和经济预报可能采用完全不同的预测模型;二是预测方法本身的理论,主要是数理统计学的一些有关理论,近来也出现了一些智能预测的理论和方法等。因此,实施一个具体的系统预测项目,必须基于上述两方面的科学理论基础。一个成功的预测实践,应当科学合理地选择预测方法以及准确、完整地理解预测对象(包括其发展历史、现状及其资料、数据等)。

尽管不同的预测对象、不同的预测方法可能导致不同的预测实施过程,但总体看来,特别是定量预测方法大致可分为以下几个步骤。

1. 明确预测目的

一般来说,系统预测不是系统工程研究的最终目的,它应当是为系统决策任务服务的。因此,在预测工作过程中,首先要在整个系统研究的总目标指导下,确定预测对象及具体的要求,包括预测指标、预测期限、可能选用的预测方法以及要求的基本资料和数据。这是系统预测一项极为重要的准备工作,它实际上是使得我们预测工作将会有正确的科学理论和方法指导,有的放矢。

2. 收集、整理资料和数据

根据选用或可能选用的预测方法和预测指标,进行两个方面的工作:一是把有关的历史资料,统计数据、试验数据等尽可能收集齐全,在此基础上进一步分析、整理,去伪存真,填充补齐,形成合格的数据样本;另一方面,进行调查、访问,以取得第一手的数据资料,这一点对定性预测更是如此。

3. 建立预测模型

根据科学理论指导以及所选择的预测方法,用各种有关变量来真实表达预测对象的关系,从而建立起预测用的数学模型。必要时可对数据样本进行适当处理,以符合模型本身的要求。

4.模型参数估计

按照各自模型的性质和可能的样本数据,采取科学的统计方法,对模型中的参数进行估计,最终识别和确认所选用的模型形式和结构。

5.模型检验

检验包括对模型的合理性及有效性验证。模型检验具体有两个方面,一是对有关假设的检验,如对线性关系的假设、变量结构(变量选取)以及独立性假设等必须进行统计检验,以保证理论、方法的正确性。另一方面是模型精度即预测误差的检验,如误差区间、标准离差等的检验。一旦检验发现模型不合理,就必须对模型加以修正。

6.预测实施与结果分析

运用通过检验的预测模型,使用有关数据,就可进行未来预测,并对预测结果进一步进行有关理论、经验方面的分析。此外,必要时还可对不同方法模型同时预测的结果加以分析对比,以作出更加可信的判断,为系统决策提供科学依据。

从预测实际工作来看,不可能仅靠上述 6 个预测步骤就能完全达到目标,有时会需要若干次的反复和迭代,经过多次样本修改、信息补充、模型修正等,才能完成系统预测任务。

5.2　定性预测方法

定性预测是预测者依靠熟悉业务知识,具有丰富经验和综合分析能力的人员与专家,根据已掌握的历史资料和现实数据,运用个人经验和分析,对事物未来发展做出性质和程度上的判断,然后通过一定形式综合各方面的意见,作为预测未来的主要依据。定性预测着重对事物发展的趋势、方向和重大转折点进行预测,主要凭借人的经验及分析能力。下面简要介绍两种典型的定性预测方法——专家会议法和德尔菲法。

5.2.1　专家会议法

会议法是专家预测法的一种。专家预测主要是组织各领域的专家,运用专业方面的知识和经验,根据预测对象的外界环境(社会环境、自然环境),通过直观归纳预测对象的发展和变化规律,从而实现对预测对象未来发展趋势及状态作出判断。因此,要求这些专家不仅在该预测对象方面,而且在相关学科方面都应具备相当的学术水平,并应具备一种在大量感性资料中看到事件"本质"的能力(即从大量现实随机现象中,抓住不变的规律,即找到它们之间的某些相关性,从而能够对未来作出判断)。

专家预测法分为两大类,一类是以专家个人"微观智能结构"通过创造性思维来获取未来信息的方法,称为个人判断预测法,亦称个人头脑风暴法;另一类是以集体的"宏观智能结构"(通过专家"微观智能结构"之间的信息交流、互相启发,引起"思维共振",互相补充,产生组合效应,形成宏观智能结构),通过创造性的逻辑思维来获取未来信息的方法,称之为专家会议法。

专家会议法又称为集团头脑风暴法,它又可分为直接头脑风暴法和质疑头脑风暴法。前者是通过共同讨论具体问题,发挥宏观智能结构的集体效应,进行创造性思维活动的一种专家集体评估、预测的方法。而质疑头脑风暴法是一种同时召开两个专家会议,集体产生设想的方法。第一个会议完全遵从直接头脑风暴法原则,而第二个会议则是对第一个会议提出的设想进行质疑。

1. 专家会议法的特点

专家会议法具有如下特点。

(1)专家会议能够发挥由若干名专家组成的团的智能结构效应,往往大于这个团体中每个成员单独创造能力的总和。

(2)通过多个专家之间的信息交流可以产生"思维共振",进而发挥创造性的思维,有可能在较短的时间内得到富有成效的创造性成果。

(3)专家会议的信息量总比某个成员单独占有信息量要大。

(4)专家会议考虑的因素总比某个成员单独考虑的因素要多。

(5)专家会议提供的方案通常比某个成员单独提供的方案要具体、全面。

2. 专家会议法应遵循的基本原则

专家会议存在一些不足之处,如有时心理因素影响较大,易屈服于权威或大多数人意见,而忽视少数人意见,有时少数人意见或不甚知名人士的意见是正确的;易受劝说性的影响,以及不愿意轻易改变自己已经发表过的意见,等等。所以,采用专家会议法时应遵循如下原则。

(1)严格限制预测对象的范围,便于与会专家把注意力集中于所涉及的问题。

(2)要认真对待和研究专家组提出的任何一种设想。

(3)鼓励参加者对已经提出的设想进行补充、改进和综合。

(4)使参加者解除思想顾虑,创造一种自由发表见解的气氛,以利激发参加者的积极性。

(5)发言力求简短精练,不需详细论述,拖长发言时间将有碍创造性思维活动的进行。

(6)不允许参加者宣读事先准备好的发言稿。为了提供一个良好的创造性思维环境,必须确定专家会议的最佳人数和会议进行的时间。经验已经证明,专家小组规模以 10～15 人为宜,会议时间以 20～60 min 效果为佳。

3. 专家会议法的组织实施

专家会议的人选应按下述三个原则选取。

(1)如果参加者相互认识,要从同一职位(职称或级别)的人员中选取。

(2)如果参加者互不认识,可从不同职位(职称或级别)的人员中选取。这时不应宣布参加人员职务,不论成员的职称或级别的高低,都应同等对待。

(3)参加者的专业应力求与所论及的预测对象的问题相一致,专家组中最好包括一些学识渊博,对所论及问题有较深理解的其他领域的专家。

专家小组可能的组成人员为:方法论学者——预测学领域的专家;设想产生者——专业领域的专家;分析者——专业领域的专家;演绎者——具有较高逻辑思维能力的专家。

专家会议所有参加者,都应该具备较高的联想思维能力。在进行"头脑风暴"(即思维共振)时,应尽可能提供一个有助于把注意力高度集中于所讨论问题的环境。有时某个人提出的设想,可能正是其他准备发言的人已经考虑过的设想。其中一些最有价值的设想,往往是在前一个提出设想的基础之上,经过"思维共振"的"头脑风暴"迅速发展起来的,以及对两个或多个设想的综合。因此,专家会议法产生的结果,应该认为是专家组集体创造的成果,是专家组这个宏观智能结构的总体效应。

专家会议组织者的发言应能激发起参加者的思维"灵感",促使参加者感到急需回答会议提出的问题。通常,在开始时,组织者必须采取强制尚问的做法。因为组织者很少有可能在会议开始 5～10 min 内创造一个自由交换意见的气氛,并激发参加者踊跃发言。组织者的主动活动也局限于会议开始之时,一旦参加者被激励起来以后,新的设想就会源源不断地涌现出来。这时,组织者只需根据专家会议法的基本原则进行适当引导即可。应当指出,发言量越大,意见越多种多样,所论问题越广越深,出现有价值设想的概率就越大。

会议提出的设想应进行全面记录,不放过任何一个设想。

由分析组对会议产生的设想进行系统化处理,以备下一阶段使用。系统化处理程序如下:

(1)对所有提出的设想编制名称一览表;

(2)用通用术语说明每一设想的要点;

(3)找出重复的和互为补充的设想,并在此基础上形成综合设想;

(4)提出对设想进行评价的准则;

(5)分组编制设想一览表。

5.2.2 德尔菲法

德尔菲(Delphi)是古希腊一遗址,传说是神谕灵验,可预卜未来的阿波罗神殿所在地。20世纪40年代,美国兰德公司研究员赫尔默(O. Helmer)和卡尔奇(N. Kalkey)设计了这种通过有控制的多次匿名反馈来集中专家智慧的方法,以"德尔菲"为代号,由此得名。德尔菲法曾首先用于预测美国遭受原子弹轰炸后可能出现的结果,以后迅速扩展到各个领域。

德尔菲法根据有专门知识的人的直接经验,对研究的问题进行判断、预测,也称专家调查法。它以匿名方式通过几轮滚动式函询调查,征求专家意见,是专家会议法的发展。预测领导小组对每一轮的意见都进行汇总整理,作为参考资料发给每个专家,供他们分析判断,提出新的论证。如此多次反复,专家意见日趋一致,结论的可靠性越来越大。具体过程如图5.2所示。下面从德尔菲方法的特点、专家的选择、预测问题、预测过程、应遵守的原则,以及结果的理和表达方式等方面来进行介绍。

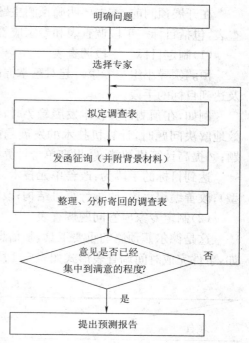

图5.2　德尔菲法程序框图

1.德尔菲方法的特点

德尔菲方法有如下三个特点:

(1)匿名。为克服专家会议易受心理因素影响的缺点,德尔菲方法采用匿名形式。应邀参加预测的专家互不了解,完全消除了心理因素的影响。专家可以参考前一轮的预测结果,修改自己的意见而无需做出公开说明,无损自己的威望。

(2)反馈。德尔菲法不同于民意测验,一般要经过多轮才能得出结论。在匿名情况下,为了使参加预测的专家掌握每一轮预测的汇总结果和其他专家提出的意见,预测领导小组对每一轮的预测结果进行统计汇总,并将结果作为反馈材料发给每个专家,供专家在下一轮预测时参考。

(3)定量。对调查获得的信息作定量处理是德尔菲法的一个主要特点。为了定量评价预测结果,德尔菲法采用统计方法对结果进行处理。

2.专家的选择

开展德尔菲法预测需要成立一个预测领导小组。它负责拟订预测主题,编制预测事件一览表,以及对结果进行分析处理,此外一项更重要的工作是负责专家的选择。

物色专家是实施德尔菲法的一个关键步骤,因为它本身就是一种对于意见和价值进行判断的作业。因此,在选择专家过程中不仅要注意选择精通专业技术、有一定声望、有学科代表性的专家,同时还需要选择边缘学科、交叉学科的专家。是否选择承担技术领导职务的专家,要看他们是否有足够的时间来认真填写调查表。

根据预测问题的规则,专家组一般以 10～50 人为宜。人数太少,学科代表性不足,并缺乏权威,同时影响预测精度;人数太多,难于组织,结果的处理也比较复杂。但是,对于一些重大问题,专家人数也可扩大到 100 人以上。专家选定后还对根据具体预测问题,划分从事基础研究预测和应用研究预测的小组,也可按其他形式分组。美国兰德公司在采用德尔菲法就科学的突破、人口的增长、自动化技术、航天技术、战争的可能和防止、新的武器系统等 6 个问题进行预测时,专家组由 82 人组成,分 6 个小组活动;其中成员一半来自于本公司,外单位成员中包括 6 名欧洲专家。在确定专家人数时,值得注意的是,即使专家同意参加预测,因种种原因专家也不见得每轮必答,有时甚至中途退出,因而预选人数要多于规定人数。

3.预测问题的提出

在开展预测前,首先要明确预测主题和预测目的,准备背景资料,并根据预测任务拟定调查表,包括目标—手段调查表和专家应答问题调查表。

(1)制定目标—手段调查表

预测领导小组与专家一起对已掌握的数据进行分析,确定预测对象的总目标和子目标,以及达到目标的手段。

例如,在预测计算技术发展趋势时,总目标是:"当人类在所有活动领域内都采用计算机有效地解决问题时,计算机技术的发展趋向是什么?"其子目标可以划分为:①解决人机联系问题;②提高计算机智能;③提高单台计算机效率;④提高全国总装机效率等。

达到目标的手段为:改善单元技术;改善外围设备和通信技术;发展信息处理方法(数学模型);改善编程手段;改善计算机结构;改善使用计算机的组织工作;改善计算机的设计方法等。

(2)制定专家应答问题调查表

这是德尔菲预测的重要工具,是信息的主要来源。它的质量可能直接影响预测结果。例如,事件完成时间调查表形式如表 5.1 所示。

表 5.1　事件完成时间调查表

项目　　　　概率	事件完成时间		
	10%概率	50%概率	90%概率
解决某一科学技术问题	a_{1i}	m_{1i}	b_{1i}
设计一种机器	a_{2i}	m_{2i}	b_{2i}
开发一种具有一定功能的装置	a_{3i}	m_{3i}	b_{3i}

注:i 为第 i 个专家。

4.预测过程

经典的德尔菲法预测要经过四轮调查,一般说来,经过四轮调查,专家意见可以相当协调或一致。有些派生或改造的德尔菲预测方法,考虑整个过程进行的时间和复杂程度,以及专家意见的一致程度,可以部分取消轮间反馈,适当简化预测过程。

第一轮:由组织者发给专家的第一轮调查表是开放式的,不带任何限制,只提出预测问题。请专家围绕预测主题提出预测事件。如果限制太多,会漏掉一些重要事件。预测组织者要对专家填好的调查表进行汇总整理,归并同类事件,排除次要事件,用准确术语提出一个预测事件一览表,并作为第二轮调查表发给专家。

第二轮:专家对第二轮调查表所列的每个事件作出评价。例如,说明事件发生的时间、叙述争论问题和事件或迟或早发生的理由。预测组织者收到第二轮专家意见后,对专意见做统计处理,整理出第三张调查表。第三张调查表包括:事件、事件发生时间的中位数和上、下四分位数,以及事件发生时间在四分位数外侧的理由。

第三轮:把第三张调查表发下去后,请专家做以下事情:重审争论;对上、下四分位数外的对立意见作一个评价;给出自己新的评价(尤其是在上、下四分位数外的专家,应重述自己的理由);如果修正自己的观点,也请叙述为何改变,原来的理由错在哪里,或者说明哪里不完善。专家们的新评论和新争论返回到组织者手中后,组织者的工作与第二轮很类似:统计中位数和上、下四分位数;总结专家观点,重点在争论双方的意见,形成第四张调查表。

第四轮:请专家对第四张调查表再次评价和权衡,作出新的预测。是否要求作出新的论证与评价,取决于组织者的要求。当第四张调查表返回后,组织者的任务与上一轮的任务相同:计算每个事件发生时间的中位数和上、下四分位数,归纳总结各种意见的理由及争论点。

5. 德尔菲法预测的原则

人们从经验中总结了如下几个在德尔菲预测组织中应遵守的主要的原则:

(1)对德尔菲法作出充分说明。在发出调查表的同时,应向专家说明德尔菲预测的目的和任务,专家回答的作用,以及德尔菲法的原理和依据。

(2)问题要集中,提出的问题有针对性。

(3)避免组合事件。例如,对于题为"以海水中提炼的氘(重氢)为原料的核电站到哪一年可以建成"的预测事件,有的专家就难以做出回答。因为他虽然可以对核电站建成日期做出评价,然而他认为原料应是氚而不是氘。这时他如果提出预测,似乎他同意采用氘做原料,如果他拒绝回答,似乎他对能否建成核电站持怀疑态度。因而,应避免提出"一种技术的实现是建立在某种方法基础上"这类组合事件。

(4)用词要确切。例如,"私人家庭到哪一年将普遍使用大屏幕彩电"的预测事件中,"普遍"二字比较含糊;另外,"大"字也含糊。如果改为"私人家庭到哪一年将有 80% 使用 64 cm 以上彩电"则是确切的。

(5)领导小组意见不应强加在调查表中。

(6)调查表要简化,问题数量适当限制。一般认为限以 25 个为宜,超过 50 个问题则要相当慎重。

(7)支付适当报酬,以鼓励专家的积极性。

6. 结果的处理与表示

对专家的回答进行分析和处理是德尔菲预测的最后阶段,也是最重要的阶段。在该阶段最主要的工作是用一定的统计方法对专家的意见做出统计、归纳和处理,得出代表专家意见的预测值和离散程度。然后,对专家意见做出分析和评价,确定预测方案。

　　结果的处理和表示主要可采用中位数和上、下四分位数法、算术平均法、主观概率法，以及比重法或评分法等。例如，可采用中位数和上下四分位数法对事件完成时间预测结果的处理如下：用中位数代表专家们预测的协调结果，用上、下四分位数代表专家们意见的分散程度。如果将专家们预测的结果在水平轴上按顺序排列，并分成四等分，则中分点值为中位数，表示专家中有一半人估计的时间早于它，而另一半人估计的时间晚于它。先于中分点的四分点为下四分位数，后于中分点的四分点为上四分位数。其他关于数量值的预测类似。

　　例如，2013 年由 11 位专家参加的对"2014 年参加全国硕士研究生入学考试人数"的预测，其预测结果如表 5.2 所示。这一预测结果的中位数为 200 万，下四分位数为 195 万，上四分位数为 205 万。

表 5.2　预测结果　　　　　　　　　　　　　　　万人

序号	1	2	3	4	5	6	7	8	9	10	11
数值	190	193	195	196	198	200	201	202	205	207	208
			下四分位数			中位数			上四分位数		

　　预测学家 Jantsch 根据大量数理统计，得出一个根据中位数推算上、下四分位数的经验公式，即如果中位数年份距组织预测的年份为 x 年，则下四分位数距组织预测年份为 $\frac{2}{3}x$ 年，上四分位数为 $\frac{5}{3}x$ 年。例如，1 984 年进行了一项预测，测得中位数为 2 020 年，则 $x=2\ 020-1\ 984=36$ 年，下四分位数为 $1\ 984+\frac{2}{3}x=2\ 008$ 年，上四分位数为 $1\ 984+\frac{5}{3}x=2\ 044$ 年。

　　有的预测结果只标明中位数，如"1 998 年美国将有 50% 的新产品采用计算机设计"，其中的 1 998 年就是中位数。有的预测结果同时标明上、下四分位数，如"1 985 年（1 984～1 987年）美国自动线销售额将为 1 978 年的两倍"，其中 1 985 年为中位数，括号中的 1 984 年和 1 987年分别为下、上四分位数。

5.3　时间序列分析预测

5.3.1　时间序列的概念及特征

1. 什么是时间序列

　　系统中某一变量或指标的数值或统计观测值，按时间顺序排列成一个数值序列 x_1，$x_2,\cdots,x_n$，称为时间序列。例如，某地区的月度运输量、商场的月销售额、城市的季度用电量、某地区每年 7 月份的降雨量、某地区的工业总产值、投资总额等都是时间序列的典型例子。某市 6 年来汽车货运量（表 5.3）是一个典型的时间序列。

表 5.3　某市 6 年来汽车货运量　　　　　　　　　　10^8 t

年份	一季度	二季度	三季度	四季度
2007	4.47	6.16	5.04	5.13
2008	6.38	8.06	9.64	6.83
2009	7.46	6.37	8.46	8.89

续上表

年份	一季度	二季度	三季度	四季度
2010	10.34	10.45	9.54	8.27
2011	8.48	8.15	9.43	9.67
2012	10.39	10.48	12.33	10.98

从系统的角度来看,某一时间序列代表着客观世界的某一动态过程,它是系统中某一变量受其他各种因素影响的总结果,且表现为动态变化。因此,时间序列也往往称为"动态数据"。系统变量变化的动态过程分为两类:一类可以用时间 t 的确定函数加以描述,称为确定性过程;另一类没有确定的变化形式,也不能用 t 的确定函数加以描述,但是可以用概率统计方法寻求合适的随机模型来近似地反映其变化规律,这种过程称为随机过程。

在系统预测中讨论的每一个时间序列都是某一事物变化的随机过程的一个样本,它的一个本质特征是相邻观测值的依赖性,这种依赖性具有很大的实际意义。通过对样本中的这种依赖性进行分析研究,找出动态过程的特性、最佳的数学模型,估计模型参数,并检验利用数学模型进行统计预测的精度,这就是时间序列预测的主要内容。

2.时间序列的特征

虽然客观现象的性质多种多样,发展的时空条件千差万别,影响事物发展的具体原因不可胜数,但是仍有其共同的规律性。通过对社会、经济和工程系统中的各种时间序列的分析发现,时间序列的影响因素的作用特征可以概括为四种变动方式,即趋势变动 T、季节变动 S、循环变动(周期变动)C 及不规则变动 I。也就是说,任何一个时间序列总是表现为上述几种变动的不同组合的总结果 Y,且可用乘法模型或加法模型表示为

$$Y=T \cdot S \cdot C \cdot I \quad 或 \quad Y=T+S+C+I$$

由此可见,时间序列的特征表现为如下四个方面:

(1)趋势性。是指客观现象在一个相当长的时期内,由于受某些基本因素持续同性质(或同向)的影响所呈现出来一种基本走势。尽管在这个时期内,事物的发展仍有波动,变动幅度可能有时不等,但基本趋势不变。例如,股票市场的"牛市"和"熊市"。

(2)周期性。是指客观现象以若干年为周期的涨落起伏相同或基本相同的一种波浪式的变动。如股票市场由牛市到熊市的周期再到下一个牛市与熊市的周期;资本主义经济由危机、萧条、复苏、繁荣的一个周期再到下一个危机、萧条、复苏、繁荣的周期。虽然每一个周期可能长短不同,但盛衰起伏周而复始。例如,宏观经济的繁荣、萧条就存在 2~5 年的短周期,同时也存在 5~20 年的中周期及 30~50 年的长周期。事物的循环变动,也是由事物发展的内在原因决定的。

(3)季节性。是指由于自然条件、社会条件的影响,社会经济现象在一年内或更短的时间内,随着季节的转变而引起的周期性变动。例如,农产品收购、农业生产资料和其他季节性商品的销售、几大节日的客运量等,就有明显的季节性,而且年复一年地呈规律性变动。季节变动一般以一年为周期。此外,有的社会季节现象是以一日、一周、一月为周期而产生变动,也称为准季节变动。例如,市内公共汽车的乘客,早晨逐渐增多,上、下班时间达到高峰,入夜以后逐渐减少,是以一日为周期的变动;市内超市的顾客、影剧院的售票,星期六和星期日最多,是以一周为周期的变动;由于机关、团体、企业习惯上在月初发工资,因此银行活期储蓄存款月初

增加,月末减少,这是以一月为周期的变动。在现实生活中,季节变动是一种极为普遍的现象。例如,商业经营中时令商品的销售量;农业生产中的蔬菜、水果、禽蛋的生产量;工业生产中的服装、水力发电等,都受生产条件和气候变化等因素的影响而形成有规则的周期性重复变动。

季节变动是各种周期性变动中很重要的一种,但是季节性和周期性还是有差别的。具体说,季节性是时间序列围绕趋势和周期年复一年的重复出现的一种有规律的波动,所以季节性中可能包含趋势性和周期性的组合,而周期性则不包含趋势。或者说,周期性是平稳序列的特征,季节性是一般序列的特征。

(4)不规则性。不规则性变动可分为突发性和随机性两种。前者是由于难以预测的因素引起的,其规律目前难以认识和推测。具有随机性变动的时间序列,则可以利用一个经过历史或测试数据验证的概率分布加以推测。

在系统预测中,一般把不规则变动 I 视为干扰,必须设法将其过滤掉,而将趋势变动反映出来,以预测时间序列的长期变化趋势,必要时还应将季节性或周期性特征反映出来。

任何一个时间序列,可能同时具有以上几个特征,也可能是其中某几个的组合(表5.3的时间序列就具有趋势性和季节性)。由于时间序列可能具有不同特征,就导致在进行系统预测时采用不同方法,因此在预测之前,有必要识别时间序列的变动特征,从而选择合适的预测方法。

5.3.2　移动平均法

平滑预测法通常包括移动平均法和指数平滑法两种。移动平均法又可分为简单移动平均法和加权移动平均法。

1.简单移动平均法

移动平均法是以一组观察序列的平均值作为下一期的预测值。其特点还在于不断地吸收新得到的统计数据,舍弃远期数据,计算出新的平均值。如此逐期向前推进,不断作出新的预测,因此称为移动平均法。

设有时间序列 $\{x_1, x_2, \cdots, x_t\}$,记 x_t 为 t 期观察值,则该时期的移动平均值可由式(5.1)计算:

$$M_t = \frac{x_t + x_{t-1} + \cdots + x_{t-n+1}}{n} \tag{5.1}$$

将 M_t 作为下一期的预测值 $\hat{x}_{t+1}$,即

$$\hat{x}_{t+1} = M_t = \frac{x_t + x_{t-1} + \cdots + x_{t-n+1}}{n}$$

$$= M_{t-1} + \frac{x_t - x_{t-n}}{n}$$

$$= \hat{x}_t + \frac{x_t - x_{t-n}}{n}$$

【例5.1】 已知某地区1~7月汽车货物运输量如表5.4所示,试用 $n=5$ 进行移动平均值计算,预测7月和8月的运输量。

表5.4　某地区1~7月份汽车货运量　　　　　　　　　　　　　　　　万 t

月份	1	2	3	4	5	6	7
汽车货运量	234	219	226	214	231	231	257

解：

$$\hat{x}_7 = \frac{x_6 + x_5 + x_4 + x_3 + x_2}{5} = \frac{231 + 231 + 214 + 226 + 219}{5} = 224.2$$

$$\hat{x}_8 = 224.2 + \frac{257 - 219}{5} = 231.8$$

移动平均法方法简单，但一般只适用于发展变化比较平坦、增长趋势不明显的时间序列。

2.加权移动平均数法

用移动平均数进行预测是将各期数据的重要性等同对待，如果考虑各期数据的重要性，对每个序列值乘以加权因子，则时间序列的加权平均值序列为

$$\bar{x}_t = \frac{a_0 x_t + a_1 x_{t-1} + \cdots + a_{n-1} x_{t-n+1}}{n} = \omega_0 x_t + \omega_1 x_{t-1} + \cdots + \omega_{t-n} x_{t-n+1}$$

式中，ω_i 为加权因子，应满足 $\sum_{i=1}^{n-1} \omega_i = 1$。

以 $\bar{x}_t$ 作为下一期预测值，即 $y_{t+1} = \hat{x}_t$，则预测模型为：$y_{t+1} = \omega_0 x_t + \omega_1 x_{t-1} + \cdots + \omega_{n-1} x_{t-n+1}$。

该模型既可体现对原始数据的平滑，又考虑了原序列各期值的重要性程度，预测结果一般比只考虑趋势的移动平均数法更接近实际。

由上述模型可见，预测值 y_{t+1} 是由 n 期数据按一定比例组成的，一般情况下，近期数据对预测值的影响大，ω 应选较大的值，历史上远期数据对预测值的影响小，ω 应选较小的值。

【例 5.2】 现以某物流公司某年运营收入数据为例，用两种预测方法预测下年度一月份营业收入。

解：已知数据及下一年度一月份营业收入如表 5.5 所示。

表 5.5 移动平均法和加权移动平均法预测 　　　　　　　　　　　　　万元

时间(月)	1	2	3	4	5	6	7	8	9	10	11	12	1
营业收入	18	15	12	20	25	24	26	25	28	26	29	26	
移动平均法 n=3				15.0	15.7	19.0	23.0	25.0	25.0	26.3	26.3	27.7	27.0
移动平均法 n=4					16.3	18.0	20.3	23.8	25.0	25.8	26.3	27.0	27.3
加权移动平均数法					14.0	16.5	21.2	23.7	25.2	25.2	26.7	26.5	27.8	27.0

注：加权移动平均法中 $n=3$，$a_0=1.5$，$a_1=1$，$a_2=0.5$。

5.3.3 指数平滑法

指数平滑法也是对时间序列进行修匀，不过不是求算术平均，而是注重时间序列的长期数值对未来预测值的共同影响，对时间序列的各个数据进行加权平均，时间越近的数据，其权值越大。

设有时间序列 $\{x_1, x_2, \cdots, x_T\}$，一次指数平滑公式为

$$\hat{x}_{t+1} = \alpha_0 x_t + \alpha_1 x_{t-1} + \alpha_2 x_{t-2} + \cdots + \alpha_t x_1 \tag{5.2}$$

其中

$$\begin{cases} 0 \leqslant \alpha_i \leqslant 1 \\ \sum_{i=0}^{t} \alpha_i = 1 \end{cases}$$

令 $\alpha_0 = \alpha$，$\alpha_j = \alpha(1-\alpha)^j (j=1,2,\cdots,t)$，$0 \leqslant \alpha \leqslant 1$，于是

$$\hat{x}_{t+1} = \alpha x_t + \alpha(1-\alpha)x_{t-1} + \alpha(1+\alpha)^2 x_{t-2} + \cdots$$
$$= \alpha x_t + (1-\alpha)[\alpha x_{t-1} + \alpha(1-\alpha)x_{t-2} + \cdots]$$
$$= \alpha x_t + (1-\alpha)\hat{x}_t \tag{5.3}$$

或
$$\hat{x}_{t+1} = \hat{x}_t + \alpha(x_t - \hat{x}_t) \tag{5.4}$$

为适应一般情况,将式(5.3)改为
$$s_t^{(1)} = \hat{x}_{t+1} = \alpha x_t + (1-\alpha)\hat{x}_t$$
$$= \alpha x_t + (1-\alpha)s_{t-1}^{(1)} \tag{5.5}$$

同时取 $s_0 = x_1$,称 α 为平滑常数(系数),$s_t^{(1)}$ 为 t 时期的一次指数平滑值。显然,α 越大,表明越重视新信息的影响,但一次指数平滑只能预测一期。

相应地可对一次平滑序列 $\{s_t^{(1)}\}$ 再进行一次指数平滑,称为二次指数平滑。设 $s_t^{(2)}$ 为二次指数平滑值,则有:
$$s_t^{(1)} s_t^{(2)} s_t^{(2)} = \alpha s_t^{(1)} + (1-\alpha)s_{t-1}^{(2)} \tag{5.6}$$

由式(5.4)和式(5.5)求得 s_t^1、s_t^2 后,则可用下面公式预测 t 之后第 T 个时刻的值 $\hat{x}_{t+T}$:
$$\hat{x}_{t+T} = a_t + b_t T \tag{5.7}$$
且可以证明
$$a_t = 2s_t^{(1)} - s_t^{(2)}$$
$$b_t = \frac{\alpha}{1-\alpha}[s_t^{(1)} - s_t^{(2)}] \tag{5.8}$$

如果对序列 $\{x_1, x_2, \cdots, x_t\}$ 的二次指数平滑值 $s_t^{(2)}$ 再作一次平滑,即可得到三次指数平滑值为
$$s_t^3 = \alpha s_t^{(2)} + (1-\alpha)s_{t-1}^{(3)} \tag{5.9}$$

这时,三次指数平滑的预测方程为
$$\hat{x}_{t+T} = a_t + b_t T + \frac{1}{2}c_t T^2 \tag{5.10}$$

可以证明:
$$\begin{cases} a_t = 3s_t^{(1)} - 3s_t^{(2)} + s_t^{(3)} \\ b_t = \frac{\alpha}{2(1-\alpha)^2}[(6-5\alpha)s_t^{(1)} - 2(5-4\alpha)s_t^{(2)} + 4(4-3\alpha)s_t^{(3)}] \\ c_t = \frac{\alpha^2}{2(1-\alpha)^2}[s_t^{(1)} - 2s_t^{(2)} + s_t^{(3)}] \end{cases} \tag{5.11}$$

下面讨论平滑系数 α 及初始条件 $s_0^{(1)}$、$s_0^{(2)}$、$s_0^{(3)}$ 的取值问题。

首先说明初始条件的取值。当时间序列原始数据样本较多,α 值较大时,可取
$$s_0^{(1)} = y_1, s_0^{(2)} = s_0^{(1)}, s_0^{(3)} = s_0^{(2)}$$

而当数据点不够多,初始值对预测精度影响较大时,可取开始几个观测值的算术平均值、加权平均值或指数平均值作为初始条件值。

平滑系数 α 对预测精度影响很大,代表了模型对过程变化的反应速度。一般说来,α 值的选取可遵循以下几条原则。

(1)如果时间序列虽有不规则的波动,但长期趋势仍然接近稳定的常数,宜取较小的值(一般为 0.05~0.2),以使各数据有大小接近的权数。

(2)如果时间序列有迅速明显的变化倾向,则宜取较大值(一般取 0.3),以使新近数据获

得较大的权值,增加其在预测中的作用。

(3)如果原始资料不足,初始条件值的选取比较随便,α 值应取大一点,以减少初始条件值的作用。

(4)可通过历史数据检验,即对每一个 α,用离现实较远的历史数据建立预测模型,"预测"离现实较近的数据(事后预测),根据符合程度选择较好的 α。

【例 5.3】 某地区的月度汽车货运量统计数据如表 5.6。用指数平滑法预测第 18~20 个月份的货运量。

解:取 $\alpha=0.3$,$s_0^{(1)}=y_1=536$,$s_0^{(2)}=s_0^{(1)}$,则由平滑公式可求得各次平滑值,列在表 5.6 中。

表 5.6 月度货运量

万 t

周期数	货运量	$s_t^{(1)}$	$s_t^{(2)}$	周期数	货运量	$s_t^{(1)}$	$s_t^{(2)}$
0		536	536	9	515	488.96	494.03
1	536	536	536	10	469	482.97	490.71
2	515	529.70	534.11	11	501	488.38	490.01
3	460	508.79	526.28	12	499	491.57	490.48
4	463	495.05	516.92	13	469	484.80	488.78
5	520	502.50	512.45	14	429	468.06	482.57
6	501	502.05	509.34	15	415	452.14	473.44
7	468	491.80	504.08	16	509	469.20	472.17
8	445	477.80	496.20	17	475	470.94	471.80

$$a_{17}=2s_{17}^{(1)}-s_{17}^{(2)}=2\times470.94-471.80=469.08$$

$$b_{17}=\frac{\alpha}{1-\alpha}(s_{17}^{(1)}-s_{17}^{(2)})=\frac{0.3}{1-0.3}(470.94-471.80)=-0.37$$

预测模型为

$$X_{17+T}=a_t+b_tT=469.08-0.37\times T$$

按照这个公式计算第 18~20 个月份的货运量:

$X_{18}=469.08-0.37=468.71$

$X_{19}=469.08-0.37\times2=468.34$

$X_{20}=469.08-0.37\times3=467.97$

5.3.4 趋势外推预测法

在一个时间序列中,特别对某些社会、经济系统中的渐变发展过程,往往可能存在某种长期趋势,用适当的方法测定这个趋势,给它选择一个合适的趋势曲线方程,以作为外推预测的依据,是时间序列预测的基本方法之一。

趋势曲线外推预测是基于如下两个假设:第一,影响预测对象过去发展的因素,在很大程度上也将决定其未来的发展;第二,预测对象的发展过程不是突变,而是渐变过程。

利用趋势外推法,主要解决两个问题:一是找到合适的趋势拟合曲线方程;二是确定趋势曲线方程中参数。

5.4　灰色预测——GM(1,1)模型

5.4.1　灰色预测的基本原理

时间序列预测是采用趋势预测原理进行的,然而时间序列预测存在以下问题:

(1)时间序列变化趋势不明显时,很难建立起较精确的预测模型;

(2)它是在系统按原趋势发展变化的假设下进行预测的,因而未考虑对未来变化产生影响的各种不确定因素。

为克服上述缺点,华中科技大学邓聚龙教授引入了灰色因子的概念,采用"累加"和"累减"的方法创立了灰色预测理论。

1. GM(1,1)模型的基本原理

当一时间序列无明显趋势时,采用累加的方法可生成一趋势明显的时间序列。

如时间序列 $X^{(0)}=\{32,38,36,35,40,42\}$ 的趋势并不明显,但将其元素进行"累加"所生成的时间序列 $X^{(1)}=\{32,70,106,141,181,223\}$,则是一趋势明显的数列,按该数列的增长趋势可建立预测模型并考虑灰色因子的影响进行预测,然后采用"累减"的方法进行逆运算,恢复原时间序列,得到预测结果,这就是灰色预测的基本原理。

2. 灰色预测的类型

灰色预测是基于灰色预测模型 GM(1,1)的预测,按其应用的对象可有四种类型:

(1)数列预测:这类预测是针对系统行为特征值的发展变化所进行的预测;

(2)突变预测:这类预测是针对系统行为的特征值超过过某个阈值的异常值将在何时出现的预测;

(3)季节突变预测:若系统行为的特征有异常值出现或某种事件的发生是在一年中的某个特定的时区,则该预测为季节性突变预测;

(4)拓扑预测:这类预测是对一段时间内系统行为特征数据波形的预测。

3. GM(1,1)模型的建立方法和步骤

设:原始时间序列为 $X^{(0)}=\{x^{(0)}(1),x^{(0)}(2),\cdots,x^{(0)}(n)\}$

其累加生成序列为 $X^{(1)}=\{x^{(1)}(1),x^{(1)}(2),\cdots,x^{(1)}(n)\}$

按累加生成序列建立的微分方程模型为

$$\frac{dX^{(1)}}{dt}+aX^{(1)}=u$$

其解的离散描述形式为

$$X^{(1)}(t+1)=\left(X^{(0)}(1)-\frac{u}{a}\right)e^{-at}+\frac{u}{a}$$

确定了参数 a 和 u 后,按此模型递推,即可得到预测的累加数列,通过检验后,再累减即得到预测值。

其步骤如下:

(1)由原始序列 $X^{(0)}$ 按下式计算累加生成序列 $X^{(1)}(t)$

$$X^{(1)}(i)=\sum_{m=1}^{n}X^{(0)}(m)$$

(2)按 $X^{(1)}$,采用最小二乘法按下式确定模型参数

$$\hat{a} = \binom{a}{\mu} = (\boldsymbol{B}^{\mathrm{T}}\boldsymbol{B})^{-1}\boldsymbol{B}^{\mathrm{T}}Y_N$$

式中，

$$\boldsymbol{B} = \begin{bmatrix} -\dfrac{1}{2}[X^{(1)}(1)+X^{(1)}(2)] & 1 \\ -\dfrac{1}{2}[X^{(1)}(2)+X^{(1)}(3)] & 1 \\ \vdots & \vdots \\ -\dfrac{1}{2}[X^{(1)}(n-1)+X^{(1)}(n)] & 1 \end{bmatrix}, \quad \boldsymbol{Y}_N = \begin{bmatrix} X^{(0)}(2) \\ X^{(0)}(3) \\ \vdots \\ X^{(0)}(n) \end{bmatrix}.$$

（3）建立预测模型，求出累加序列

$$X^{(1)}(t+1) = \left(X^{(0)}(1)-\frac{u}{a}\right)\mathrm{e}^{-a \cdot t} + \frac{u}{a}$$

（4）采用残差分析法进行模型检验

（5）根据系统未来变化，确定预测值上下界，即按下式确定灰平面：

上界　　$X^{(1)}_{\max}(n+t) = X^{(1)}(n) + t\sigma_{\max}$

下界　　$X^{(1)}_{\min}(n+t) = X^{(1)}(n) + t\sigma_{\min}$

（6）用模型进行预测

利用上述模型预测是利用累加生成序列 $X^{(1)}$ 的预测值，利用累减生成法将其还原，即可以得到原始序列 $X^{(0)}$ 的预测值，如满足灰因子条件则完成预测。

4. 模型检验

GM(1,1)模型通常采用残差检验法。所谓残差检验法是指按所建模型计算出累加序列，再按累减生成法还原，还原后将其与原始序列 $X^{(0)}$ 相比较，求出两序列的差值即为残差，通过计算相对精度以确定模型精度程度的一种方法。

如果相对精度均满足要求精度，则模型通过检验；

如果不满足要求精度，可通过上述残差序列建立残差 GM(1,1)模型对原模型进行修正。

残差模型 GM(1,1)，可提高原模型的精度，共有两种方式：

（1）当用累加生成序列的残差建立 GM(1,1)残差模型时，其残差序列为

$$\boldsymbol{\varepsilon}^{(0)}(t) = \hat{\boldsymbol{X}}^{(1)}(t) - \hat{\boldsymbol{X}}^{(1)}(t)$$

其累加生成 GM(1,1)模型为

$$\boldsymbol{\varepsilon}^{(1)}(t+1) = \left(\varepsilon^{(0)}(1)-\frac{\mathrm{d}t}{at}\right)\mathrm{e}^{-a_{\varepsilon}t} + \frac{u_{\varepsilon}}{a_{\varepsilon}}$$

其导数即为对模型 $\hat{X}^{(1)}$ 的修正项：

$$\delta(t-i)(-a_{\varepsilon})\left(\boldsymbol{\varepsilon}^{(0)}(1)-\frac{u_{\varepsilon}}{a_{\varepsilon}}\right)\mathrm{e}^{-a_{\varepsilon}t}$$

式中，$\delta(t-i) = \begin{cases} 1, & \text{当 } t \geqslant i \text{ 时} \\ 0, & \text{当 } t < i \text{ 时} \end{cases}$。

修正后的模型为

$$\hat{\boldsymbol{X}}^{(1)}(t+1) = \left(\hat{\boldsymbol{X}}^{(0)}(1)-\frac{u}{a}\right)\mathrm{e}^{-at} + \frac{u}{a} + \delta(t-i)(-a_{\varepsilon})\left(\boldsymbol{\varepsilon}^{(0)}(1)-\frac{u_{\varepsilon}}{a_{\varepsilon}}\right)\mathrm{e}^{-a_{\varepsilon}t}$$

$$\hat{\boldsymbol{X}}^{(0)}(t+1) = -a\left(\hat{\boldsymbol{X}}^{(0)}(1)-\frac{u}{a}\right)\mathrm{e}^{-at} + \delta(t-i)(-a_{\varepsilon})^2\left(\boldsymbol{\varepsilon}^{(0)}(t)-\frac{u_t}{a_t}\right)\mathrm{e}^{-a_tt}$$

（2）当用还原模型的残差序列建立 GM(1,1)模型时,残差序列为

$$q^{(1)}(t)=\hat{X}^{(0)}(1)-X^{(0)}(t)$$

其累加生成模型为

$$q^{(1)}(t+1)=(q^0(1)-\frac{u_q}{a_q})e^{-a_pt}+\frac{u_q}{a_q}$$

对模型的修正项求其导数形式:

$$\delta(t-i)(-a_q)\left[q^{(0)}(1)-\frac{u_q}{a_q}\right]e^{-a_qt}$$

式中,$\delta(t-i)=\begin{cases}1 & 当\,t\geqslant1\,时 \\ 0 & 当\,t<1\,时\end{cases}$

修正后的模型为 $\hat{X}^{(1)}(t+1)$ 的导数和 $q^{(1)}(t+1)$ 的导数之和,即:

$$\hat{X}^{(0)}(t+1)=-a\left[X^{(0)}(1)-\frac{u}{a}\right]e^{-at}+\delta(t-i)(-a_q)\left[q^{(0)}(1)-\frac{u_q}{a_q}\right]e^{-a_qt}$$

或 　　　　$$\hat{X}^{(1)}(t+1)=\left[X^{(0)}(1)-\frac{u}{a}\right]e^{-at}+\frac{u}{a}+\left[q^{(0)}(1)-\frac{u_q}{a_q}\right]e^{-a_qt}+\frac{u_q}{a_q}$$

综上所述,GM(1,1)模型实质上是采用线性化方法建立的一种指数预测模型。因此,当系统呈指数变化时,预测精度较高。

5.4.2　GM(1,1)预测模型的应用

1. 数列预测模型

【例 5.4】　某地区历年汽车货运量数据见表 5.7,试用 GM(1,1)模型进行预测。

万 t

表 5.7　某地区历年汽车货运量

年份	2007	2008	2009	2010	2011	2012
货运量	434.5	470.5	527.6	571.4	626.4	685.2

解:

现建立 GM(1,1)预测模型并预测 2013、2014 年货运量。

初始时间序列:

$$X^{(0)}=\{434.5,470.5,527.6,571.4,626.4,685.2\}$$

第一步:求累加生成数列

$$X^{(1)}=\{434.5,905,1\,432.6,2\,004,2\,630.4,3\,315.6\}$$

第二步:用最小二乘法求参数 $\hat{a}=(a,u)^T$

$$B=\begin{bmatrix} -\frac{1}{2}\left[X^{(1)}(1)+X^{(1)}(2)\right] & 1 \\[4pt] -\frac{1}{2}\left[X^{(1)}(2)+X^{(1)}(3)\right] & 1 \\[4pt] -\frac{1}{2}\left[X^{(1)}(3)+X^{(1)}(4)\right] & 1 \\[4pt] -\frac{1}{2}\left[X^{(1)}(4)+X^{(1)}(5)\right] & 1 \\[4pt] -\frac{1}{2}\left[X^{(1)}(5)+X^{(1)}(6)\right] & 1 \end{bmatrix}=\begin{bmatrix} -669.75 & 1 \\ -1\,168.8 & 1 \\ -1\,718.3 & 1 \\ -2\,317.2 & 1 \\ -2\,973 & 1 \end{bmatrix}$$

$$Y_N=(470.5,527.6,571.4,626.4,685.2)^{\mathrm{T}}$$

代入 $\hat{\boldsymbol a}=(\boldsymbol B^{\mathrm{T}}\boldsymbol B)^{-1}\boldsymbol B^{\mathrm{T}}\boldsymbol Y_N$ 得

$$\hat{\boldsymbol a}=\begin{pmatrix}-0.0916\\414.0736\end{pmatrix}$$

因 $\boldsymbol X^{(1)}(1)=434.5$ 得：

$$\boldsymbol X^{(1)}(t+1)=\left[\boldsymbol X^{(1)}(1)-\frac{u}{a}\right]\mathrm{e}^{-at}+\frac{u}{a}$$

$$=4\,953.048\,15\mathrm{e}^{0.091\,6t}-4\,518.548\,15$$

第三步：检验

检验结果见表 5.8，由表可见精度较高，模型可用。

表 5.8　检验数表

年份	按模型计算数据 $\boldsymbol X^{(1)}$	原数据 $\hat{\boldsymbol X}^{(0)}$	原始数据 $\boldsymbol X^{(0)}$	绝对误差	相对误差（%）
2007	434.5	434.5	434.5	0	0
2008	909.8	475.3	470.5	−4.8	1.0
2009	1 430.8	521.0	527.6	6.6	1.25
2010	2 001.7	570.9	571.4	0.5	0.08
2011	2 627.5	625.8	626.4	0.6	0.095
2012	3 313.3	685.8	685.2	−0.6	0.087

第四步：建立灰平面

假设该地区汽车货运量受运输供应能力的限制，每年货运量的增长量不超过 70 万 t，但不低于 20 万 t，该地区最高运输能力的货运量为 800 万 t，最低为 600 万 t，故灰平面为：

上界：$\boldsymbol X_{\max}^{(1)}(t+k)=\boldsymbol X^{(1)}(t)+k\delta_{\max}$

当 $t=6$ 时，

$$\boldsymbol X_{\max}^{1}(6+k)=\boldsymbol X^{(1)}(6)+k\delta_{\max}$$

$$\boldsymbol X_{\max}^{1}(6+k)=3\,315.6+70k$$

下界：$\boldsymbol X_{\min}^{(1)}(t+k)=\boldsymbol X^{(1)}(t)+k\delta_{\min}=3315.6+20k$

第五步：预测 2013、2014 年货运量

2013 年：$\hat{\boldsymbol X}^{(1)}(6+1)=4\,953.048\,15\mathrm{e}^{0.091\,6\times6}-4\,518.548\,15=4\,062.9$

$\qquad\hat{\boldsymbol X}^{(0)}(7)=4\,062.9-3\,313.3=749.6$

2014 年：$\hat{\boldsymbol X}^{(1)}(7+1)=4\,953.048\,15\mathrm{e}^{0.091\,6\times7}-4\,518.548\,15=4\,886.1$

$\qquad\hat{\boldsymbol X}^{(0)}(8)=4\,886.1-(3\,313.3+749.6)=823.2$

由预测值可见，$\boldsymbol X^{(0)}(8)=823.2$，比 $\boldsymbol X^{(0)}(7)$ 高 73.6 万 t，超过增长限度，故应取增长值的最高限 $749.6+70=819.6$ 万 t，但该值超过该地区最大运输能力，故最终预测值为 800 万 t。

2. 灾变预测

【例 5.5】　某企业生产用原料属受自然灾害影响较大的农产品。一般来说，自然灾害的发生有其偶然性，但对历史数据的整理，仍可发现一定的规律性。为确保生产不受自然灾害的影响，该企业希望了解影响原料供应的规律性并提前做好原料储备，所收集数据如表 5.9 所示，并规定每亩平均收获量小于 320 kg 时为歉收年份，将影响原料的正常供应，现应用灰色灾

变预测来预测下次发生歉收的年份。

表 5.9　原料收获统计表

年份	1984	1985	1986	1987	1988	1989	1990	1991	1992
收获量(kg)	390.6	412	320	559	380	542	553	310	561
年份	1993	1994	1995	1996	1997	1998	1999	2000	
收获量(kg)	300	632	540	406.2	314	576	587	318	

解：

第一步将表 5.9 中年份用序号替换，并找出收获量小于 320 kg 的年份序号形成初始序列 $\boldsymbol{\omega}^{(0)}$。

本例初始序列 $\boldsymbol{\omega}^{(0)}=\{3,8,10,14,17\}$

累加生成序列 $\boldsymbol{\omega}^{(1)}=\{3,11,21,35,52\}$

第二步按 $\boldsymbol{\omega}^{(1)}$ 建 GM(1,1)模型

$$\boldsymbol{B}=\begin{bmatrix}-\dfrac{1}{2}(\boldsymbol{\omega}^{(1)}(1)+\boldsymbol{\omega}^{(1)}(2)) & 1 \\[2mm] -\dfrac{1}{2}(\boldsymbol{\omega}^{(1)}(2)+\boldsymbol{\omega}^{(1)}(3)) & 1 \\[2mm] -\dfrac{1}{2}(\boldsymbol{\omega}^{(1)}(3)+\boldsymbol{\omega}^{(1)}(4)) & 1 \\[2mm] -\dfrac{1}{2}(\boldsymbol{\omega}^{(1)}(4)+\boldsymbol{\omega}^{(1)}(5)) & 1\end{bmatrix}=\begin{bmatrix}-7 & 1 \\ 16 & 1 \\ -28 & 1 \\ -43.5 & 1\end{bmatrix}$$

$$\hat{\boldsymbol{Y}}_N=(8,10,14,17)^{\mathrm{T}}$$

$$\hat{\boldsymbol{\alpha}}=(\boldsymbol{B}^{\mathrm{T}}\boldsymbol{B})^{-1}\boldsymbol{B}^{\mathrm{T}}\boldsymbol{Y}_N=(-0.253\,61\quad 6.258\,339)^{\mathrm{T}}$$

模型为：$\boldsymbol{\omega}^{(1)}(t+1)=\left(\boldsymbol{\omega}^{(0)}(1)-\dfrac{u}{a}\right)\mathrm{e}^{-at}+\dfrac{u}{a}=27.677\,02\mathrm{e}^{0.253\,61t}-24.677\,02$

当 $t=5$ 时，

$$\hat{\boldsymbol{\omega}}^{(1)}(6)=73.684\,8$$

$$\hat{\boldsymbol{\omega}}^{(0)}(6)=73.684\,8-52=21.684\,8$$

下次发生收获量小于 320 kg 的年为：1997～1998 年，因按年份序号预测应为 21.684 8，即 21 或 22 号，现最后序号 17 对应 1993 年，故 21−17=4，22−17=5，即四、五年后将出现收获量小于 320 kg 的可能。

5.5　回归分析预测

由于系统中元素之间的相互作用、相互影响，系统中对象发展变化的过程是许多其他因素共同作用的综合结果。这些因素与变量之间常常存在统计依赖关系。我们可以依据观测统计数据，利用控制论的"黑箱"模型原理，找出这些因素之间的统计依赖规律，并选用合适的数学方程式加以描述。回归分析是对变量间非确定关系进行统计分析的方法，它根据存在于现象之间的内在关系建立模型，用来从一种现象的变动去估计另一种现象的变动方向和程度，其基

本分析过程主要有 5 个步骤：(1)调查分析,确定相关因素,收集统计资料;(2)建立回归模型,估计模型中的参数;(3)对回归模型进行统计检验,验证模型的合理性;(4)利用回归方程进行预测,并估计预测精度;(5)对预测结果进行分析、评价。

回归分析根据自变量的个数通常分为一元回归和多元回归,根据数学方程式中未知参数与因变量之间的相互关系又可分为线性回归和非线性回归。由于线性回归是各种回归方法中最基本的方法,其他各种回归法均由它发展演变而得,而且许多非线性问题经过一定的数学变换后,也都可以转化成线性形式来处理,所以我们主要介绍线性回归法,其他回归法可参阅其他有关书籍。

5.5.1 相关关系与回归分析

1.函数关系与相关关系

在自然界和人类社会中,有许多现象之间存在着数量上的相互联系、相互制约关系,这种关系可以概括为两种类型：一种是确定性的数量依存关系,即函数关系;另一种是不确定的数量依存关系,即相关关系。

函数关系指的是现象之间客观存在的,在数量变化上按一定法则严格确定的相互依存关系。在这种关系中,当某一变量(自变量)取一个值时,另一变量(因变量)就有一个完全确定的值与之对应,可以用数学表达式表达出来。如,正方形面积 S 对于边长 a 的函数关系是 $S=a^2$,类似地,在社会经济领域中,如工业总产值等于产品产量乘以产品出厂价格,也属于这种函数关系。

相关关系是指现象之间客观存在的,在数量变化上受随机因素的影响,非确定性的相互依存关系。当一个现象发生数量变化时,另一现象也相应发生数量变化,对于同一自变量值往往有一组不尽相同的因变量值与之对应,这些因变量值在一定的范围围绕其平均数上下变动。例如,家庭消费支出与家庭收入相关,但收入相同的家庭其消费支出并不相同,原因在于影响家庭消费支出的因素除了收入以外,还有家庭成员构成、生活方式、生活习惯、消费观念等一系列因素。从数量上分析现象之间相关关系的理论和方法,我们称之为相关分析法。

相关关系与函数关系彼此有所不同,相关关系的范围比函数关系的范围更广,函数关系可以说是相关关系的一个特例。但它们之间也是有联系的,并没有严格的界限。一方面,有些现象从理论上说存在着函数关系,可是在进行多次观察和测量时,由于存在测量误差等原因,实际得到的数据往往也是非确定性的,这时就表现为相关关系。另一方面,有些变量之间尽管没有确定性的函数关系,但为了找到相关关系的一般数量表现形式,又往往需要使用函数关系的近似表达式。而且当我们对现象之间的内在联系和规律性了解得比较清楚时,相关关系又可能转化为函数关系。

2.回归分析的概念

回归分析就是对具有相关关系的两个变量之间数量变化的一般关系进行测定,确定一个与之相应的数学表达式,以便进行估计和预测的一种统计方法。

3.回归分析的特点

(1)回归分析的两个变量是非对等关系。在回归分析中,两个变量之间哪一个是因变量哪一个是自变量要根据研究目的的具体情况来确定。自变量、因变量不同,所得出的分析结果也不相同。而在相关分析中,相关关系的两个变量是对等的,不必区分哪一个是自变量,哪一个是因变量。

(2)回归分析中,因变量 Y 是随机变量,自变量 X 是可控变量。可依据研究的目的分别建立对于 X 的回归方程或对于 Y 的回归方程;而相关分析中,被研究的两个变量都是随机变量,它只能通过计算相关系数来反映两个变量之间的密切程度。

4. 回归分析的类型

回归分析研究两个及两个以上的变量时,根据变量的地位、作用不同分为自变量和因变量。一般把作为估测根据的变量叫做自变量,把待估测的变量叫做因变量。反映自变量和因变量之间联系的数学表达式叫做回归方程,某一类回归方程的总称为回归模型。在回归分析中根据研究的变量多少可以分为一元回归和多元回归。若只有一个自变量和一个因变量的回归称为一元回归或简单回归。若自变量的数目在两个或两个以上,因变量只有一个,则称为多元回归。根据所建立的回归模型的形式,又可以分为线性回归和非线性回归。

5. 回归分析的内容

(1)建立回归方程。依据研究对象变量之间的关系建立回归方程。

(2)进行相关关系的检验。相关关系检验就是选择恰当的相关指标,判定所建立的回归方程中变量之间关系的密切程度。相关程度越高,就表明回归方程与实际值的偏差越小,拟合效果越好。如果回归方程变量间的相关关系不好,所建立的回归方程就失去了意义。

(3)利用回归模型进行预测。如果回归方程拟合得好,就可以用它来作变量的预测,根据自变量取值来估计因变量的值。由于回归方程与实际值之间存在误差,预测值不可能就是由回归方程计算所得的确定值,其应该处于一个范围或区间。这个区间称为预测值的置信区间,它说明回归模型的适用范围或精确程度。实际值位于该区间的可靠度一般应在 95% 以上。

6. 相关分析与回归分析的区别与联系

就其研究对象来说,它们都是研究变量之间的相互关系。但是相关分析与回归分析存在着明显的区别:相关分析泛指两个变量之间存在相关关系时,不必指出何者是自变量或因变量,两个变量是对等关系,都是随机变量;在回归分析中,必须根据研究目的,分别确定其中的自变量和因变量,两个变量是不对等关系,其中因变量是随机变量,而自变量是非随机变量。二者研究的侧重点不同。相关分析主要是研究变量之间是否存在相关关系及相关关系的表现形式和密切程度;而回归分析是运用一定的回归模型来测定一个或几个自变量的变化对因变量数量变化的影响。

5.5.2　一元线性回归分析

一元线性回归模型也称简单线性回归模型,是分析两个变量之间相互关系的数学方程式,其一般表达式为:

$$\hat{y} = a + bx$$

式中,$\hat{y}$ 代表因变量 y 的估计值;x 代表自变量;a,b 称为回归模型的待定参数,其中 b 又称为回归系数,它表示自变量每增加一个单位时,因变量的平均增减量。

用 x_i 表示自变量 x 的实际值,用 y_i 表示因变量 y 的实际值($i=1,2,3,\cdots,n$),因变量的实际值与估计值之差用 e_i 表示,称为估计误差或残差。即:$e_i = y_i - \hat{y}_i$。

依据最小平方法理论可得:

$$\sum_{i=1}^{n} y_i = na + b\sum_{i=1}^{n} x_i \tag{5.12}$$

$$\sum_{i=1}^{n} x_i y_i = a\sum_{i=1}^{n} x_i + b\sum_{i=1}^{n} x_i^2 \tag{5.13}$$

由(5.12)(5.13)两式即可求出 a,b 的计算公式：

$$a = \frac{\sum_{i=1}^{n} y_i - b\sum_{i=1}^{n} x_i}{n} = \bar{y} - b\bar{x}$$

$$b = \frac{\sum_{i=1}^{n} x_i y_i - \frac{1}{n}\sum_{i=1}^{n} x_i \sum_{i=1}^{n} y_i}{\sum_{i=1}^{n} x_i^2 - \frac{1}{n}(\sum_{i=1}^{n} x_i)^2} = \frac{\sum_{i=1}^{n} x_i y_i - n \cdot \overline{xy}}{\sum_{i=1}^{n} x_i^2 - n \cdot \bar{x}^2}$$

上述的回归方程式在平面坐标系中表现为一条直线，即回归直线。当 $b>0$ 时，y 随 x 的增加而增加，两变量之间存在着正相关关系；当 $b<0$ 时，y 随 x 的增加而减少，两变量之间为负相关关系；当 $b=0$ 时，y 为一常量，不随 x 的变动而变动。这为判断现象之间的相互关系，分析现象之间是否处于正常状态提供了标准。

5.5.3 多元线性回归分析

一元线性回归分析所反映的是一个自变量与一个因变量之间的关系。但在现实生活中，某一社会经济现象的变化通常是受多项因素变动影响的。例如，企业的年销售额要受销售数量、销售单价、市场供求状况、广告投入等多种因素的影响。对这种预测对象受多个因素影响的社会经济现象就需要采用多元线性回归分析来解释变量之间的关系。多元线性回归分析是利用回归分析的原理，寻找因变量与多个自变量之间的变化规律，以建立回归模型，并利用所建立的回归模型进行预测。

1. 回归方程

设系统变量 y 与 k 个自变量 $x_1, x_2, \cdots, x_k$ 之间存在统计关系，且可表示为

$$y = a + b_1 x_1 + b_2 x_2 + \cdots + b_k x_k$$

若给定 n 组样本数据点，即 $(y_1, x_{11}, x_{21}, \cdots, x_{k1}), (y_2, x_{12}, x_{22}, \cdots, x_{k2}), \cdots, (y_n, x_{1n}, x_{2n}, \cdots, x_{kn})$，则其满足：

$$y_i = a + b_1 x_{1i} + b_2 x_{2i} + \cdots + b_{ki} x_{ki} + \varepsilon_i \quad (i = 1, 2, \cdots, n)$$

设 $\varepsilon_i \sim N(0, \sigma)(i = 1, 2\cdots, n)$，那么可由最小二乘法获得多元线性回归模型：

$$\hat{y} = a + b_1 x_1 + b_2 x_2 + \cdots + b_k x_k \tag{5.14}$$

2. 参数估计

由式(5.14)知，对于 n 组样本数据 $(y_1, x_{11}, x_{21}, \cdots, x_{k1}), (y_2, x_{12}, x_{22}, \cdots, x_{k2}), \cdots, (y_n, x_{1n}, x_{2n}, \cdots, x_{kn})$ 中的任意一点 y_i 的预测值为

$$\hat{y}_i = a + b_1 x_{i1} + b_2 x_{i2} + \cdots + b_k x_{ik}$$

所有预测值 $\hat{y}_i$ 与实际值 y_i 之间差值的平方和 Q 为

$$Q = \sum_{i=1}^{n}(y_i - \hat{y}_i)^2 = \sum_{i=1}^{n}(y_i - a - b_1 x_{i1} - b_2 x_{i2} - \cdots - b_k x_{ik})^2$$

为使 Q 最小，令：

$$\begin{cases} \dfrac{\partial Q}{\partial a} = 0 \\ \dfrac{\partial Q}{\partial b_i} = 0 \end{cases}$$

$$\begin{cases} an+b_1\sum x_{i1}+b_2\sum x_{i2}+\cdots+b_k\sum x_{ik}=\sum y_i \\ a\sum x_{i1}+b_1\sum x_{i1}^2+b_2\sum x_{i1}x_{i2}+\cdots+b_k\sum x_{i1}x_{ik}=\sum x_{i1}y_i \\ a\sum x_{i2}+b_1\sum x_{i2}x_{i1}+b_2\sum x_{i2}^2+\cdots+b_k\sum x_{i2}x_{ik}=\sum x_{i2}y_i \\ \qquad\vdots\qquad\qquad\qquad\qquad\vdots \\ a\sum x_{ik}+b_1\sum x_{ik}x_{i1}+b_2\sum x_{ik}x_{i2}+\cdots+b_k\sum x_{ik}^2=\sum x_{ik}y_i \end{cases}$$

即

解此联立方程组,得

$$\boldsymbol{AB}=\boldsymbol{C} \tag{5.15}$$

式中,

$$\boldsymbol{A}=\begin{bmatrix} n & \sum x_{i1} & \sum x_{i2} & \cdots & \sum x_{ik} \\ \sum x_{i1} & \sum x_{i1}^2 & \sum x_{i1}x_{i2} & \cdots & \sum x_{i1}x_{ik} \\ \sum x_{i2} & \sum x_{i2}x_{i1} & \sum x_{i2}^2 & \cdots & \sum x_{i2}x_{ik} \\ \vdots & \vdots & \vdots & \vdots & \vdots \\ \sum x_{ik} & \sum x_{ik}x_{i1} & \sum x_{ik}x_{i2} & \cdots & \sum x_{ik}^2 \end{bmatrix}$$

$$\boldsymbol{C}=\begin{bmatrix}\sum y_i \\ \sum x_{i1}y_i \\ \sum x_{i2}y_i \\ \vdots \\ \sum x_{ik}y_i\end{bmatrix} \qquad \boldsymbol{B}=\begin{bmatrix}a \\ b_1 \\ b_2 \\ \vdots \\ b_k\end{bmatrix}$$

由式(5.15)有, $\boldsymbol{B}=\boldsymbol{A}^{-1}\boldsymbol{C}$

如果自变量只有两个,这时就是二元回归模型:

$$\hat{y}=a+b_1x_1+b_2x_2 \tag{5.16}$$

其参数为

$$b_1=\frac{\sum x_{i2}^2\sum x_{i1}y_i-\sum x_{i1}x_{i2}\sum x_{i2}y_i}{\sum x_{i1}^2\sum x_{i2}^2-(\sum x_{i1}x_{i2})^2} \tag{5.17}$$

$$b_2=\frac{\sum x_{i1}^2\sum x_{i2}y_i-\sum x_{i1}x_{i2}\sum x_{i1}y_i}{\sum x_{i1}^2\sum x_{i2}^2-(\sum x_{i1}x_{i2})^2} \tag{5.18}$$

$$a=\bar{y}-b_1\bar{x}_1-b_2\bar{x}_2 \tag{5.19}$$

5.5.4　回归模型的统计检验

回归预测模型是否可用于实际预测,取决于对回归预测模型的检验和对预测误差的计算。回归方程只有通过各种检验,且预测误差较小,才能将回归方程作为预测模型进行预测。常进行的检验包括变量相关性检验、拟合优度检验、回归方程和回归系数的显著性检验等。

1. 相关系数及其显著性检验

(1)离差平方和的概念

在回归模型的分析中,因变量 y_i 的变化可以把它看成是两类因素造成的,一类是在模型中已有明确体现的自变量的影响作用,另一类是模型中笼统当作随机误差的影响效用。这两类不同性质因素的作用情况,有着此长彼消此消彼长的关系,对它们进行比较分析,可以判定模型的代表性大小。

因变量 y_i 的变动,用它的离差 $y_i - \bar{y}$ 来反映,据上面的分析,$y_i - \bar{y}$ 可分解成:

$$y_i - \bar{y} = (y_i - \hat{y}_i) + (\hat{y}_i - \bar{y}) \quad i=1,2,\cdots,n \tag{5.20}$$

离差分解图如图 5.3 所示。

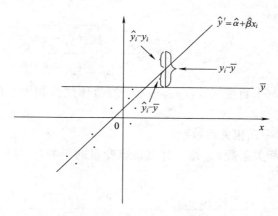

图 5.3 离差分解图

由于 $y_i - \bar{y}$ 综合了 $y_i - \hat{y}_i$ 和 $\hat{y}_i - \bar{y}$ 的结果,所以常称之为总离差。不难理解 $y_i - \hat{y}_i$ 为回归误差(或残差),但 $\hat{y}_i - \bar{y}$ 的意义是什么呢?对此作一详细的说明。因为:

$$\frac{1}{n}\sum_{i=1}^{n}\hat{y}_i = \frac{1}{n}\sum_{i=1}^{n}(\hat{\alpha}+\hat{\beta}x_i)$$
$$= \hat{\alpha}+\hat{\beta}\bar{x}$$
$$= \bar{y}$$

所以,$\hat{y}_i - \bar{y}$ 表明了 y_i 的回归估计值 $\hat{y}_i$ 的离散情况。对于每一个 $\hat{y}_i$ 即 $\hat{y}_1,\hat{y}_2,\cdots,\hat{y}_n$,它们皆是回归方程 $\hat{y}_i = \hat{\alpha}+\hat{\beta}x_i$ 上的对应于 x_i 的纵坐标,它们的离散根源,来自于 $x_1,x_2,\cdots,x_n$ 的离散性,且与对 x_i 离散的反响程度有很大关系。因此,可把 $\hat{y}_i - \bar{y}$ 解释成回归离差。

与式(5.20)相对应,也存在:

$$\sum_{i=1}^{n}(y_i-\bar{y})^2 = \sum_{i=1}^{n}(y_i-\hat{y}_i)^2 + \sum_{i=1}^{n}(\hat{y}_i-\bar{y})^2 \tag{5.21}$$

其中,$\sum_{i=1}^{n}(y_i-\bar{y})^2$——总离差平方和(TSS);$\sum_{i=1}^{n}(y_i-\hat{y}_i)^2$——残差平方和(ESS);$\sum_{i=1}^{n}(\hat{y}_i-\bar{y})^2$——回归离差平方和(RSS)。所以,式(5.21)又可表述为:TSS=ESS+RSS。

(2)相关系数的概念

相关系数 r 是指在直线相关的条件下,说明两个现象之间相关关系紧密程度的统计分析指标。

①r 的取值范围为:$-1 \leqslant r \leqslant 1$。

②r 的绝对值越接近于 1,表明相关关系越密切;越接近于 0,表明相关关系越不密切。

③$r=+1$ 或 $r=-1$,表明两现象完全相关。

④$r=0$,表明两变量无直线相关关系。

⑤$r>0$,现象呈正相关;$r<0$,现象呈负相关。

实践中,一般将现象的相关关系分为四个等级:$|r| < 0.3$ 表示不相关,$0.3 \leqslant |r| < 0.5$ 表示低度相关;$0.5 \leqslant |r| < 0.8$ 表示显著相关;$|r| \geqslant 0.8$ 表示高度相关。

(3)复相关系数 r

定义为

$$r = \sqrt{\frac{RSS}{TSS}} = \sqrt{1 - \frac{ESS}{TSS}} = \sqrt{\frac{\sum_{i=1}^{n}(\hat{y}_i - \bar{y})^2}{\sum_{i=1}^{n}(y_i - \bar{y})^2}}$$

它表示因变量 y 对 k 个自变量 $x_1, x_2, \cdots, x_k$ 的整体线性相关程度。r 有时简称为相关系数。

(4)单相关系数 $r_{y,j}$(一元相关系数)

y 对自变量 x_j 的单相关系数 $r_{y,j}$ 是不计其余自变量的影响,y 对自变量 x_j 进行一元回归的相关系数

$$r_{y,j} = \sqrt{1 - \frac{ESS(y,j)}{TSS}} = \frac{\sum_i (x_{ji} - \bar{x}_j)(y_i - \bar{y})}{\sqrt{\sum_i (x_{ji} - \bar{x}_j)^2 \sum_i (y_i - \bar{y})^2}}$$

对于,一元线性回归方程单相关系数,即:

$$r = \frac{\sum(x_i - \bar{x})(y_i - \bar{y})}{\sqrt{\sum(x_i - \bar{x})^2}\sqrt{\sum(y_i - \bar{y})^2}}$$

(5)偏相关系数 $R_{y,j}$

在多元回归分析中,可以定义各个自变量对因变量的影响程度,即偏相关系数,筛选对因变量影响最大的自变量作为回归自变量。在计算某一自变量 x_j 对 y 的偏相关系数时,将把其他自变量 $x_i(i=1,\cdots,n,$ 且 $i \neq j)$ 作为常量处理,并设法考虑它们对 y 的影响。x_j 对 y 的偏相关系数 $R_{y,j}$ 定义如下:

$$R_{y,j} = \sqrt{1 - \frac{ESS}{ESS'}} \tag{5.22}$$

式中,ESS' 为 y 只对 $x_i(i=1,\cdots,n,$ 且 $i \neq j)$ 进行回归的剩余平方和;ESS/ESS' 为由于在 $x_i(i=1,\cdots,n,$ 且 $i \neq j)$ 基础上,再加上 x_j 作自变量进行回归时,能为因变量 y 额外提供信息的程度。显然,偏相关系数 $R_{y,j}$ 越大(越接近于 1),表示自变量 x_j 对因变量 y 的作用越大,越不可忽视。

下面以一元回归模型为例,说明 r、$r_{y,j}$、$R_{y,j}$ 在分析自变量 x_j 同因变量 y 之间相关关系中的意义。对多元回归模型中的 r、$r_{y,j}$、$R_{y,j}$,结论完全相同。

当 $|r| = 1$ 时,样本点完全落在回归直线上,则 y 与 x 有完全的线性相关关系,且 $r = 1$ 时,表示 y 与 x 是正的完全线性相关(图5.4);$r = -1$ 时,表示 y 与 x 是负的完全线性相关(图5.5)。

当 $0 < r < 1$ 时,表示 y 与 x 有一定的正线性相关关系(图5.6),即 y 随 x 的增加而成比例倍数增加。

当 $-1 < r < 0$ 时,表示 y 与 x 有一定的负线性相关关系(图5.7),即 y 随 x 的增加而成比例倍数减少。

当 $r = 0$ 时,说明 y 与 x 之间不存在线性相关关系,或者是二者之间确实没关系,或者是二者之间不存在线性关系,但可能存在其他关系。

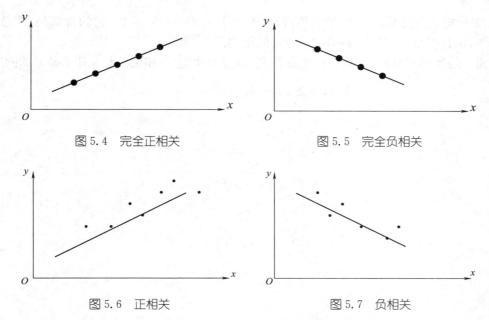

图 5.4　完全正相关　　　　　　　图 5.5　完全负相关

图 5.6　正相关　　　　　　　　　图 5.7　负相关

由相关系数的定义及其与变量之间相关关系的讨论可以看到,只有当$|r|$接近于 1 时,y与$x_1,x_2,\cdots,x_k$之间才能用线性回归模型来描述其关系。但在实际预测中,$|r|$应该大到什么程度,才能说明y与$x_1,x_2,\cdots,x_k$(对于偏相关系数为y与x_j)之间的线性关系是显著的呢?这除了与样本数据值有关以外,还与样本点个数n有关。即相关系数通常是根据总体的样本数据计算得出,带有一定的随机性,会出现误差,因而有必要对相关系数进行显著性检验,以此来说明建立的回归模型有无实际意义。

在实际检验中,可以通过与临界相关系数r_a的比较来判断,这就是相关性检验。统计学家为相关性检验编制了一个相关系数检验临界值表。在给定的显著性水平α值以及自由度,查相关系数检验表,即可找到对应的r的最低临界值r_α,据此就可以判断线性关系是否成立。

在社会经济现象中显著性水平α通常取 0.05(95%以上建立的回归模型方才可靠、精确)。自由度指的是样本容量n与回归模型中待定参数的个数k之间的差,即自由度＝$n-k$。

若$|r| \geqslant r_{\alpha(n-k)}$,表明在显著性水平$\alpha$条件下,变量间的线性关系是显著的,建立的回归方程是有意义的;

若$|r| < r_{\alpha(n-k)}$,表明在显著性水平α条件下变量间的线性关系不显著,建立的回归模型实际意义待定。

2. 拟合优度检验(R^2 检验)

在总离差平方和 TSS 一定时,回归离差平方和 RSS 大,残差平方和 ESS 就小,说明总离差平方和 TSS 的大部分可由自变量x作出解释,因而回归模型的拟合程度好,反之则有相反的结论。

用回归方程描述存在不确定关系的一组数据的变化,它们之间有没有较好的吻合性,这就是所谓拟合优度问题。根据总离差平方和、残差平方和与回归离差平方和之间的关系,拟合优度可用下列指标即拟合优度系数进行说明:

$$R^2 = \frac{\text{RSS}}{\text{TSS}}$$

R^2 表示拟合优度系数。R^2 是非负数,且不大于 1,即 $0 \leqslant R^2 \leqslant 1$。它的含义是,在总离差平方和中,由自变量 x 作出解释的部分所占的比例。

在简单线性回归分析中,拟合优度系数 R^2 的说明功能,与相关系数 r 几乎是异曲同工的。

$$\begin{aligned}
\text{RSS} &= \sum_{i=1}^{n} (\hat{y}_i - \bar{y})^2 \\
&= \sum_{i=1}^{n} [(\hat{\alpha} + \hat{\beta} x_i) - (\hat{\alpha} + \hat{\beta} \bar{x})]^2 \\
&= \hat{\beta}^2 \sum_{i=1}^{n} (x_i - \bar{x})^2 \\
&= \left[\frac{\sum_{i=1}^{n} [(x_i - \bar{x})(\hat{y}_i - \bar{y})]}{\sum_{i=1}^{n} (x_i - \bar{x})^2} \right]^2 \times \sum_{i=1}^{n} (x_i - \bar{x})^2 \\
&= \frac{[\sum_{i=1}^{n} (x_i - \bar{x})(\hat{y}_i - \bar{y})]^2}{\sum_{i=1}^{n} (x_i - \bar{x})^2}
\end{aligned}$$

那么

$$\begin{aligned}
R^2 &= \frac{\text{RSS}}{\text{TSS}} \\
&= \frac{1}{\sum_{i=1}^{n} (y_i - \bar{y})^2} \times \frac{[\sum_{i=1}^{n} (x_i - \bar{x})(\hat{y}_i - \bar{y})]^2}{\sum_{i=1}^{n} (x_i - \bar{x})^2} \\
&= \left[\frac{\sum_{i=1}^{n} (x_i - \bar{x})(\hat{y}_i - \bar{y})}{\sqrt{\sum_{i=1}^{n} (x_i - \bar{x})^2} \sqrt{\sum_{i=1}^{n} (y_i - \bar{y})^2}} \right]^2 \\
&= r^2
\end{aligned}$$

故有

$$r = \pm \sqrt{R^2}$$

r 与 R^2 各有所长,r 有正负号之分,能够说明相关关系的方向,但不能解释自变量对因变量的作用效果,R^2 恰好与此相反,所以 r 与 R^2 结合起来使用,可起到相互补充的功效。

知道了 r 与 R^2 的关系,如果是先求出了 R^2,此时可以通过开平方得到 r 的绝对值,然后把回归模型的代表性检验,转化为对相关系数的检验。相关系数检验,可直接查相关系数检验表找到临界值 r_α,判断标准为:当 $|r| > r_\alpha$ 时,可以认为回归效果显著,而当 $|r| \leqslant r_\alpha$ 时,说明回归效果不显著。

3. 标准离差检验(S 检验)

标准离差检验的作用是检验回归模型的预测精确度能否满足要求。标准离差 S 是残差平方和的算术平均数的平方根,计算公式为

$$S = \sqrt{\frac{1}{n-k-1} \sum_{i=1}^{n} (y_i - \hat{y}_i)^2}$$

残差的平方和可以反映出实际值与回归直线的离散程度。而计算其平均数,可以消除求和项数对残差平方和的影响。因而,在此基础上计算出的估计标准误差更能反映出实际值与

回归直线的平均离散程度。估计标准差是一项误差分析指标，用于判断回归模型拟合的优劣程度。

可以看出，S 反映了回归预测模型所得到的估计值 $\hat{y}_i$ 与样本数值 y_i 之间平均误差，S 越大，实际值与回归直线的离散程度越大；反之，S 越小，实际值与回归直线的离散程度越小。所以 S 的值越趋近于零越好。一般要求：

$$\frac{S}{\bar{y}} < 10\% \sim 15\%$$

4. 回归方程的显著性检验（F 检验）

回归方程的显著性指所建立的回归方程是否能够解释自变量和因变量之间存在的依赖关系，若否，则 $a_i = 0 (i = 1, \cdots, k)$，表明 y 与 $x_i (i = 1, \cdots, k)$ 之间的相关关系不显著，建立的 y 与 $x_i (i = 1, \cdots, k)$ 的回归方程关系没有意义；反之，则 y 与 $x_i (i = 1, \cdots, k)$ 之间的回归方程关系成立。由于观测数据并不是完全确定的，而是存在测量误差，因此检验回归方程是否显著，必须在一定显著性水平下进行。

方程显著性的 F 检验是要检验模型

$$y_i = a_0 + a_1 x_1 + a_2 x_2 + \cdots + a_k x_k + \mu_i \qquad i = 1, 2, \cdots, n$$

中参数是否显著不为 0。按照假设检验的原理与程序，原假设与备择假设分别为

$$H_0 : a_1 = 0, a_2 = 0, \cdots, a_k = 0$$
$$H_1 : a_i \text{ 不全为零}$$

F 检验的思想来自于总离差平方和的分解式：

$$\text{TSS} = \text{ESS} + \text{RSS}$$

由于回归平方和 $\text{ESS} = \sum \hat{y}_i^2$ 是自变量 x 的联合体对因变量 y 的线性作用的结果，考虑比值

$$\text{ESS/RSS} = \sum \hat{y}_i^2 / \sum e_i^2$$

如果这个比值较大，则 x 的联合体对 y 的解释程度高，可认为总体存在线性关系，反之总体上可能不存在线性关系。因此可通过该比值的大小对总体线性关系进行推断。

根据数理统计学中的知识，在原假设 H_0 成立的条件下，统计量

$$F = \frac{\text{ESS}/k}{\text{RSS}/(n-k-1)}$$

或

$$F = \frac{n-k-1}{k} \cdot \frac{R^2}{1-R^2}$$

服从自由度为 $(k, n-k-1)$ 的分布。

给定一个显著性水平 α，可得到一个临界值 $F_\alpha(k, n-k-1)$，根据样本在求出 F 统计量的数值后，可通过

$$F > F_\alpha(k, n-k-1)$$

或

$$F_\alpha(k, n-k-1) \leqslant F_\alpha(k, n-k-1)$$

来拒绝或接受原假设 H_0，以判定原方程总体上的线性关系是否显著成立。

则当 $F > F_\alpha(k, n-k-1)$ 时，否定假设，认为在显著性水平 α 下，回归模型有意义（或者说回归方程是显著的），检验通过；否则，接受假设，检验不能通过，不能应用于预测。

5. 回归系数的显著性检验（t 检验）

回归方程的显著性检验是对方程总体的检验，并不能说明每个自变量 x_i 与 y 的相关关系

都是显著的。为此,还需对 y 与各个自变量分别进行显著性检验,以决定是否作为自变量被保留在模型中。如果某个变量对因变量的影响并不显著,应该将它剔除,以建立更为简单的模型。

在变量显著性检验中设计的原假设与备择假设为

$$H_0 : \alpha_i = 0 \qquad (i = 1, 2, \cdots, k)$$
$$H_1 : 不是所有的 \alpha_i = 0$$

构造并计算统计量

$$t = \frac{r\sqrt{n-k-1}}{\sqrt{1-r^2}} \sim t(n-k-1)$$

给定一个显著性水平 α,得到一个临界值 $t_{\frac{\alpha}{2}}(n-k-1)$,于是可根据

$$|t| > t_{\frac{\alpha}{2}}(n-k-1) \qquad 或 \qquad |t| \leqslant t_{\frac{\alpha}{2}}(n-k-1)$$

来拒绝或接受原假设 H_0,从而判定对应的解释变量是否应包括在模型中。

只有当 $|t| > t_{\frac{\alpha}{2}}(n-k-1)$ 时,否定假设,即承认 x_i 对 y 有显著影响;否则,接受假设,x_i 对 y 的影响不显著,且可以考虑从回归方程中将其删除。

需注意的是,在一元线性回归中,t 检验与 F 检验是一致的。即 $F = t^2$,两种检验可以相互替代。

一方面,t 检验与 F 检验都是对相同的原假设 $H_0 : \alpha_1 = 0$ 进行检验;另一方面,两个统计量之间有如下关系:

$$F = \frac{\sum \hat{y}_i^2}{\sum e_i^2/(n-2)} = \frac{\hat{\beta}_1^2 \sum x_i^2}{\sum e_i^2/(n-2)} = \frac{\hat{\beta}_1^2}{\sum e_i^2/(n-2)\sum x_i^2} = \left(\frac{\hat{\beta}_1}{\sqrt{\sum e_i^2/(n-2)\sum x_i^2}} \right)^2$$

$$= \left(\hat{\beta}_1 / \sqrt{\frac{\sum e_i^2}{n-2} \cdot \frac{1}{\sum x_i^2}} \right)^2 = t^2$$

6. 预测区间的确定

经过以上检验并通过后,回归模型可用于预测。但是,由于回归预测模型是经数理统计方法得到的,有一定误差,因而会使得预测结果也有一定的误差,即预测结果有一定的波动范围,这个范围就是预测置信区间。根据正态分布理论,当置信度为 95% 时,预测区间为:

上限

$$\hat{y}_H = \hat{y}_0 + 1.96S$$

下限

$$\hat{y}_L = \hat{y}_0 - 1.96S$$

式中,S 为标准离差;$\hat{y}_0$ 为对于某组自变量取值为 $x_{10}, x_{20}, \cdots, x_{k0}$ 时的预测值。于是,预测区间可表示为 $(\hat{y}_L, \hat{y}_H)$。

扩大置信区间,可以增加预测的可靠程度;但如果置信区间很宽,就会使预测结果没有多大意义。

【例 5.6】 表 5.10 为我国 1990~2001 年城镇居民收入与消费支出情况,根据资料分析城镇居民人均可支配收入与消费支出之间的关系。假设 2002 年的人均可支配收入为 7300 元,预测 2002 年的消费支出。

表 5.10　城镇居民收入与消费支出情况表　　　　　　　　　　　　　　元

年份	人均可支配收入 x	消费支出 y	年份	人均可支配收入 x	消费支出 y
1990	1 510.2	1 278.89	1996	4 838.9	3 919.5
1991	1 700.6	1 453.81	1997	5 160.3	4 185.6
1992	2 026.6	1 671.73	1998	5 425.1	4 331.6
1993	2 577.4	2 110.81	1999	5 854	4 615.9
1994	3 496.2	2 851.34	2000	6 280	4 998
1995	4 283	3 537.57	2001	6 859.6	5 309.01

解：

各参数计算值见表 5.11。

表 5.11　各参数计算表

年份	xy	x^2	y^2	年份	xy	x^2	y^2
1990	1 931 379	2 280 704	1 635 559	1997	21 598 951	26 628 696	17 519 247
1991	2 472 349	2 892 040	2 113 563	1998	23 499 363	29 431 710	18 762 758
1992	3 387 928	4 107 107	2 794 681	1999	27 021 478	34 269 316	21 306 532
1993	5 440 401	6 642 990	4 455 518	2000	31 387 440	39 438 400	24 980 004
1994	9 968 854	12 223 414	8 130 139	2001	36 417 685	47 054 112	28 185 587
1995	15 151 412	18 344 089	12 514 401	合计	197 243 312	246 727 533	157 760 474
1996	18 966 068	23 414 953	15 362 480				

（1）确定相关关系

$$r=\frac{\sum xy-\frac{1}{n}\sum x\sum y}{\sqrt{\sum x^2-\frac{1}{n}(\sum x)^2}\sqrt{\sum y^2-\frac{1}{n}(\sum y)^2}}$$

$$=\frac{1\ 972\ 433\ 129-\frac{1}{12}\times 50\ 011.9\times 40\ 263.76}{\sqrt{246\ 727\ 533.6-\frac{1}{12}\times 50\ 011.9^2}\sqrt{157\ 760\ 474.7-\frac{1}{12}\times 40\ 263.76^2}}$$

$$=0.999\ 3$$

r 很接近于 1，表明 y 与 x 之间为高度线性相关。

（2）估计参数，建立回归预测模型

$$\hat{y}=a+bx$$

其中

$$b=\frac{n\sum xy-\sum x\sum y}{n\sum x^2-(\sum x)^2}=\frac{\sum xy-\bar{x}\sum y}{\sum x^2-\bar{x}\sum x}$$

$$a=\frac{\sum y}{n}-\frac{b\sum x}{n}=\bar{y}-b\bar{x}$$

所以，先求出

$$\sum xy=1\ 972\ 433\ 129 \qquad \sum x=50\ 011.9$$

$$\sum x_2=246\ 727\ 533.6 \qquad \sum y=40\ 263.76$$

代入公式可得

$$b=\frac{n\sum xy-\sum x\sum y}{n\sum x^2-(\sum x)^2}=\frac{12\times197\ 243\ 312.9-50\ 011.9\times40\ 263.76}{12\times246\ 727\ 533.6-50\ 011.9^2}=0.768\ 7$$

$$a=\frac{\sum y}{n}-\frac{b\sum x}{n}=\frac{40\ 263.76}{12}-0.768\ 7\times\frac{50\ 011.9}{12}=151.634\ 4$$

$$\hat{y}=a+bx=151.634\ 4+0.768\ 7x$$

(3)对预测模型进行检验

①标准离差检验

根据前表数据以及标准离差计算公式有：

$$S=\sqrt{\frac{\sum(y_i-\hat{y}_i)^2}{n-k}}=\sqrt{\frac{33\ 912.78}{12-2}}=58.23$$

离散系数或标准离差系数：

$$V=\frac{S}{\bar{y}}\times100\%=\frac{58.23}{3\ 355.31}\times100\%=1.736\%<10\%$$

所以,回归预测模型的精度较高。

②拟合程度检验

根据前表数据以及可决系数计算公式有：

$$R^2=\frac{\sum(\hat{y}_i-\bar{y})^2}{\sum(y_i-\bar{y})^2}=\frac{22\ 628\ 516.53}{22\ 662\ 943.88}=0.998\ 5$$

可决系数 R^2 很接近于 1,表明回归直线与各观测点很接近,回归直线的拟合度很高。

③显著性检验(F 检验)

根据前表数据以及 F 检验统计量计算公式有：

$$F=\frac{\sum(\hat{y}_i-\bar{y})^2/1}{\sum(y_i-\hat{y}_i)^2/(n-2)}$$

$$=\frac{22\ 628\ 516.53/1}{33\ 912.78/(12-2)}=6\ 672.56$$

取 $\alpha=0.05$ 有：$F_{0.05}(1,10)=4.96$

即有：$F>F_{0.05}(1,10)$

所以 y 与 x 之间线性关系成立。

(4)应用回归方程进行预测

点预测：

假设 2002 年的人均可支配收入为 7 300 元,令 $x_0=7\ 300$,有

$$\hat{y}_0=151.634\ 4+0.768\ 7x_0$$

$$=151.634\ 4+0.768\ 7\times7\ 300$$

$$=5\ 763.14$$

区间预测：

y_0 的 $(1-\alpha)$ 置信区间：

$$[\hat{y}-t_{\frac{\alpha}{2}}(n-2)S,\hat{y}+t_{\frac{\alpha}{2}}(n-2)S]$$

当 $n\geqslant30$ 时：$S=\sqrt{\dfrac{\sum(y_i-\hat{y}_i)^2}{n-2}}$

当 $n<30$ 时：$S=\sqrt{\dfrac{\sum(y_i-\hat{y}_i)^2}{n-2}}\sqrt{1+\dfrac{1}{n}+\dfrac{(x_0-\bar{x})^2}{\sum(x_i-\bar{x})^2}}$

令 $x_0=7\,300$

$$\hat{y}_0=151.634\,4+0.768\,7x_0$$
$$=151.634\,4+0.768\,7\times7\,300=5\,763.14$$

$$S=\sqrt{\dfrac{\sum(y_i-\hat{y}_i)^2}{n-2}}\sqrt{1+\dfrac{1}{n}+\dfrac{(x_0-\bar{x})^2}{\sum(x_i-\bar{x})^2}}$$
$$=\sqrt{\dfrac{33\,912.78}{12-2}}\times\sqrt{1+\dfrac{1}{12}+\dfrac{(7\,300-4\,167.3)^2}{22\,662\,943.88}}=67.40$$

则
$$\hat{y}_0-t_{\frac{\alpha}{2}}(n-2)S(y)=5\,763.14-2.228\times67.40=5\,612.97$$
$$y-t_{\frac{\alpha}{2}}(n-2)S(y)=5\,763.14+2.228\times67.40=5\,913.31$$

即在显著水平 $\alpha=0.05$ 下，y 的置信区间为 $[5\,612.97,5\,913.31]$。

5.5.5　运用回归分析应注意的问题

相关与回归分析是重要的统计分析方法，在统计学知识体系中占有重要的地位。它对于我们加深现象间相互依存关系的认识，促使这种认识由定性阶段进入定量阶段都具有重要意义。但是，在运用回归分析的过程中还应注意以下几点：

(1)注意现象的复杂性。在选择对因变量的影响因素时要选择影响因变量的主要因素。一种现象产生的结果往往受多种因素的影响，在进行回归分析时，自变量越多，计算工作量越大，分析也越复杂，从而影响工作的效率。因此，应选择主要自变量来进行分析研究。

(2)正确理解回归系数。回归系数的值不表示变量之间相关关系的密切程度，只是表示自变量与因变量变动的比率。

(3)注意相关系数与回归方程有效性的检验。在进行相关与回归分析中所得出的相关系数、回归直线模型、估计标准误差等都是根据样本数据计算出来的，但所作的结论却是针对总体的。因而，在进行回归分析时，应检验回归模型的有效性。

(4)充分发挥计算机的作用。当变量较多，数据较大时，用手工方法进行定量分析，往往难度很大。计算机的应用与发展，为进行回归分析提供了便利。可以使用专门开发的统计回归分析软件来建立回归模型、求解参数、测定相关系数、计算估计标准误差等工作。

5.5.6　Excel 在相关与回归分析中的运用

用 EXCEL 2007 进行一元线性回归分析，主要有以下操作步骤：

(1)将分析数据输入 EXCEL 电子表(图 5.8)A、B、C 三列。

(2)计算相关系数：在 A20 输入"相关系数："，选择 B20 存放相关系数值。用鼠标单击"公式/插入函数/统计/CORREL"(即先单击"公式"，在"插入函数"菜单中选"统计"，在统计"选择函数"选"CORREL")。

(3)在 CORREL 对话框"Array1"中输入"B3：B17"，"Array2"中输入"C3：C17"，单击确定，在 B20 便出现相关系数值 0.997 483。

(4)计算回归系数：在 A21 输入"回归系数："，选择 B21 存放回归系数值。用鼠标单击"公式/插入函数"，在"插入函数"菜单中选"统计"，在"统计"中"选择函数"里选"SLOPE"，单击确定,在函数参数对话框"Known_y's"中输入"C3:C17","Known_x's"中输入"B3:B17",单击确定,在 B21 便出现回归系数值 0.898 138。

亿元

	A	B	C	D	E	F	G	H
1	年	居民可支	居民消费	x_iy_i	x_i^2	y_i^2	$\hat{y}$	$e_i=y_i-\hat{y}_i$
2	份	配收入Xi	支出Yi					
3	1	5	3	15	25	9	2.863674	0.136326
4	2	6	4	24	36	16	3.761812	0.238188
5	3	7	5	35	49	25	4.65995	0.34005
6	4	9	6	54	81	36	6.456226	-0.45623
7	5	10	7	70	100	49	7.354364	-0.35436
8	6	12	9	108	144	81	9.150639	-0.15064
9	7	14	11	154	196	121	10.94691	0.053085
10	8	14	11	154	196	121	10.94691	0.053085
11	9	15	12	180	225	144	11.84505	0.154947
12	10	17	13	221	289	169	13.64133	-0.64133
13	11	18	15	270	324	225	14.53947	0.460534
14	12	20	16	320	400	256	16.33574	-0.33574
15	13	21	17	357	441	289	17.23388	-0.23388
16	14	21	18	378	441	324	17.23388	0.76612
17	15	23	19	437	529	361	19.03016	-0.03016
18	合计	212	166	2777	3476	2226	166	-1.3E-14
19								
20	相关系数:	0.997483						
21	回归系数:	0.898138						
22	回归方程截距:		-1.62702					
23								

图 5.8　某地居民收入与消费支出回归分析表

(5)计算回归方程截距:在 A22 输入"回归方程截距:",选择 C22 存放回归方程截距值。用鼠标单击"插入函数/统计/INTERCEPT"并确定,在函数参数对话框"Known_y's"中输入"C3:C17","Known_x's"中输入"B3:B17",单击确定,在 C22 便出现回归方程截距值-1.627 02。

(6)利用回归方程进行预测:从以上计算可知,某地居民消费支出根据可支配收入回归方程为 $\hat{y}=-1.627\,04+0.898\,138x$,若已知第 16 年该地居民可支配收入为 25 亿元,则第 16 年居民消费支出预测值为

$$\hat{y}=-1.627\,04+0.898\,138\times25=20.826\,41(亿元)$$

5.6　马尔可夫预测

20 世纪初,俄国科学家马尔可夫(Markov)发现:事物未来的变化状况,主要受事物近期状况的影响,而受过去状况的影响较小,即某事物 t 年的状态,主要受 $t-1$ 年状态的影响,$t-1$ 年的状态,主要受 $t-2$ 年状态的影响……马尔可夫过程的这个特性,称为无后效性。

如果马尔可夫过程的状态和时间参数都是离散的,则这样的过程称为马尔可夫链。

例如,对于某地区每年的气候按一定的指标可分为旱、涝两种状态,这样根据多年的气象资料就可得到一个以年为时间单位,在每一时间只出现旱、涝两种状态之一的时间离散、状态离散的随机序列,即马尔可夫链。当然在实际问题中也可以选择其他时间单位,状态也可能有多种形式,如对于本例,也可以按一定的指标将每年的气候分为轻旱、旱、大旱、正常、轻涝、涝、大涝等七种状态。

在马尔可夫链中,一个重要的概念就是状态的转移。如果过程由一个特定的状态变化到另一个特定的状态,就说过程实现了状态转移。

例如上面的问题有旱、涝两种状态,则状态的转移就有四种情形:即由旱到旱、由旱到涝、由涝到旱及由涝到涝。究竟在某年 t_n 发生哪一种状态,则完全是随机的,因此,马尔可夫预测法是一种概率预测法。

马尔可夫预测法,可以进行短期预测,也可以进行长期预测,它不需要连续不断的历史数据,只需要近期或当前的资料即可预测未来,这大大减少了预测的工作量。

马尔可夫预测法,对随机的、重复的、竞争性的经营问题进行预测很有意义,如预期市场占有率、产业劳力转移、服务人员配置、随机服务网点规模等。

为了便于介绍马尔可夫预测法,首先介绍一些基本概念。

5.6.1 基本概念

1. 概率向量

对于任意行向量,如果全部元素非负,且总和为1,称其为概率向量。

例如,有一行向量 $\boldsymbol{p} = \begin{bmatrix} \frac{1}{8} & \frac{3}{8} & \frac{1}{4} & \frac{1}{4} \end{bmatrix}$,符合上述条件,所以为概率向量。

又如,$\boldsymbol{n} = \begin{bmatrix} \frac{1}{8} & \frac{3}{8} & -\frac{1}{4} & \frac{3}{4} \end{bmatrix}$,虽然各元素总和为1,但因第三个元素为负值,所以不是概率向量。

再如,$\boldsymbol{q} = \begin{bmatrix} \frac{1}{8} & \frac{3}{8} & \frac{1}{4} & \frac{3}{4} \end{bmatrix}$,虽然各元素非负,但总和不等于1,所以也不是概率向量。

2. 概率矩阵

(1)概率矩阵的定义

由概率向量组成的方阵称为概率矩阵。如矩阵

$$\boldsymbol{P} = \begin{bmatrix} \frac{1}{8} & \frac{3}{8} & \frac{1}{4} & \frac{1}{4} \\ \frac{1}{2} & \frac{1}{6} & \frac{1}{6} & \frac{1}{6} \\ \frac{1}{4} & \frac{1}{4} & 0 & \frac{1}{2} \\ \frac{3}{5} & \frac{1}{5} & \frac{1}{5} & 0 \end{bmatrix}$$

各元素皆非负,各行向量元素的和为1,所以各行向量为概率向量;且行、列数相等,即为一方阵,所以矩阵 $\boldsymbol{P}$ 为概率矩阵。

(2)概率矩阵的性质

性质1:若 $\boldsymbol{A}$、$\boldsymbol{B}$ 为同阶概率矩阵,则 $\boldsymbol{AB}$ 也是概率矩阵。

证明:设概率矩阵

$$\boldsymbol{A} = \begin{bmatrix} a_{11} & a_{12} & \cdots & a_{1j} & \cdots & a_{1n} \\ a_{21} & a_{22} & \cdots & a_{2j} & \cdots & a_{2n} \\ \vdots & \vdots & \vdots & \vdots & \vdots & \vdots \\ a_{i1} & a_{i2} & \cdots & a_{ij} & \cdots & a_{in} \\ \vdots & \vdots & \vdots & \vdots & \vdots & \vdots \\ a_{n1} & a_{n1} & \cdots & a_{nj} & \cdots & a_{m} \end{bmatrix}$$

$$B = \begin{bmatrix} b_{11} & b_{12} & \cdots & b_{1j} & \cdots & b_{1n} \\ b_{21} & b_{22} & \cdots & b_{2j} & \cdots & b_{2n} \\ \vdots & \vdots & & \vdots & & \vdots \\ b_{i1} & b_{i2} & \cdots & b_{ij} & \cdots & b_{in} \\ \vdots & \vdots & & \vdots & & \vdots \\ b_{n1} & b_{n1} & \cdots & b_{nj} & \cdots & b_{nn} \end{bmatrix}$$

如 $AB = C$，则只需证明矩阵 C 的任意行向量各元素之和满足：

$$c_{i1} + c_{i2} + \cdots + c_{ij} + \cdots + c_{in} = 1$$

即可。

$$
\begin{aligned}
c_{i1} + c_{i2} + \cdots + c_{in} &= (a_{i1}b_{11} + a_{i2}b_{21} + a_{in}b_{1n}) + (a_{i1}b_{12} + a_{i2}b_{22} + a_{in}b_{2n}) \\
&\quad + \cdots + (a_{i1}b_{1n} + a_{i2}b_{2n} + a_{in}b_{nn}) \\
&= a_{i1}(b_{11} + b_{12} + \cdots + b_{1n}) + a_{i2}(b_{21} + b_{22} + \cdots + b_{2n}) \\
&\quad + \cdots + a_{in}(b_{n1} + b_{n2} + \cdots + b_{nn}) \\
&= a_{i1} + a_{i2} + \cdots + a_{in} \\
&= 1
\end{aligned}
$$

证毕。

性质 2：概率矩阵的 n 次方也是概率矩阵。

根据性质 1，该结论显然成立，请读者自己证明。

3. 正规概率矩阵

（1）定义

设 A 为一概率矩阵，如存在一个正数 k，使得 A^k 仍为概率矩阵，且 A^k 中无 0 元素存在，则称 A 为正规概率矩阵。

如 $A = \begin{bmatrix} \frac{1}{3} & \frac{2}{3} \\ 1 & 0 \end{bmatrix}$ 为概率矩阵，$A^2 = \begin{bmatrix} \frac{1}{3} & \frac{2}{3} \\ 1 & 0 \end{bmatrix}^2 = \begin{bmatrix} \frac{1}{3} & \frac{2}{3} \\ 1 & 0 \end{bmatrix}\begin{bmatrix} \frac{1}{3} & \frac{2}{3} \\ 1 & 0 \end{bmatrix} = \begin{bmatrix} \frac{7}{9} & \frac{2}{9} \\ \frac{1}{3} & \frac{2}{3} \end{bmatrix}$，由于 A^2

仍为概率矩阵，且无 0 元素存在，所以 A 为正规概率矩阵。

（2）正规概率矩阵的性质

性质 1：对于任何一个正规概率矩阵 A，都存在一个唯一的无 0 元素的概率向量 p，使得 $pA = p$。

向量 p 称为固定概率向量，又称为正规概率矩阵 A 的稳定点（为事物发展的长期稳定状态，可用作长期预测）。

性质 2：若 A 为正规概率矩阵，p 为其固定概率向量，则 A 的 n 次方序列 $A, A^2, A^3, \cdots, A^n$，将逐渐趋于由 p 组成的方阵，即

$$A^n \rightarrow \begin{bmatrix} p \\ p \\ \vdots \\ p \end{bmatrix}$$

该方阵与正规矩阵 A 同阶。

（3）求正规概率矩阵的固定概率向量

以例说明。

设正规概率矩阵

$$A = \begin{bmatrix} \dfrac{1}{3} & \dfrac{2}{3} \\ 1 & 0 \end{bmatrix}$$

由于该矩阵为 2×2 阶矩阵，所以其固定概率向量亦由两个元素组成。

设 A 的固定概率向量为 $p = (x \quad y)$，由于 $x + y = 1$，所以 $p = [x \quad 1-x]$。

根据正规概率的性质有

$$(x \quad 1-x) \begin{bmatrix} \dfrac{1}{3} & \dfrac{2}{3} \\ 1 & 0 \end{bmatrix} = (x \quad 1-x)$$

即

$$\left(\dfrac{1}{3}x + 1 - x \quad \dfrac{2}{3}x \right) = (x \quad 1-x)$$

$$\dfrac{1}{3}x + 1 - x = x$$

解得：$x = \dfrac{3}{5}$，$y = 1 - \dfrac{3}{5} = \dfrac{2}{5}$。所以 A 的固定概率向量为 $p = \left(\dfrac{3}{5} \quad \dfrac{2}{5} \right)$。

5.6.2　马尔可夫预测过程

1. 状态转移概率矩阵的建立

（1）状态转移概率矩阵

被预测的系统由某一状态以一定的概率向另一状态转移，全部转移概率组成一个矩阵，称为状态转移概率矩阵。

状态转移概率矩阵必须为概率矩阵。

（2）状态转移概率矩阵的建立

以例说明。

【例 5.7】　某汽车销售公司销售 A、B、C 三种汽车，供 500 个客户选购，由于使用者的偏好，这三种汽车的市场占有率不同（表 5.12），试预测其市场占有率的长期趋势。

表 5.12　市场占有率的变化情况

汽车型号	2010 年用户数	2011 年增加户数			2011 年减少户数			2011 年用户数
		由 A 转来	由 B 转来	由 C 转来	转向 A	转向 B	转向 C	
A	170	0	10	40	0	20	0	200
B	150	20	0	0	10	0	10	150
C	180	0	10	0	40	0	0	150
共计	500	80			80			500

解：根据表 5.11 所提供的数据，2010 年三种牌号汽车的市场占有率为

$$\alpha_0 = (0.34 \quad 0.30 \quad 0.36)$$

2011 年用户的变化情况用矩阵表示:以列的方向表示新增加的用户,以行的方向表示减少的用户,每行之和为 2010 年的用户数,每列之和为 2011 年的用户数,当 $i = j$ 时,p_{ij} 代表 2010 年底原用户中未转走的用户数。即

$$
\begin{array}{cccc}
 & A & B & C \\
A & 150 & 20 & 0 \\
B & 10 & 130 & 10 \\
C & 40 & 0 & 140
\end{array}
$$

例如第一行(150　20　0),$p_{11} = 150$,$p_{12} = 20$ 表示 2010 年底 A 型汽车原用户中余下 150 用户,原有 20 个用户转买 B 型汽车。上述转移关系用矩阵表示,为

$$
\begin{bmatrix}
150 & 20 & 0 \\
10 & 130 & 10 \\
40 & 0 & 140
\end{bmatrix}
$$

各行元素分别除以相应行元素之和,得状态转移概率矩阵:

$$
A = \begin{bmatrix}
\dfrac{150}{170} & \dfrac{20}{170} & 0 \\
\dfrac{10}{150} & \dfrac{130}{150} & \dfrac{10}{150} \\
\dfrac{40}{180} & 0 & \dfrac{140}{180}
\end{bmatrix} = \begin{bmatrix}
0.88 & 0.12 & 0 \\
0.07 & 0.86 & 0.07 \\
0.22 & 0 & 0.78
\end{bmatrix}
$$

状态转移概率矩阵中的元素表示用户由购买某种汽车向购买另一种汽车转移的概率。

2. 短期预测

继续以上例说明。

根据表 5.11 所提供的数据,2011 年三种型号汽车的市场占有率为

$$\boldsymbol{\alpha}_1 = (0.4 \quad 0.30 \quad 0.30)$$

由于 2011 年与 2010 年的数据存在转移关系,所以 2011 年的市场占有率也可按下式计算:

2011 年市场占有率=2010 年市场占有率×状态转移概率矩阵

即

$$
\boldsymbol{\alpha}_1 = (0.34 \quad 0.30 \quad 0.36)\begin{bmatrix}
0.88 & 0.12 & 0 \\
0.07 & 0.86 & 0.07 \\
0.22 & 0 & 0.78
\end{bmatrix}
$$

$$= (0.40 \quad 0.30 \quad 0.30)$$

2012 年市场占有率预测。

如果认为 2012 年的用户转移概率与 2011 年相同,即转移矩阵不变,则 2012 年市场占有率的计算同上,即:

2012 年市场占有率=2011 年市场占有率×状态转移概率矩阵

=2010 年市场占有率×(状态转移概率矩阵)^2

即

$$\boldsymbol{\alpha}_2 = (0.34 \quad 0.30 \quad 0.36) \begin{bmatrix} 0.88 & 0.12 & 0 \\ 0.07 & 0.86 & 0.07 \\ 0.22 & 0 & 0.78 \end{bmatrix}^2$$

依此类推,今后各年度市场占有率的预测公式为:

$$\boldsymbol{\alpha}_n = (0.34 \quad 0.30 \quad 0.36) \begin{bmatrix} 0.88 & 0.12 & 0 \\ 0.07 & 0.86 & 0.07 \\ 0.22 & 0 & 0.78 \end{bmatrix}^n$$

一般地,如果转移概率保持不变,则预测公式为:

$$\boldsymbol{\alpha}_n = \boldsymbol{\alpha}_0 \boldsymbol{A}^n$$

此即马尔可夫预测公式。

根据以上的推理知,如果 $\boldsymbol{A}$ 为 2010 年到 2011 年的状态转移概率矩阵,则 $\boldsymbol{A}^2$ 为 2010 年到 2012 年的状态转移概率矩阵,$\boldsymbol{A}^3$ 为 2010 年到 2013 年的状态转移概率矩阵…。

一般地,如果由时间点 t_0 到时间点 t_1 的状态转移概率矩阵为 $\boldsymbol{A}$,且该矩阵随时间推移保持不变,则由时间点 t_0 到时间点 t_k 的状态转移概率矩阵为 $\boldsymbol{A}^k$,$\boldsymbol{A}^k$ 称为马尔可夫链的第 k 步状态转移概率矩阵。

3.长期趋势预测

马尔可夫预测法不仅可以进行短期预测,还可以进行长期趋势的预测。

从马尔可夫预测公式可以看出,长期预测值即 $\boldsymbol{\alpha}_n$ 随着 n 的增加而逐渐靠近的稳态值。

那么,如何求出这个稳态值呢?

分析马尔可夫预测公式

$$\boldsymbol{\alpha}_n = \boldsymbol{\alpha}_0 \boldsymbol{A}^n$$

$\boldsymbol{\alpha}_n$ 的稳态值取决于 $\boldsymbol{A}^n$ 的稳态值,而如果 $\boldsymbol{A}$ 是正规概率矩阵,则根据正规概率矩阵的性质 (2),有

$$\boldsymbol{A}^n \to \begin{bmatrix} \boldsymbol{p} \\ \boldsymbol{p} \\ \vdots \\ \boldsymbol{p} \end{bmatrix}$$

其中,$\boldsymbol{p}$ 为正规概率矩阵的固定概率向量,并且 $\boldsymbol{A}^n$ 与 $\boldsymbol{A}$ 同阶。

$\boldsymbol{\alpha}_n$ 的稳态值的计算。

设 $\boldsymbol{A}$ 为 $n \times n$ 阶矩阵,则有

$$\alpha_n \to (\alpha_1 \quad \alpha_2 \quad \cdots \quad \alpha_n) \begin{bmatrix} p_1 & p_2 & \cdots & p_n \\ p_1 & p_2 & \cdots & p_n \\ \vdots & \vdots & \vdots & \vdots \\ p_1 & p_2 & \cdots & p_n \end{bmatrix}$$

$$= [(\alpha_1 + \alpha_2 + \cdots + \alpha_n)p_1 \quad (\alpha_1 + \alpha_2 + \cdots + \alpha_n)p_2 \quad \cdots \quad (\alpha_1 + \alpha_2 + \cdots + \alpha_n)p_n]$$

$$= (p_1 \quad p_2 \quad \cdots \quad p_n)$$

$$= p$$

根据上述推导,我们得出马尔可夫长期预测方法的结论:

如果初始状态为一概率向量,状态转移概率矩阵保持不变且为正规概率矩阵,则长期趋势

的稳态值为状态转移概率矩阵的固定概率向量。

下面继续求例 5.7 的长期市场占有率趋势。

首先判断该例的状态转移概率矩阵是否为正规概率矩阵。从该例状态转移概率矩阵的建立过程,我们知道状态转移概率矩阵为概率矩阵。由于

$$\mathbf{A}^2 = \begin{bmatrix} 0.88 & 0.12 & 0 \\ 0.07 & 0.86 & 0.07 \\ 0.22 & 0 & 0.78 \end{bmatrix}^2 = \begin{bmatrix} 0.79 & 0.20 & 0.01 \\ 0.13 & 0.76 & 0.11 \\ 0.37 & 0.03 & 0.60 \end{bmatrix}$$

根据概率矩阵的性质及正规概率矩阵的定义,上述矩阵为正规概率矩阵。

下面求正规概率矩阵的固定概率向量 $\mathbf{p}$。

设 $\mathbf{A}$ 的固定概率向量为 $\mathbf{p} = (x \quad y \quad 1-x-y)$,根据正规概率矩阵的性质有

$$(x \quad y \quad 1-x-y) \begin{bmatrix} 0.88 & 0.12 & 0 \\ 0.07 & 0.86 & 0.07 \\ 0.22 & 0 & 0.78 \end{bmatrix} = (x \quad y \quad 1-x-y)$$

即

$$\begin{cases} 0.88x + 0.07y + 0.22(1-x-y) = x \\ 0.12x + 0.86y = y \end{cases}$$

解得:$x = 0.47$,$y = 0.40$。所以 $\mathbf{A}$ 的固定概率向量为 $\mathbf{p} = (0.47 \quad 0.40 \quad 0.13)$。

根据马尔可夫长期预测方法,若从 2010 年开始,市场转移概率不变,则不管原来市场占有率如何,其长期趋势必然达到一个稳态:

$$(0.47 \quad 0.40 \quad 0.13)$$

即型号 A 占有 47% 市场,型号 B 占有 40% 市场,型号 C 占有 13% 市场。

根据市场占有率预测,经营者必须采取最有利的措施,调整本公司的销售计划,提高公司效益。

【例 5.8】 某公司设三个汽车维修中心,根据 2010 年统计,对三个维修中心的油泵送修情况建立如下状态转移概率矩阵:

$$\begin{bmatrix} 0.7 & 0.2 & 0.1 \\ 0.4 & 0.6 & 0 \\ 0.3 & 0.2 & 0.5 \end{bmatrix}$$

从长远经济效益考虑,请根据各维修中心的油泵送修率确定其相应总投入(如人员、设备、资金等)的恰当比例。

解:

(1)首先判断状态转移概率矩阵是否为概率矩阵。

分析状态转移概率矩阵各行向量,根据概率矩阵的定义,知所给状态转移概率矩阵为概率矩阵。

(2)判断状态转移概率矩阵是否为正规概率矩阵。

$$\begin{bmatrix} 0.7 & 0.2 & 0.1 \\ 0.4 & 0.6 & 0 \\ 0.3 & 0.2 & 0.5 \end{bmatrix}^2 = \begin{bmatrix} 0.60 & 0.28 & 0.12 \\ 0.52 & 0.44 & 0.04 \\ 0.44 & 0.28 & 0.28 \end{bmatrix}$$

各元素均大于 0,根据正规概率矩阵的性质,知所给状态转移概率矩阵为正规概率矩阵。

（3）求状态转移概率矩阵的固定概率向量。

设状态转移概率矩阵的固定概率向量为 $p=(x\quad y\quad 1-x-y)$，根据正规概率的性质有

$$(x\quad y\quad 1-x-y)\begin{bmatrix} 0.7 & 0.2 & 0.1 \\ 0.4 & 0.6 & 0 \\ 0.3 & 0.2 & 0.5 \end{bmatrix}=(x\quad y\quad 1-x-y)$$

即

$$\begin{cases} 0.7x+0.4y+0.3(1-x-y)=x \\ 0.2x+0.6y+0.2(1-x-y)=y \end{cases}$$

解得：$x=\dfrac{5}{9}$，$y=\dfrac{1}{3}$。所以 A 的固定概率向量为 $p=\left(\dfrac{5}{9}\quad \dfrac{1}{3}\quad \dfrac{1}{9}\right)$。

因为 $\alpha_n\rightarrow p$，所以 $\alpha_n\rightarrow\left(\dfrac{5}{9}\quad \dfrac{1}{3}\quad \dfrac{1}{9}\right)$。

由此得出结论：如果按照现在的状态变化趋势，从长期考虑，三个维修中心的人员、设备配备、投资等，应按照 $\dfrac{5}{9}:\dfrac{1}{3}:\dfrac{1}{9}$ 进行分配较为合理。

复习思考题

1. 什么是系统预测？其实质是什么？

2. 预测方法有哪几大类？各有何特点？

3. 专家会议法与德尔菲法各有什么特点？

4. 什么是时间序列？时间序列有哪些特征？举例说明。

5. 已知某公司 1981—2000 年的逐年销售额如表 5.13 所示，单位：百万元。试用移动平均法预测 2003 年的销售额（取 $n=3$）。

表 5.13　1981—2000 年的逐年销售额　　　　　　　　　　百万元

序号	年份	销售额	序号	年份	销售额
1	1981	3.7	11	1991	14.4
2	1982	5.0	12	1992	17.8
3	1983	6.0	13	1993	18.9
4	1984	6.6	14	1994	22.5
5	1985	6.9	15	1995	28.0
6	1986	6.6	16	1996	33.0
7	1987	7.2	17	1997	38.0
8	1988	7.3	18	1998	40.0
9	1989	11.5	19	1999	42.0
10	1990	13.7	20	2000	44.0

6. 某市为制定出租车发展规划，需对出租车保有量进行预测，已知出租车的历史数据表 5.14，单位：台。试用指数平滑法预测 2005 年的保有量（取 $\alpha=0.3$，所给资料基本呈线性趋势）。

表 5.14　出租车历史数据　　　　　　　　　　　　　　台

年份	保有量	年份	保有量
1991	3626	1996	11915
1992	5325	1997	14152
1993	7081	1998	19566
1994	10381	1999	23702
1995	11404	2000	25400

7. 某公司对其所生产的汽缸套消耗量与随机车使用时间关系的调查资料如表 5.15 所示，试利用线性回归方法建立预测模型，并分析线性相关关系的显著性。

表 5.15　调查资料

机车使用时间 x(h)	汽缸套消耗量 y(件)
530	0.710
680	1.035
840	1.179
890	1.321
910	1.407
1150	1.571

8. 某公司下设 7 个分公司，各分公司的固定资产价值与企业总产值数据如表 5.16 所示：

表 5.16　总产值数据

企业编号	1	2	3	4	5	6	7
固定资产价值(万元)	20	30	40	50	60	70	80
企业总产值(万元)	80	90	115	120	125	130	140

要求：(1)建立回归直线方程；

(2)计算估计标准误差；

(3)估计当固定资产价值为 100 万元时的企业总产值；

(4)在显著性水平 $\alpha = 5\%$ 时，对所建立的回归方程进行检验。

9. 设 $A = \begin{bmatrix} 0.2 & 0.8 \\ 0.5 & 0.5 \end{bmatrix}$，$B = \begin{bmatrix} 1 & 0 \\ 0.4 & 0.6 \end{bmatrix}$，根据概率矩阵的性质说明 AB 是否为概率矩阵。

10. 设概率矩阵 $A = \begin{bmatrix} 0 & 1 \\ 1/2 & 1/2 \end{bmatrix}$，$B = \begin{bmatrix} 1 & 0 \\ 1/2 & 1/2 \end{bmatrix}$，试分别判断两矩阵是否为正规概率矩阵。

11. 某机床的使用情况有正常和不正常两种状态。根据以往资料，若该机床当天运转正常，则下一天运转正常的概率为 0.8，变为不正常的概率为 0.2；若该机床当天运转不正常，则下一天转为正常的概率为 0.6，仍为不正常的概率为 0.4。试求由第一天到第四天的状态转移概率矩阵。

12. 设某商品的月销售情况按一定的评价标准可分为畅销和滞销两种状态，且知过去 20

个月份的销售情况如表 5.17 所示,试利用马尔可夫预测法预测该商品销售状态的长期趋势。

表 5.17 销售情况表

时间	第1月	第2月	第3月	第4月	第5月	第6月	第7月	第8月	第9月	第10月
状态	畅	畅	滞	畅	滞	滞	畅	畅	畅	滞
时间	第11月	第12月	第13月	第14月	第15月	第16月	第17月	第18月	第19月	第20月
状态	畅	滞	畅	畅	滞	滞	畅	畅	滞	畅

13. 颐和园游船出租部门决定设立三个租船点,即知春亭、石舫、龙王庙。游人可在任意一个租船点租船和还船。根据统计资料,游人在各点租船后,在不同点还船的概率如表 5.18 所示。试为租船部门预测经过长期租船活动后,船只在各点的分布情况。

表 5.18 概率表

租　用	在不同点的还船概率		
	知春亭	石舫	龙王庙
知春亭	0.80	0.10	0.10
石　舫	0.20	0.70	0.10
龙王庙	0.30	0.05	0.65

14. 某公司在某地设有四个产品销售点,产品类型相同,共同供应 1 000 家用户。假设这些用户只在这四个销售点选购,同时也无别的用户加入,试根据第一季度末和第二季度末做的市场调查情况建立状态转移概率矩阵,并找出这四个销售点在均不采取改进工作措施的条件下,市场的长期占有趋势(数据资料见表 5.19,为简化计算,状态转移概率矩阵各元素可只取一位小数)。

表 5.19 数据资料

销售点	第一季度末用户数	新　增				失　去				第二季度末用户数
		自A	自B	自C	自D	至A	至B	至C	至D	
A	220	0	40	0	10	0	20	10	15	225
B	300	20	0	25	15	40	0	5	25	290
C	230	10	5	0	10	0	25	0	0	230
D	250	15	25	0	0	10	15	10	0	255

6 系统评价

6.1 系统评价概述

6.1.1 系统评价的概念

评价是人类社会中一项经常性的、极为重要的认识活动。为了阐明评价的内涵,请看例6.1。

【例6.1】 某大学一班级拟通过对学生综合素质的测评,来评选三好学生。为此,设计了一套如图6.1所示的指标体系,并用某种算法将之变换成一个综合指标,计算每个大学生的综合得分,再按综合得分的高低来推举三好学生。

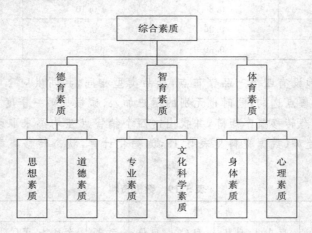

图6.1 评选三好学生的指标体系

可见,评价是指按预定的目的,确定研究对象的属性,并将这种属性变为客观定量的数值或主观效用的行为。评价在这里及以后特指多域性对象的综合评价。属性是关于目的的框架结构,是对研究对象本质特征的概括。指标是关于研究对象属性的测度,是对象属性的具体化。鉴于在文献中大多对属性和指标并没有严格的界限,因此在本章中对两者不严加区分。

系统评价就是从技术、经济、管理、社会、环境等多种角度出发对系统方案进行全面分析、测定和考察,获取定量和定性的评价结果,为系统决策选择最优方案提供科学依据。

系统评价是科学决策的前提,是科学决策中的一项基础性工作。但是,系统评价与系统决策至少有两点区别:第一,系统评价是一项技术工作,是由分析者即系统工程人员承担的;而系统决策则是领导工作,是领导者在系统工程人员的辅助下完成的。第二,系统评价是系统决策的主要依据,但是重大问题的决策往往还有"看不见的"(或者"不公开的")因素在起作用,这些因素往往难以纳入系统工程人员的评价工作之中。

从例 6.1 可以看出,系统评价工作主要存在以下两方面的困难:

(1)有的指标难以数量化,有时与使用或评价人的主观感受和经验有关,如系统使用的方便性、舒适性就是这样的一类指标。

(2)不同的方案可能各有所长,难以取舍。例如,设有两个方案 A_1、A_2,在一些指标上 A_1 比 A_2 优越,而在另一些指标 A_2 又比 A_1 优越,这时就很难定夺。指标越多,方案越多,问题就越复杂,方案就越难定夺。

为了解决上述困难,可按以下步骤进行系统评价:

(1)对评价方案作出简要说明,使方案的优缺点清晰明了,便于评价人员掌握;

(2)确定由所有单项和大类指标组成的评价指标体系;

(3)确定各大类及单项评价指标的权重;

(4)进行单项评价,确定各单项指标的评价值;

(5)进行综合评价,确定各评价对象的总评价值;

(6)根据总评价值对评价对象进行择优或排序。

其中,确立评价指标体系、确定各指标权重、单项指标评价和综合评价是实现系统评价的四个关键环节,下面分别予以介绍。

6.1.2 评价指标体系的建立

评价对象的指标集具有两个基本特性,即层次性及多样性。

指标集的层次性表现为层次结构。第一层是目标层,第二层是分支层,最下层是测度层,它反映了人们从抽象到具体的思维过程。

指标集的多样性是由于其组成元素受到多个因素的影响。它不仅受评价客体与评价目的的制约,如评价客体不同,评价目的不同,指标集也就不同;而且也受评价主体价值观念的影响,即使评价客体与评价目的相同,不同的评价主体也会设计出不同的指标集。

1. 系统评价指标体系的原则

现实世界的复杂性和评价目的的多样性,决定了指标集的复杂性和多变性。因此,有必要探讨一下设计指标集所应遵循的若干共同原则:

(1)整体性原则。指标集应涵盖为达到评价目的所需的基本内容,如例 6.1 中大学生的综合素质应包含德育素质、智育素质和体育素质三个分支内容。

(2)简要性原则。指标集要层次分明,简明扼要;每个指标要内涵清晰,相对独立。

(3)导向性原则。指标集应体现政策导向。例如,针对我国高等教育中迄今存在的"三重三轻"的偏向,即在培养德育素质中重思想教育、轻道德教育,在培养智育素质中重专业教育、轻文化科学素质教育,在培养体育素质中重身体教育、轻心理教育,在图 6.1 指标集第二层三个分支下面,各列了并列的两个栏目,以提高"三轻"教育的地位。

(4)可比性原则。要尽可能采用相对指标,便于对不同对象进行对比,但为了反映对象之间规模上的差异,也应选取一些绝对指标。

(5)均匀性原则。凡开发周期较长或时间滞后较大的指标,诸如房地产开发中竣工面积之类指标,科技评价中每百名科技人员的专利授权之类指标等,为避免指标值大起大落,以采用三年平均值为宜。

(6)可操作性原则。指标集所需数据原则上从现有统计指标中产生,少量需重新统计的指标应是确定的易于采集的。

(7)实际性原则。应从工作的现状出发,符合系统评价问题的实际状况。

2. 系统评价指标体系的组成

系统评价指标体系是由若干个单项评价指标组成的整体。评价指标体系要完整、科学合理,要形成系统,能反映出所要解决问题的各项要求,反映待评系统的各个方面。以下是评价指标体系通常应该包括的一些大类指标。

(1)政策性指标。反映政府的方针政策、法律法规和发展规划等方面的要求。

(2)技术性指标。描述系统的各种技术参数的指标。

(3)经济性指标。描述系统经济特征的参数指标,通常有成本、利润和税金、投资额、流动资金、投资回收期、建设周期等。

(4)社会性指标。如对地区综合发展的影响的能力、提供的就业机会、产生的社会福利等。

(5)资源性指标。如工程项目中的物资、人力、能源、矿产、土地等。

(6)环境指标。反映对生态环境方面影响的指标,如污染、破坏、环境与生物保护等。

(7)时间性指标。如工程进度、时间节约等。

上述七个方面是指一般可能要求考虑的指标大类。在具体条件下,可以有增减或不予考虑。这七个方面就构成了所谓的系统评价指标体系。至于大类下单项指标的设立则要根据系统性质、目标要求、有关系统的特殊问题等全面予以考虑。

6.1.3　指标权重的确定方法

用若干个指标进行综合评价时,各个指标对评价对象的作用从评价的目标来看并不是同等重要的。为了体现各个评价指标在评价指标体系中的作用地位及重要程度,在指标体系确定后,必须对各指标赋予不同的权重系数。权重是以某种数量形式对比、权衡被评价事物总体中诸因素相对重要程度的量值。同一组指标数值,不同的权重系数,会导致截然不同的甚至相反的评价结论。因此,权重确定问题是综合评价中十分棘手的问题。合理确定权重对评价决策有着重要意义。

指标的权重应是评价过程中指标相对重要程度的一种主、客观度量的反映。一般而言,指标间的权重差异主要由以下三方面的原因造成:(1)评价者对各指标的重视程度不同,反映评价者的主观差异;(2)各指标在评价中所起的作用不同,反映各指标间的客观差异;(3)各指标的可靠程度不同,反映各指标所提供的信息的可靠性不同。

既然指标间的权重差异主要是由上述三方面所引起的,因此在确定指标的权重时就应该从这三方面来考虑,其中第三方面在上面指标体系的确定中已经进行了考虑。确定评价指标权重的基本原则如下:(1)权重的取值范围应尽量方便综合评价值的计算。权重总值一般取1、10、100 或 1000 等。当评价指标数值接近时,权重取值范围应适当增大,以拉开各个方案之间的差距,另外还要和指标评价值配合,二者不能相差太大,否则会削弱评价指标值的重要性。(2)指标的权重分配应反复听取各种意见并要灵活处理,避免为了取得一致意见而轻率地做出决定。为此可采取德尔菲法广泛征求意见,使权重分配尽量达到合理。(3)权重的分配方式应采取从粗到细的给值方式。先粗略地把权重分配到指标大类,然后再把大类所得的权重分配到各个指标。保持大类指标权重的比例就从整体上保证了评价指标的协调和评价的合理。试以某企业选择运输设备时对各大类指标权重分配为例加以说明,如表 6.1 所示。

表 6.1　设备权重分配

指标大类	权重 w_i	指标大类	权重 w_i
经济性指标	350	维修性指标	150
技术性指标	250	运行性指标	100
社会性指标	150	合计	1000

然后,将各大类指标权重分配到子类指标中。例如,对表 6.1 中的技术性指标的权重进行再分配,如表 6.2 所示。

权重也称加权,它表示对某指标重要程度的定量分配,表示各个评价指标在总体中所起的不同作用。

表 6.2　技术性指标权重的再次分配

指标	指标子类	权重 w_i
技术性指标	运行安全性	100
	乘客座位数	90
	最大技术速度	60
合计		250

按照权重的表现形式的不同,可分为绝对数权重和相对数权重。相对数权重也称比重权数,能更加直观地反映权重在评价中的作用。

加权的方法大体上可以分为两种:(1)经验加权,也称定性加权。它的主要优点是由专家直接估计,简便易行。(2)数学加权,也称定量加权。它以经验为基础,数学原理为背景,间接生成,具有较强的科学性。

一般而言,确定评价指标权重的方法主要有相对比较法、连环比率法、德尔菲法、层次分析法等。

1. 逐对比较法

逐对比较法也称为相对比较法、两两比较法,是一种经验评分法。它将所有指标列出来,组成一个 $n \times n$ 的方阵;然后对各指标两两比较并打分;最后对各指标的得分求和,并做规范化处理。需要注意的是方阵的对角线上的元素可以不填写,也不参加运算;打分时可采用 $0 \sim 1$ 打分法;方阵中元素可以按照下面的规则进行确定,并满足 $a_{ij} + a_{ji} = 1$。

$$a_{ij} = \begin{cases} 1, & \text{当指标 } i \text{ 比指标 } j \text{ 重要时} \\ 0, & \text{当指标 } i \text{ 没有指标 } j \text{ 重要时} \\ \text{空白}, & \text{当 } i = j \text{（自身相比）} \end{cases}$$

由方阵可以按照下面公式计算指标 i 的权重系数:

$$w_i = \frac{\sum\limits_{j=1}^{n} a_{ij}}{\sum\limits_{i=1}^{n}\sum\limits_{j=1}^{n} a_{ij}} \qquad i = 1, 2, \cdots, n$$

下面举例说明相对比较法的使用。假定某市为改善一道路交叉口的安全条件,现在对拟订的方案建立评价指标:减少死亡人数,减少负伤人数,减少经济损失,改善环境,以及预期实施费用 5 个指标。用相对比较法得到的方阵见表 6.3。

表 6.3　各个指标相互比较的结果

指　标	f_1	f_2	f_3	f_4	f_5	得分合计	权重 w_i
减少死亡人数 f_1		1	1	1	1	4	0.4
减少负伤人数 f_2	0		1	1	1	3	0.3

续上表

指 标	f_1	f_2	f_3	f_4	f_5	得分合计	权重 w_i
减少经济损失 f_3	0	0		1	0	1	0.1
改善环境 f_4	0	0	0		0	0	0
预期实施费用 f_5	0	0	1	1		2	0.2
合计						10	0.0

可见,用两两比较法确定指标权重比较简单,但在实际使用中需要注意以下几点:(1)各指标间相对重要程度要有可比性。指标体系中任意两个指标均能通过主观判断确定彼此重要性的差异。(2)应满足指标比较的传递性。若 f_1 比 f_2 重要,f_2 比 f_3 重要,则 f_1 比 f_3 重要。由于人的主观性,打分时不一定总是满足传递性,为了谨慎起见,可以请多个专家进行同时独立打分,然后求其平均。

2. 连环比率法

连环比率法以任意顺序排列指标,按此顺序从前到后,相邻两指标比较其相对重要性,依次赋以比率值,并赋以最后一个指标得分值为1。从后到前,按比率值依次求出各指标的修正评分值,最后归一化处理得到各指标的权重。方法的具体步骤如下:

(1)以任意顺序排列 n 个指标,不妨设为 $f_1, f_2, \cdots, f_n$。

(2)填写暂定分数列(r_i)。从评价指标的上方依次以邻近的底下那个指标为基准,在数量上进行重要性的判定,如 $r_i = 3$ 表示 f_i 的重要程度是 f_{i+1} 的3倍;$r_i = 1$ 表示 f_i 和 f_{i+1} 同样重要;$r_i = 1/2$ 表示 f_i 只是 f_{i+1} 一半重要。表6.4中反映"减少死亡人数"的价值是"减少负伤人数"的3倍,而"减少负伤人数"的价值是"减少经济损失"的3倍等。

(3)填写修正分数列(k_i栏)。把最下行的指标设为1,按从下而上的顺序计算 k_i 的值,$k_i = r_i k_{i+1}(i=1,2,\cdots,n-1)$。

(4)对所有修正分数求和并计算得分系数 w_i:

$$w_i = \frac{k_i}{\sum\limits_{i=1}^{n} k_i} \qquad i=1,2,\cdots,n$$

表6.4给出了用连环比率法计算权重的例子。

表6.4 各个指标相互比较的结果

评价指标	暂定分数 r_i	修正分数 k_i	权重分数 w_i
减少死亡人数 f_1	3	9.0	0.62
减少负伤人数 f_2	3	3.0	0.21
减少经济损失 f_3	2	1.0	0.07
改善环境 f_4	0.5	0.5	0.03
预期实施费用 f_5	—	1	0.07
小计	—	14.5	1.00

和相对比较法一样,连环比率法也是一种主观赋权方法。当评价指标的重要性可以在数量上作出判断时,该方法优于相对比较法。但由于赋权结果依赖于相邻的比率值,比率值的主观判断误差,会在逐步计算过程中进行误差传递。

3. 德尔菲法

该方法又称专家调查法,调查者首先将调查内容制成表格,然后根据调查内容选择权威人士作为调查对象,请他们发表意见并把打分填入调查表,最后由调查者汇总,求得各指标的权重值 w_i。德尔菲法的具体步骤如下:

(1)调查者将调查内容制定成表格。

(2)根据调查内容选择权威人士对调查表格中的各项指标进行打分,如表 6.5 所示。

(3)分析各专家对各指标重要程度的打分,用统计方法处理这些得分,把处理的结果再寄回各专家供他们参考并提出意见,并请他们再重新打分,再作统计处理。经过多次循环,可能使专家们的意见取得相对一致。

(4)对各专家的意见进行综合,对调查表作统计处理,计算出综合各专家意见以后各指标权重值,如表 6.6 所示。

表 6.5 一位专家对各项指标的打分结果

指标	f_1	f_2	f_3	f_4	合计	权重 w_i
f_1		1	1	1	3	0.500
f_2	0		1	0	1	0.166
f_3	0	0		0	1	0.166
f_4	0	1	0		1	0.166
合计					6	1.000

表 6.6 综合各专家打分结果以后得到的指标权重值

指标	f_1	f_2	f_3	f_4	合计
专家 1	0.5	0.166	0.166	0.166	1.00
专家 2	0.4	0.2	0.2	0.2	1.00
⋮					
专家 k	0.45	0.15	0.2	0.2	1.00
⋮					
专家 n	0.39	0.21	0.25	0.15	1.00
合计	1.74	0.726	0.816	0.716	
权重	0.435	0.182	0.204	0.179	1.00

通过对德尔菲法计算权重步骤的描述,可以看出用德尔菲法进行权重计算的关键有两点:

(1)事先选好并确定足够数量的专家,同时要求专家之间独立打分、不互相影响;

(2)调查表格的设计,最好采用简单的打分比较法,凭专家的感觉和经验评分。

另外,该方法建立在大多数专家意见的基础,因此在其他方法不宜采用的情况下用此法是比较科学的,当然采用这种方法需要时间比较长,工作量也比较大。

6.1.4 评价指标数量化方法

常用的系统评价指标数量化方法有:排队打分法、体操计分法、专家评分法、两两比较法、连环比率法。其中两两比较法、连环比率法已介绍,下面主要介绍排队打分法、体操计分法和专家评分法。

1. 排队打分法

如果指标因素(如汽车的时速、油耗;工厂的产值、利润、能耗等)已有明确的数量表示,就可以采用排队打分法。设有 m 种方案,则可采取 m 级记分制:最优者记 m 分,最劣者记 1 分,中间各方案可以等步长记分(步长为 1 分),也可以不等步长记分,灵活掌握,或者各项指标均采用 10 分制,最优者满分为 10 分。

2. 体操计分法

体育比赛中许多计分方法也可以用到系统评价工作中来。例如,体操计分法是请 6 位裁判员各自独立地对表演者按 10 分制评分,得到 6 个评分值,然后舍去最高分和最低分,将中间的 4 个分数取平均,就得到表演者最后的得分数。

在系统评价工作中,就可用这种体操计分法得到系统的各评价指标的最后得分。

3. 专家评分法

这是一种利用专家经验的评分法。例如,要对多台设备操作性进行评价,可以请若干专家,即有经验的实际操作者来试车,专家们根据主观感觉和经验,对每台设备按一定的记分制来打分,再将每台设备的得分相加,最后将和数除以操作者的人数,就获得了各台设备的得分数。

【例 6.2】 设有 5 台设备,15 个操作者,其操作感受情况记录如表 6.7 所示。评分结果也表示在表 6.7 中,显然,样机Ⅳ的操作性最佳,样机Ⅴ次之。

表 6.7 操作者对各设备的操作感受情况

操作者 ＼ 样机	Ⅰ	Ⅱ	Ⅲ	Ⅳ	Ⅴ
1	差	可	差	可	良
2	良	差	差	差	可
3	可	差	良	可	差
4	可	可	良	可	可
5	差	差	可	可	可
6	可	差	良	可	可
7	差	差	可	良	可
8	可	可	可	可	良
9	良	可	良	良	良
10	差	可	可	良	良
11	可	可	差	良	良
12	可	良	良	良	可
13	良	可	良	良	可
14	良	可	可	良	可
15	可	可	可	良	良
列计 良(a)	4	1	6	9	8
列计 可(b)	7	10	6	5	6
列计 差(c)	4	4	3	1	1
$3a+2b+c=s$	30	27	33	38	37
得分:$F=S/15$	2.00	1.80	2.20	2.53	2.47

对于各个得分 F_j，也可以将其化为百分制得分 B_j（最高分为 100 分）

$$B_j = \frac{F_j}{F_{\max}} \times 100 \tag{6.1}$$

式中，$F_{\max} = \max_j \{F_j\}$。

如果式(6.1)右端不是乘以 100，而是乘以 10 或 5，则化为 10 分制或 5 分制得分（最高分为 10 分或 5 分）。

还可将得分 F_j 作如下处理：

$$f_j = \frac{F_j}{\sum_{i=1}^{n} F_i} \tag{6.2}$$

式中，f_j 为"得分系数"，其值大小也可作为衡量操作性好坏的数量标准。

例 6.2 的得分作以上转化后如表 6.8 所示。

表 6.8 不同得分制下的得分表

方案（样机）	Ⅰ	Ⅱ	Ⅲ	Ⅳ	Ⅴ	Σ
得分 F_j	2.00	1.80	2.20	2.53	2.47	11
百分制得分 B_j	79.1	71.1	86.9	100	97.6	
10 分制得分	7.91	7.11	8.69	10	9.76	
5 分制得分	3.96	3.56	4.35	5	4.88	
得分系数 f_i	0.182	0.164	0.200	0.230	0.224	1.00

6.2 评价指标综合的主要方法

将各评价指标数量化，得到各个可行方案的所有评价指标的无量纲的统一得分以后，通过一定的方法对这些指标进行处理，就可以得到每一方案的综合评价值，再根据综合评价值的高低就可以排出方案的优劣顺序。

6.2.1 加权平均法

加权平均法是指标综合的基本方法，具有两种形式，分别称为加法规则和乘法规则。设方案 A_i 的指标因素 F_j 的得分（或得分系数）为 a_{ij}，将 a_{ij} 排列成评价矩阵，如表 6.9 所示。

表 6.9 评价矩阵

指标因素 F_j	F_1	F_2	…	F_n	综合评价值 ϕ_i
权重 w_j	w_1	w_2	…	w_n	
A_1	a_{11}	a_{12}	…	a_{1n}	
A_2	a_{21}	a_{22}	…	a_{2n}	
方案 A_i ⋮	⋮	⋮	⋮	⋮	
A_m	a_{m1}	a_{m2}	…	a_{mn}	

（1）加法规则

图 6.2 给出了加法加权平均法（加法规则）的一般思路，计算 A_i 方案的综合评价值的公式如下

$$\phi_i = \sum_{j=1}^{n} \omega_j a_{ij}, \quad i = 1, 2, \cdots, m \tag{6.3}$$

式中，ϕ_i 为 A_i 方案的综合评价值；ω_j 为权重，满足如下关系式：

$$0 \leqslant \omega_j \leqslant 1, \quad \sum_{j=1}^{n} \omega_j = 1$$

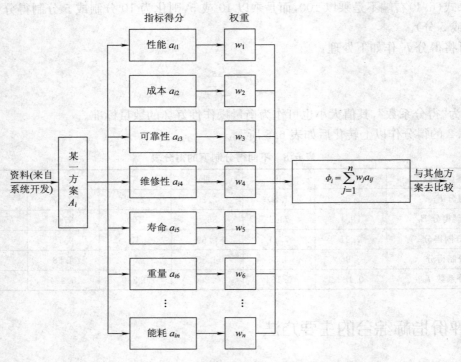

图 6.2　加权平均法的一般思路

（2）乘法规则

乘法加权平均法计算 A_i 方案的综合评价值的公式如下

$$\phi_i = \prod_{j=1}^{n} a_{ij}^{\omega_j} \quad i = 1, 2, \cdots, m \tag{6.4}$$

式中，a_{ij} 为方案 i 的第 j 项指标的得分，ω_j 为第 j 项指标的权重。对式（6.4）的两边求对数，得

$$\lg \phi_i = \sum_{j=1}^{n} \omega_j \lg a_{ij} \quad i = 1, 2, \cdots, m \tag{6.5}$$

对照式（6.3）可知，这是对数形式的加法规则。

乘法规则应用的场合是要求各项指标尽可能取得较好的水平，才能使总的评价值较高。它不容许哪一项指标处于最低水平。只要有一项指标的得分为零，不论其余的指标得分有多高，总的评价值都将是零，因而该方案将被淘汰。例如，一个系统的各项技术指标尽管很好，但是由于有碍政治的因素，最后还是要被否决。

相反，在加法规则式（6.3）中，各项指标的得分可以线性地互相补偿。一项指标的得分比较低，其他指标的得分都比较高，总的评价值仍然比较高，任何一项指标的改善，都可以使得总的评价值提高。例如，衡量人民群众的生活水平，衣、食、住、行任何一个方面的提高都意味着生活水平的提高。

【例 6.3】 某建设工程有 3 种施工方案可供选择,共有工期、成本、工程质量、施工难易程度 4 项评价指标。评价指标的专家评分和权重系数如表 6.10 所示。试对方案进行排序。

表 6.10 施工方案选择

指标	提前工期	成本	质量	施工难易度
权重	0.1	0.3	0.4	0.2
方案 1	1	2	1	2
方案 2	2	1	2	3
方案 3	1	3	3	1

解:

(1)按加法加权平均法计算各方案的综合评价值,有

$$\phi_1=0.1\times1+0.3\times2+0.4\times1+0.2\times2=1.5$$
$$\phi_2=0.1\times2+0.3\times1+0.4\times2+0.2\times3=1.6$$
$$\phi_3=0.1\times1+0.3\times3+0.4\times3+0.2\times1=2.4$$

因为 $\phi_3>\phi_2>\phi_1$,所以方案 3 最优,方案 2 次之。

(2)按乘法加权平均法计算出各方案的综合平均值,有

$$\phi_1=1^{0.1}\times2^{0.3}\times1^{0.4}\times2^{0.2}=1.414$$
$$\phi_2=2^{0.1}\times1^{0.3}\times2^{0.4}\times3^{0.2}=1.763$$
$$\phi_3=1^{0.1}\times3^{0.3}\times3^{0.4}\times1^{0.2}=2.157$$

因为 $\phi_3>\phi_2>\phi_1$,所以方案 3 最优,方案 2 次之。

可见,本例两种法则计算的结果一致。

6.2.2 功效系数法

设系统有 n 项评价指标,其中既可有定性的,也可有定量的。现在分别为每个指标定义一个功效系数 d_i,$0\leq d_i\leq1$,当第 i 个指标最满意时,$d_i=1$,最不满意时,$d_i=0$。然后再计算各个方案的总功效系数,并按总功效系数值进行评价。常用的总功效系数 D 的定义为

$$D=\sqrt[n]{d_1d_2\cdots d_n} \tag{6.6}$$

将 D 作为单一评价指标,并希望 D 越大越好($0\leq D\leq1$)。

D 的综合性很强,如当某项指标 d_k 很不满意时,$d_k=0$,则 $D=0$。如果各项指标都令人满意,$d_i\approx1(i=1,2,\cdots,n)$,则 $D\approx1$。其中,式(6.6)就是加权平均法中乘法规则式(6.4)的特例:$\omega_1=\omega_2=\cdots=\omega_n=\dfrac{1}{n}$。

功效系数法的优点在于有助于把各方案的综合系数拉开差距,易于分辩优劣。此外,这种方法避免了"一俊遮百丑"。这是因为,只要有一个指标的功效系数很小,则总的功效系数必然很小,体现了考虑整体功能的同时必须兼顾子系统的功能。正如德、智、体三好同时具备,才算是三好学生。若智、体都是满分,而德是零分,这样的学生不算是好学生。

6.2.3 主次兼顾法

设系统具有 n 项指标 $f_1(x),f_2(x),\cdots,f_n(x),x\in R$;如果其中某一项最为重要,假设为

$f_1(x)$,希望它取极小值,那么我们可以让其他指标在一定约束范围内变化,来求 $f_1(x)$ 的极小值。也就是说,将问题化为单项指标的数学规划:

$$\min f_1(x), x \in R'$$
$$R' = \{x | f'_i \leqslant f_i(x) \leqslant f'_i, \quad i = 2, 3 \cdots n, x \in R\}$$

例如某生产企业,要求产品成本低、质量好,同时还要求污染少。如果降低成本是当务之急,则可以让质量指标和污染指标满足一定约束条件而求成本的极小值;如果控制污染、保护环境是当务之急,则可以让成本指标和质量指标满足一定约束条件而求污染的极小值等等。

6.2.4 效益成本法

在系统评价中,所涉及评价指标总可以划分为两类:一类是效益,一类是成本。前者是我们实现方案后能够获得的结果,后者是为了实现方案必须支付的投资。将每个方案的效益与成本分别计算后,再比较其效益/成本,就可以评价方案的优劣。显然,效益/成本越大,方案越好。

【例 6.4】 某汽车厂为了扩大生产,准备新建一间厂房。为此提出三个方案,如表 6.11 所示,试用效益成本法对三个方案进行评价。

表 6.11　建厂方案指标比较

序号	指标	单位	方案 1	方案 2	方案 3
1	造价	万元	100	86	75
2	建成年限	年	5	4	3
3	建成后需流动资金	万元	45.8	33.3	38.5
4	建成后发挥效益时间	年	10	10	10
5	年产值	万元	260	196	220
6	产值利润率	%	12	15	12.5
7	环境污染程度		稍重	最轻	轻

对三个方案进行比较后发现它们各有优缺点。为了便于进一步判断,应把目标适当集中。由于在系统评价中最关心的是成本和效益这两大类,因此应该首先集中注意此两类指标。已知建成后发挥效益的时间是 10 年,则可计算出三个方案的 10 年总利润及全部投资额。比较结果如表 6.12 所示。

表 6.12　各方案投资利润比较

序号	指标	单位	方案 1	方案 2	方案 3
(1)	总利润额	万元	312	294	275
(2)	全部投资额	万元	145.8	119.3	113.5
(3)	利润高于投资的余额[(1)−(2)]	万元	166.2	174.7	161.5
(4)	投资利润率[(1)/(2)]	%	214	246	242

从表 6.12 可以看出,方案 2 是最理想的。方案 1 的总利润虽高于方案 2、方案 3,但投资额也高于方案 2、方案 3,结果使投资利润率低于方案 2 和方案 3。况且,环境保护方面效果

差,因此应放弃此方案。同理,进一步分析方案 2、方案 3 以后可以看出,方案 3 的放弃也是理所当然的。

6.2.5 罗马尼亚选择法

效益成本法没有严格的步骤,若评价的问题不同,分析的内容和方法也不相同。为了使多指标评价问题的解决能够尽量规范化,罗马尼亚人曾经采用了所谓选择法。

这种方法是一种比较简便的规范化方法,此法的进行过程如下。

首先,把表征各个指标的具体数值化为以 100 分为满分的分数,这一步称为标准化。标准化时分别从各个指标比较方案的得分,最好的方案得 100 分,最差的方案得 1 分,居中的方案按式(6.7)计算得分数:

$$X = \frac{99 \times (C - B)}{A - B} + 1 \tag{6.7}$$

式中,A 为最好方案的变量值;B 为最差方案的变量值;C 为居中方案的变量值;X 为居中方案的得分数。

现在仍以上述例子为例,将表 6.11 经过标准化后得到的结果列在表 6.13 中。

因为各方案"建成后发挥效益时间"相等,故可不列于表中。

标准化之后进行综合数量评价,以确定中选方案。在此之前,先根据各指标的重要性确定权重,重要的给以较大的权重;另外,同一指标中各方案分数差异大的,权重也应大一些。按照这些原则本例确定了权重,并已填在表 6.13 的最右边一列里。

权重总和为 250,有了权重和每个方案相对于各个指标的得分数,就可对方案进行综合评价。

此处采用加权平均法,即将各指标的权重乘以各方案相对于各指标的得分数,然后相加求总和,就得到各个方案的分数加权和。

对于本例,由表 6.13 得到方案 1、2、3 的分数加权和分别为 3 220、18 306、14 295。因为方案 2 的分数加权和最大,故选方案 2。

表 6.13   数据的标准化

序号	指标	方案 1	方案 2	方案 3	权重
1	造价	1	56.4	100	40
2	建成年限	1	50.5	100	40
3	建成后需流动资金	1	100	58.8	40
4	年产值	100	1	38.1	30
5	产值利润率	1	100	17.5	80
6	环境污染程度	1	100	70	20

从上述计算过程可以看出,权重的大小对方案的选择影响很大,上面对产值利润率比较重视,所以给的权重比较大。如果不考虑这个指标,即令其权重等于 0,则此时方案 1、2、3 的分数加权和分别为 3 140、10 306、12 895,此时就应该选择方案 3 了。

6.2.6 分层系列法

又称指标分层法,它是把多指标评价问题化为一串单指标评价问题来处理。其主要做法是,把指标按其重要程度排序,重要的排在前面,依顺序求其最优。例如,设指标已排成 $f_1(x),f_2(x),\cdots,f_m(x)$,然后对第一个指标求最优,找出所有最优解的集合,用 R_1 表示;再在 R_1 内求第二个指标的最优解,把这时最优解集合用 R_2 表示;如此继续做下去,直到求出第 m 个指标的最优解为止。显然,最后得到的结果对所有指标都是最优的。

6.2.7　理想解法

设评价对象 A_i 相应于评价因素 F_j 的属性为 a_{ij},,经规一化处理后得 d_{ij}。所有的 d_{ij} 组成整个系统的评价矩阵

$$R = \begin{bmatrix} d_{11} & d_{12} & \cdots & d_{1n} \\ d_{21} & d_{22} & \cdots & d_{2n} \\ \vdots & \vdots & \vdots & \vdots \\ d_{m1} & d_{m2} & \cdots & d_{mn} \end{bmatrix}$$

理想点的概念如下:在指标对方案的评价值而言越大越好的情况下,取 $d_j^* = \max\limits_{1\leqslant i\leqslant m}\{d_{ij}\}$,则称 $d^* = (d_1^*,d_2^*,\cdots,d_n^*)^{\mathrm{T}}$ 为理想点。

定义方案 A_i 与理想点间的欧氏距离为

$$L(\lambda,i) = \sqrt{\sum_{j=1}^{n}\lambda_j^2(d_j^*-d_{ij})^2} \tag{6.8}$$

距离越小,该方案越接近理想点,故可采用 $\min L(\lambda,i)$ 作为最终评价选择标准。

6.2.8　关联树法

应用关联树法对系统进行评价时的工作共分三部分。由图 6.3 可知,第一部分是分析和评价系统的目的所需的技术或方法之间是如何联系起来的,其重点是关联树的建立,并通过关联树来进行评价。第二部分是分析由于对某部分问题的解决而促进另一部分问题解决的相互影响效果,并据此修正关联树。第三部分是根据开发能力和现状与目标做比较,以选择开发时机等。在这里,仅就第一部分对关联树的建立及如何用它进行评价问题介绍其步骤。

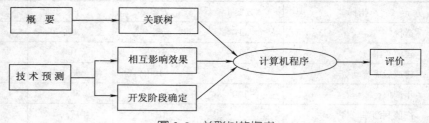

图 6.3　关联树的构成

(1)编写纲要。在具体建立关联树前,首先要编写概要,即对要分析的系统所处的环境条件进行假定。为了获得对未来不确定的情况进行分析的方案,通常先组织专家编写概要。概要内容包括:系统开发目标、现状分析、今后若干年内情况变化的预测等。

(2)建立关联树,把评价目标排列成树状。在树的下位阶层上,不必拘泥于一定要有手段目的的关系,最上位阶层的指标可以只有一个。

(3)给关联树各个阶层的目标赋权,以评价其重要度,并把属于此种阶层的各个指标的权合起来定为1。

(4)分别求出各指标的权与相应指标的权之积,然后再相加,其和即为各指标的重要度。

以交通安全对策为例来说明决定同一阶层上各指标重要度的步骤。为简单起见,把目标分为三层,如图 6.4 所示。现对防止事故的三个目标所具有的重要度进行评价,这三个目标处于"防止事故"一级目标的下位阶层。

假定评价指标为:①死亡人数的减少;②负伤人数的减少;③经济损失的减少。认为他们的权分别为:0.7,0.2 和 0.1(合计为 1.0)。

另一方面,为了简单,认为二级目标只有三个:①司机安全运行意识的提高;②车辆操作功能的提高;③道路设施的改善。对于这三个二级目标,分别用上述的指标进行评价,假定其重要程度的评分(评分之和为 1)如表 6.14 所示,相对于防止事故的各种二级目标的重要度如表 6.14 中的合计栏所示。

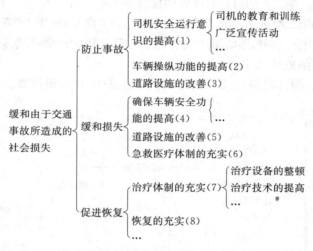

图 6.4 交通安全对策的关联树表

集体评分时,评价表中各栏的评价值可用集体平均值,但仍要保证列之和为 1。

表 6.14 重要度评价

指 标	死亡者的减少	负伤者的减少	经济损失的减少	合 计
指标的权重	0.7	0.2	0.1	1.0
司机安全运行意识的提高	0.3	0.4	0.5	$0.7×0.3+0.2×0.4+0.1×0.5=0.34$
车辆操纵功能的提高	0.1	0.2	0.3	$0.7×0.1+0.2×0.2+0.1×0.3=0.14$
道路设施的改善	0.6	0.4	0.2	$0.7×0.6+0.2×0.4+0.1×0.2=0.52$
合 计	1.0	1.0	1.0	1.0

从总目标逐步向下,在各阶层上对同层子目标进行重要度评价,直到末梢目标。把树枝上所经各级目标的重要度连乘即可得到该末梢目标对总目标的综合评价。如一级目标 A_i 的重要度为 $\omega(A_i)$,A_i 下二级目标 B_j 的重要度为 $\omega(B_j)$,三级目标 C_k 的重要程度为 $\omega(C_k)$,则 C_k 对总目标的综合重要度 TDR 就可以用下式求出

$$TDR(C_k) = \omega(A_i) \times \omega(B_j) \times \omega(C_k)$$

目标在四个以上的情况与此相同。只要沿着关联树枝连乘 ω 即可,如第（Ⅰ）层目标的要素对其上一级目标（Ⅰ-1）的多个指标都有贡献时,只需把关联指标的 TDR 相加,即可获得水平 Ⅰ 的 TDR。

如在交通安全对策中"防止事故目标（一级目标）"的重要程度为 0.5 时,"司机安全意识提高（二级目标）"的 TDR＝0.5×0.34＝0.17

从防止事故的目标出发,各目标的重要性依次为道路的改善（权重为 0.52）,司机安全意识的提高（权重为 0.34）和车辆操纵功能的提高（权重为 0.14）。

下面再举一地下商场发生火灾时的避难指挥系统例子。其关联树如图 6.5 所示。

由图 6.5 可知,处于第一级的目标有切实把握火灾情况,向火灾现场的人们传达正确灾情信息,迅速安全避难 3 项。第二级的目标有火灾的检测等 7 项。由于本例的目的在于确定对策的大纲,所以仅对第一级和第二级试作评价。对第一级确定（1）生命安全（2）财产安全（3）社会不安定三个从功能方面进行评价指标一样外,还增加（4）设备费用和（5）火灾现场结构复杂程度两个评价指标。

现将评价结果归纳成表 6.15 和表 6.16。

最后得出的结论:指挥设备（0.20）和确保脱险道路（0.195）很重要。

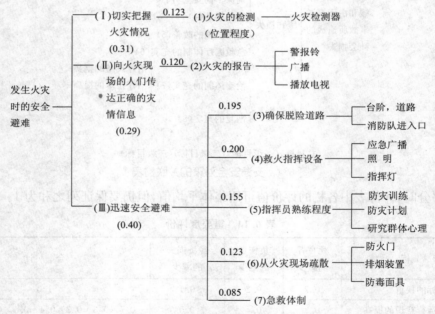

图 6.5　发生火灾时安全避难的关联树

表 6.15　权重和重要度评价

评价指标	生命安全	财产安全	社会不安定	合计
评价指标权重	0.7	0.1	0.2	1.0
Ⅰ	0.3	0.4	0.3	$r_1^1=0.31$
Ⅱ	0.3	0.4	0.2	$r_1^2=0.29$
Ⅲ	0.4	0.2	0.5	$r_1^3=0.40$
合计	1.0	1.0	1.0	

表 6.16 关联树和综合关联数

第一级关联数		评价指标	生命安全	财产政策	社会不安定	设备费用	现场构造复杂程度	合计	综合关联数
		权重	0.50	0.05	0.05	0.20	0.20	1.00	
Ⅰ	0.31	1	0.10	0.25	0.20	0.10	0.15	$r=0.123$	0.038
Ⅱ	0.29	2	0.10	0.20	0.20	0.10	0.15	$r=0.120$	0.035
Ⅲ	0.40	3	0.20	0.20	0.10	0.20	0.20	$r=0.195$	0.076
		4	0.20	0.20	0.20	0.20	0.20	$r=0.200$	0.080
		5	0.20	0.05	0.05	0.15	0.10	$r=0.155$	0.062
		6	0.10	0.05	0.05	0.20	0.10	$r=0.123$	0.049
		7	0.10	0.05	0.05	0.05	0.10	$r=0.085$	0.034
			1.00	1.00	1.00	1.00	1.00		

6.2.9 可能—满意度法

本方法是从替代方案的可能性及满意程度角度进行评估的。在评估指标体系中,有些指标用可能性,有些用满意程度,也有二者兼用的指标。此方法实际上有两个要求:

(1)要定出指标可能或满意的范围,极可能度的最高与最低点或满意度的最大与最小点;

(2)评出具体方案在这些指标上能达到的可能度和满意度。

如果一个指标肯定能够达到,就是说它实现的可能度最大,给以定量记述:$P=1$。如果一项指标肯定达不到,即没有可能度,这时可记为 $P=0$,这是两个极端情况。在一般情况下,P 在 0~1 之间。

$$P(r)=\begin{cases} 1 & r \leqslant r_A \\ \dfrac{r-r_B}{r_A-r_B} & r_A < r < r_B \\ 0 & r \geqslant r_B \end{cases}$$

式中,r 表示某种可能性指标。

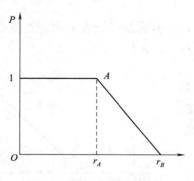

图 6.6 可能度的线性变化

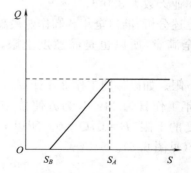

图 6.7 满意度线性变化

图 6.6 表明 P 与 r 是反比关系,$r \to$ 大,$P \to$ 小,如项目投资额越大,批准此项目的可能性越小;但也有相反的情况,即 $r \to$ 大,$P \to$ 大,如港湾水越深,在该处建港的可能度越大,这时图像方向相反。

对于满意度可作类似推导。当完全满意时，记满意度 $Q=1$，当完全不满意时，记满意度 $Q=0$。一般满意度 Q 在 $0\sim1$ 之间变化。图 6.7 中的 s 为用满意度表达的某种评价指标。

图 6.7 表明，Q 与 s 方向是一致的，即 $s\rightarrow$ 大，$Q\rightarrow$ 大，如经济效益大，满意度也大。也有相反的情况，即 $s\rightarrow$ 小，$Q\rightarrow$ 大，如水质污染量越小，满意度越大，这时的图像是相反的。

如果评价指标同时具有两种属性，既有可能度 $P(r)$，又有满意度 $Q(s)$，这是采用综合表达法，即可能—满意度法。它的表达也与上述类同，当百分之百的既可能又满意时，记 $W=1$；当既不可能又不满意时，记 $W=0$。但这两种情况的中间状态确是极端复杂的，可用下式抽象表达：

$$W(a)=\langle P(r)\cdot Q(s)\rangle$$
$$s.t.\ f(r,s,a)=0$$
$$r\in R,s\in S,a\in A$$

式中　　　a——为某些用可能—满意度表达的指标；

　　　$s.t.$——为约束条件；

$\langle\cdots\cdot\cdots\rangle$——为并合运算符号（如代换、加法、乘法和混合运算）；

　　　R,S,A——分别表示 r,s,a 的可行域。

从定量角度看，既有可能又要满意的情况有下列关系式：

$$W(a)\leqslant\max\min\langle P(r),Q(s)\rangle$$
$$s.t.\ f(r,s,a)=0$$

例如利润和成本指标既有可能问题，又有满意度问题，因而就有一个并合过程。

【例 6.5】　港址选择中的"气候条件（风级、浪高）"这项评价指标是指所选港址的风力、风速、港区的波浪高度等自然条件。

对港口来说，气候条件主要影响装卸作业，如港址终年风大、浪高，则全年可装卸作业的天数极少。为此，气候条件可间接用可装卸的天数来衡量。

衡量的依据是：日本港口规范规定的作业条件为：（1）风力小于 $5\sim7$ 级，风速 $10\sim15$ m/s，港内浪高 $0.5\sim1$ m 时，全年作业天数为 $329\sim347$ d。（2）我国江河总平面设计规范指出：港口全年可作业天数为 $300\sim330$ d。金山石化总厂供油的陈山码头，处于风浪较大的杭州湾，实际全年可作业天数为 330 d。

综合上述分析，港口全年装卸作业最高天数为 340 d，这是可能度上限。达到这个上限可以说是完全满意，所以也是满意度上限，即 $P=1$，$Q=1$。

再看下限。如以每周工作 3 d 计算，扣除法定假日 7 d，全年工作日为 149 d，为方便按 150 d 计算。这是可能度的下限，$P=0$，$Q=0$。所以 $r_A=340$ d，$r_B=150$ 天（见图 6.8）。

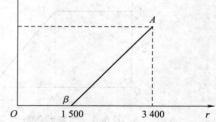

图 6.8　可能满意度变化全年装卸天数

$$\begin{cases}P(r)\\Q(r)\end{cases}=\begin{cases}1 & r\geqslant340\\ \dfrac{r-150}{340-150} & 150<r<340\\ 0 & r\leqslant150\end{cases}$$

替代方案的实际指标及按上法得到的可能满意度如表 6.17 所示。

表 6.17　替代方案的可能—满意度值

评价指标名称	指标上下限		各方案的 r 值		
	上限	下限	金山	外高桥	七个口
气候条件(作业天数)	340	150	300	331	331
可能满意度	1	0	0.79	0.95	0.95

将可能—满意度做为评价值,利用前述的评价矩阵法,即可作出对金山港的综合评价(表 6.18)。

表 6.18　金山港评价指标的数据及计算

序号	直接经济效益指标	单位	可能—满意度参数			可能—满意度
			r_B 下限	r_A 上限	指标值	
1	投资额	亿元/泊位	0.3	1.5	0.675	0.313
2	建设周期	年	10	50	30.6	0.515
3	投资回收期	年	10	30	21.2	0.560
4	年利及税金	亿元	3.0	0	2.845	0.948

6.3　层次分析法

层次分析法(Analytic Hierarchy Process,简称 AHP)是美国运筹学家匹兹堡大学教授萨迪(T. L. Saaty)于 20 世纪 70 年代初,为美国国防部研究"根据各个工业部门对国家福利的贡献大小而进行电力分配"课题时,应用网络系统理论和多目标综合评价方法,提出的一种层次权重决策分析方法。

这种方法的特点是在对复杂的决策问题的本质、影响因素及其内在关系等进行深入分析的基础上,利用较少的定量信息使决策的思维过程数学化,从而为多目标、多准则或无结构特性的难于完全定量的复杂决策问题提供简便的决策方法。

该方法自 1982 年被介绍到我国以来,以其定性与定量相结合地处理各种决策因素的特点,以及其系统灵活简洁的优点,迅速地在我国社会经济各个领域内,如工程计划、资源分配、方案排序、政策制定、冲突问题、性能评价、能源系统分析、城市规划、经济管理、科研评价等,得到了广泛的重视和应用。

6.3.1　层次分析法的基本原理

应用 AHP 解决问题的思路是:首先,把要解决的问题分层系列化,即根据问题的性质和要达到的目标,将问题分解为不同的组成因素,按照因素之间的相互影响和隶属关系将其分层聚类组合,形成一个递阶的、有序的层次结构模型。然后,对模型中每一层次因素的相对重要性,根据人们对客观现实的判断给予定量表示,再利用数学方法确定每一层次全部因素相对重要性次序的权值。最后,通过综合计算各层因素相对重要性的权值,得到最底层(方案层)相对于最高层(总目标)的相对重要性次序的组合权值,以此作为评价和选择方案的依据。

下面用一个简单的例子来说明。

假定我们已知 n 个西瓜的重量总和为1,每个西瓜的重量分为 $W_1,W_2,\cdots,W_n$。把这些西

瓜两两比较(相除),很容易得到表示 n 个西瓜相对重量关系的比较矩阵(判断矩阵):

$$A=\begin{bmatrix} \dfrac{w_1}{w_1} & \dfrac{w_1}{w_2} & \cdots & \dfrac{w_1}{w_n} \\ \dfrac{w_2}{w_1} & \dfrac{w_2}{w_2} & \cdots & \dfrac{w_2}{w_n} \\ \vdots & \vdots & & \vdots \\ \dfrac{w_n}{w_1} & \dfrac{w_n}{w_2} & \cdots & \dfrac{w_n}{w_n} \end{bmatrix}=(a_{ij})_{n\times n}$$

显然 $a_{ii}=1,a_{ij}=\dfrac{1}{a_{ji}},a_{ij}=\dfrac{a_{ik}}{a_{jk}},i,j,k=1,2,\cdots,n$

定义　若矩阵 $A=(a_{ij})_{n\times n}$ 满足:(1)$a_{ij}>0$;(2)$a_{ii}=1$;(3)$a_{ji}=\dfrac{1}{a_{ij}}(i,j=1,2,\cdots,n)$。

则称之为正互反矩阵。

且　　　$$AW=\begin{bmatrix} \dfrac{w_1}{w_1} & \dfrac{w_1}{w_2} & \cdots & \dfrac{w_1}{w_n} \\ \dfrac{w_2}{w_1} & \dfrac{w_2}{w_2} & \cdots & \dfrac{w_2}{w_n} \\ \vdots & \vdots & & \vdots \\ \dfrac{w_n}{w_1} & \dfrac{w_n}{w_2} & \cdots & \dfrac{w_n}{w_n} \end{bmatrix}\begin{bmatrix} W_1 \\ W_2 \\ \vdots \\ W_n \end{bmatrix}=\begin{bmatrix} nW_1 \\ nW_2 \\ \vdots \\ nW_n \end{bmatrix}=nW$$

如果我们事先不知道每只西瓜的重量,也没有办法去称量,但能设法得到判断矩阵,能否导出西瓜的相对重量呢? 显然可以的,在判断矩阵具有完全一致性的条件下,我们可以通过解特征值问题

$$AW=\lambda_{\max}W$$

求出正规化特征量(即假设西瓜总重量为1),从而得到 n 个西瓜的相对重量。同样,对于复杂的系统问题,通过建立层次分析结构模型,构造出判断矩阵,利用特征值方法即可确定各种方案和措施的重要性排序权值,以供决策者参考。

在使用 AHP 时,要对构造的判断矩阵进行一致性检验。即:当

$$a_{ij}=\dfrac{a_{ik}}{a_{jk}},i,j,k=1,2,\cdots,n$$

完全成立时,称判断矩阵具有完全一致性。

此时矩阵的最大特征根 $\lambda_{\max}=n$,其余特征根均为零。在一般情况下,可以证明判断矩阵的最大特征根为单根,且 $\lambda_{\max}\geqslant n$。当判断矩阵具有满意的一致性时,$\lambda_{\max}$ 稍大于矩阵阶数 n,其余特征根接近于零。这时,基于 AHP 得出的结论才基本合理。

定理1　正互反矩阵 A 的最大特征根 $\lambda_{\max}$ 必为正实数,其对应特征向量的所有分量均为正实数。A 的其余特征值的模均严格小于 $\lambda_{\max}$。

定理2　若 A 为一致矩阵,则

(1)A 必为正互反矩阵。

(2)A 的转置矩阵 A^{T} 也是一致矩阵。

(3)A 的任意两行成比例,比例因子大于零,从而 $\mathrm{rank}(A)=1$(同样,A 的任意两列也成比例)。

(4)A 的最大特征值 $\lambda_{\max}=n$,其中 n 为矩阵 A 的阶。A 的其余特征根均为零。

(5)若 A 的最大特征值 $\lambda_{\max}$ 对应的特征向量为 $W=(w_1,\cdots,w_n)^{\mathrm{T}}$,则 $a_{ij}=\dfrac{w_i}{w_j},i,j=1,$

$2, \cdots, n$，即

$$A = \begin{bmatrix} \dfrac{w_1}{w_1} & \dfrac{w_1}{w_2} & \cdots & \dfrac{w_1}{w_n} \\[2ex] \dfrac{w_2}{w_1} & \dfrac{w_2}{w_2} & \cdots & \dfrac{w_2}{w_n} \\[1ex] \vdots & \vdots & \vdots & \vdots \\[1ex] \dfrac{w_n}{w_1} & \dfrac{w_n}{w_2} & \cdots & \dfrac{w_n}{w_n} \end{bmatrix}$$

定理 3 n 阶正互反矩阵 A 为一致矩阵当且仅当其最大特征根 $\lambda_{max} = n$，且当正互反矩阵 A 非一致时，必有 $\lambda_{max} > n$。

根据定理 3，我们可以由 λ_{max} 是否等于 n 来检验判断矩阵 A 是否为一致矩阵。由于特征根连续地依赖于 a_{ij}，故 λ_{max} 比 n 大得越多，A 的非一致性程度也就越严重。

6.3.2 层次分析法的基本步骤

运用层次分析法分析问题时，大体可以分为以下四个步骤：(1)明确问题，建立层次结构模型；(2)构造判断矩阵；(3)层次单排序及一致性检验；(4)层次总排序及一致性检验。如图 6.9 所示。

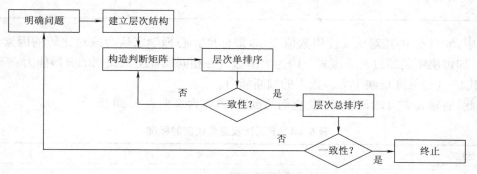

图 6.9　层次分析法的基本步骤

(1)明确问题，建立层次结构

将问题包含的因素分组，每一组作为一个层次，按照最高层、若干有关的中间层和最底层的形式排列起来。

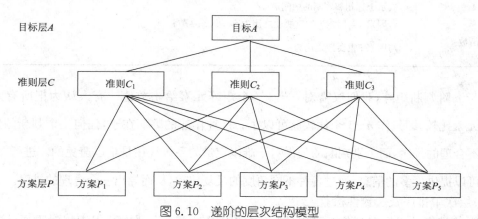

图 6.10　递阶的层次结构模型

图 6.10 中，最高层表示解决问题的目的，即应用 AHP 所要达到的目标；中间层表示采用某种措施和政策来实现预定目标所涉及的中间环节，一般又分为策略层、约束层、准则层；最低层表示解决问题的措施或政策（即方案）。连线表明上一层因素与下一层因素之间的联系。如果某个因素与下一层所有因素均有联系，那么称这个因素与下一层次存在完全层次关系。

（2）构造判断矩阵

AHP 的分析基础主要是人们对每一层次各因素的相对重要性给出判断，用数值表示出来写成矩阵形式就是判断矩阵，这是很关键的一步。

判断矩阵是表示本层所有因素针对上一层某一个因素的相对重要性的比较。假定 A 层中因素 A_k 与下一层次中因素 $B_1, B_2, \cdots, B_n$ 有联系，则他们构造成的判断矩阵如表 6.19 所示：

表 6.19　判断矩阵

A_k	B_1	B_2	$\cdots$	B_n
B_1	b_{11}	b_{12}	$\cdots$	b_{1n}
B_2	b_{21}	b_{22}	$\cdots$	b_{2n}
$\vdots$	$\vdots$	$\vdots$	$\vdots$	$\vdots$
B_n	b_{n1}	b_{n2}	$\cdots$	b_{nn}

表中，b_i 对 b_j 的相对重要性用数值表示，即标度。心理学家认为成对比较的因素不宜超过 9 个，即每层不要超过 9 个因素。因为大多数人在相同属性上的差别的分辨能力在 5~9 之间，采用 1~9 的标度反映了大多数人的判断能力。

因此，通常 b_{ij} 取 $1,2,3,\cdots,9$ 及它们的倒数，具体含义如表 6.20 所示。

表 6.20　要素比较重要程度的标度

标度	含　　义
1	表示两个因素相比，具有相同重要性
3	表示两个因素相比，前者比后者稍重要
5	表示两个因素相比，前者比后者明显重要
7	表示两个因素相比，前者比后者强烈重要
9	表示两个因素相比，前者比后者极端重要
2,4,6,8	表示上述相邻判断的中间值
倒数	若因素 i 与因素 j 的重要性之比为 a_{ij}，那么因素 j 与因素 i 重要性之比为 $a_{ji} = \dfrac{1}{a_{ij}}$

对于 n 阶判断矩阵，我们仅需对 $\dfrac{n(n-1)}{2}$ 个矩阵元素给出数值。有人认为把所有元素都和某个元素比较，即只作 $n-1$ 个比较就可以了。这种作法的弊病在于，任何一个判断的失误均可导致不合理的排序，而个别判断的失误对于难以定量的系统往往是难以避免的。进行 $\dfrac{n(n-1)}{2}$ 次比较可以提供更多的信息，通过各种不同角度的反复比较，从而导出一个合理的排序。

（3）层次单排序及一致性检验

层次单排序是指根据判断矩阵中，同一层次因素对于上一层次某因素相对重要性的排序权值。层次单排序可以归结为计算判断矩阵的特征根和特征向量问题，即对判断矩阵 B，计算满足 $BW=\lambda_{\max}W$ 的特征根和特征向量，式中，$\lambda_{\max}$ 为 B 的最大特征根；W 为对应于 $\lambda_{\max}$ 的正规化特征向量；W 的分量 W_i 即是相应因素单排序权值。

为了检验矩阵的一致性，需要计算它的一致性指标 CI，公式为

$$CI=\frac{\lambda_{\max}-n}{n-1}$$

当判断矩阵具有完全一致性时，$CI=0$。$\lambda_{\max}-n$ 越大，CI 越大，矩阵的一致性越差。为了检验判断矩阵是否具有满意的一致性，需要将 CI 与平均随机一致性指标 RI 进行比较。对于 $1\sim9$ 阶矩阵，RI 分别如表 6.21 所示。

表 6.21　$1\sim9$ 阶矩阵的平均随机一致性指标

阶数	1	2	3	4	5	6	7	8	9
RI	0.00	0.00	0.58	0.90	1.12	1.24	1.32	1.41	1.45

对于 1 阶、2 阶判断矩阵，RI 只是形式上的，按照我们对判断矩阵所下的定义，1 阶、2 阶判断矩阵总是完全一致的。当阶数大于 2 时，判断矩阵的一致性指标 CI，与同阶平均随机一致性的指标 RI 之比成为判断矩阵的随机一致性比例，记为 CR。当 $CR=\frac{CI}{RI}<0.10$ 时，判断矩阵具有满意的一致性，否则就需要对判断矩阵进行调整。

（4）层次总排序及一致性检验

确定某层所有因素对于总目标相对重要性的排序权值过程，称为层次总排序。层次总排序需要从上到下逐层顺序进行，对于最高层下面的第二层，其层次单排序即为总排序。假定上一层次所有因素 $A_1,A_2,\cdots,A_m$ 的总排序已完成，得到的权值分别为 $a_1,a_2,\cdots,a_m$，与 a_i 对应的本层次因素 $B_1,B_2,\cdots,B_n$ 单排序结果为：

$$b_1^i,b_2^i,\cdots,b_n^i$$

这里，若 B_j 与 A_i 无关，则 $b_j^i=0$。显然 $\sum_{j=1}^{n}\sum_{i=1}^{m}a_ib_j^i=1$

如表 6.22 所示。

表 6.22　层次总排序

层次	A_1	A_2	$\cdots$	A_m	B 层次的总排序
	a_1	a_2	$\cdots$	a_m	
B_1	b_1^1	b_1^2	$\cdots$	b_1^m	$\sum\limits_{i=1}^{m}a_ib_1^i$
B_2	b_2^1	b_2^2	$\cdots$	b_2^m	$\sum\limits_{i=1}^{m}a_ib_2^i$
$\vdots$	$\vdots$	$\vdots$	$\vdots$	$\vdots$	$\vdots$
B_n	b_n^1	b_n^2	$\cdots$	b_n^m	$\sum\limits_{i=1}^{m}a_ib_n^i$

为了评价层次总排序的计算结果的一致性如何，需要计算与单排序类似的检验量。

CI 为层次总排序一致性指标；RI 为层次总排序平均随机一致性指标；CR 为层次总排序随机一致性比例。它们的表达式分别为：

$$CI=\sum_{i=1}^{m}a_i CI_i$$

式中,CI_i 为与 a_i 对应的 B 层次中判断矩阵的一致性指标。

$$RI=\sum_{i=1}^{m}a_i RI_i$$

式中,RI_i 为与 a_i 对应的 B 层次中判断矩阵的平均随机一致性指标。

$$CR=\frac{CI}{RI}$$

同样当 $CR\leq0.10$ 时,我们认为层次总排序的计算结果具有满意的一致性并接受该分析结果。

6.3.3　层次分析法的计算方法

AHP 法计算的根本问题是如何计算判断矩阵的最大特征根 λ_{max} 及其对应的特征向量 W。下面简要介绍三种计算方法。

1. 幂法

计算特征根的幂法使我们有可能利用计算机得到任意精确度的最大特征根 λ_{max} 及其对应的特征向量 W。计算步骤为:

任取与判断矩阵 B 同阶的正规化的初值向量 W^0;

计算 $\overline{W}^{k+1}=BW^k,k=0,1,2,\cdots$;

令 $\beta=\sum_{i=1}^{n}\overline{W}_i^{k+1}$,计算 $W^{k+1}=\frac{1}{\beta}\overline{W}^{k+1},k=0,1,2,\cdots$;

对于预先给定的精确度 ε,当

$$|\overline{W}_i^{k+1}-W_i^k|<\varepsilon$$

对所有 $i=1,2,\cdots,n$ 成立时,则 $W=W^{k+1}$ 为所求特征向量。λ_{max} 可由下式求得:

$$\lambda_{max}=\sum_{i=1}^{n}\frac{W_i^{k+1}}{nW_i^k}$$

式中,n 为矩阵阶数;W_i^k 为向量 W^k 的第 i 个分量。

2. 和积法

为简化计算,可采用近似方法——和积法计算,它使得我们可以仅使用小型计算器在保证足够精确度的条件下运用 AHP。具体步骤如下:

将判断矩阵每一列正规化:

$$\bar{b}_{ij}=\frac{b_{ij}}{\sum_{k=1}^{n}b_{kj}}\qquad i,j=1,2,\cdots,n$$

每一列经正规化后的判断矩阵按行相加:

$$\overline{W}_i=\sum_{j=1}^{n}\bar{b}_{ij}\qquad j=1,2,\cdots,n$$

对向量 $\overline{W}=[W_1,W_2,\ldots,W_n]^T$ 正规化:

$$W=\frac{\overline{W}_i}{\sum_{j=1}^{n}\overline{W}_j}\qquad i=1,2,\cdots,n$$

所得到的 $W=[W_1,W_2,\cdots,W_n]^T$ 即为所求特征向量。

计算判断矩阵最大特征根 $\lambda_{\max}$：

$$\lambda_{\max}=\sum_{i=1}^{n}\frac{(AW)_i}{nW_i}$$

式中，$(AW)_i$ 为向量 AW 的第 i 个分量。

【例 6.6】　用和积法计算如表 6.23 所示判断矩阵的最大特征根及其对应的特征向量。

表 6.23　判断矩阵

B	C_1	C_2	C_3
C_1	1	1/5	1/3
C_2	5	1	3
C_3	3	1/3	1

解：

(1)将判断矩阵每一列归一化，本例得到按列正规化后的判断矩阵为：

$$\begin{bmatrix} 0.111 & 0.130 & 0.077 \\ 0.556 & 0.652 & 0.692 \\ 0.333 & 0.218 & 0.231 \end{bmatrix}$$

(2)列正规化后的判断矩阵按行相加，本例有：

$$\overline{W_1}=\sum_{j=1}^{n}\overline{b_{1j}}=0.111+0.130+0.077=0.318$$

$$\overline{W_2}=\sum_{j=1}^{n}\overline{b_{2j}}=0.556+0.652+0.692=1.900$$

$$\overline{W_3}=\sum_{j=1}^{n}\overline{b_{3j}}=0.333+0.218+0.231=0.782$$

(3)将向量 $\overline{W}=[\overline{W_1},\overline{W_2},\cdots,\overline{W_n}]^T$ 列归一化，本例有：

$$\sum_{j=1}^{n}\overline{W_j}=0.318+1.900+0.781=2.999$$

$$W_1=\frac{\overline{W_1}}{\sum\limits_{j=1}^{n}\overline{W_j}}=\frac{0.318}{2.999}=0.106$$

$$W_2=\frac{\overline{W_2}}{\sum\limits_{j=1}^{n}\overline{W_j}}=\frac{1.900}{2.999}=0.634$$

$$W_3=\frac{\overline{W_3}}{\sum\limits_{j=1}^{n}\overline{W_j}}=\frac{0.782}{2.999}=0.260$$

则所求特征向量：$W=[0.106,0.634,0.260]^T$

(4)计算判断矩阵的最大特征根 $\lambda_{\max}$，本例有：

$$BW=\begin{bmatrix} 1 & 1/5 & 1/3 \\ 5 & 1 & 3 \\ 3 & 1/3 & 1 \end{bmatrix}\begin{bmatrix} 0.106 \\ 0.634 \\ 0.260 \end{bmatrix}=\begin{bmatrix} (BW)_1 \\ (BW)_2 \\ (BW)_3 \end{bmatrix}$$

$$(BW)_1=1\times0.106+1/5\times0.634+1/3\times0.260=0.320$$

$$(BW)_2 = 5 \times 0.106 + 1 \times 0.634 + 3 \times 0.260 = 1.944$$
$$(BW)_3 = 3 \times 0.106 + 1/3 \times 0.634 + 1 \times 0.260 = 0.789$$

则
$$\lambda_{\max} = \sum_{i=1}^{n} \frac{(BW)_i}{nW_i} = \frac{\sum_{i=1}^{n} \frac{(BW)_i}{W_i}}{n}$$

$$= \left[\frac{(BW)_1}{W_1} + \frac{(BW)_2}{W_2} + \frac{(BW)_3}{W_3}\right]/3$$

$$= \left[\frac{0.320}{0.106} + \frac{1.944}{0.634} + \frac{0.789}{0.260}\right]/3$$

$$= 3.04$$

3. 方根法

为简化计算，AHP 也可采用另一种近似方法——方根法计算，其步骤为：

B 的元素按行相乘：

$$u_{ij} = \prod_{j=1}^{n} b_{ij}$$

所得的乘积分别开 n 次方：

$$u_i = \sqrt[n]{u_{ij}}$$

将方根向量正规化，即得特征向量 **W** 的第 i 个分量。

$$W_i = \frac{u_i}{\sum_{i=1}^{n} u_i}$$

计算判断矩阵最大特征根

$$\lambda_{\max} = \sum_{i=1}^{n} \frac{(AW)_i}{nW_i}$$

式中，$(AW)_i$ 为向量 **AW** 的第 i 个分量。

【例 6.7】 用方根法计算上例的最大特征根及其对应的特征向量。

解：

(1) 将判断矩阵 **B** 的元素按行相乘，本例有：

$$\overline{u_1} = \frac{1}{15} = 0.067, \overline{u_2} = 15, \overline{u_3} = 1$$

(2) 所得的乘积分别开 n 次方，本例有：

$$u_1 = \sqrt[3]{0.067} = 0.406$$
$$u_2 = \sqrt[3]{15} = 2.466$$
$$u_3 = \sqrt[3]{1} = 1$$

(3) 将方根向量归一化，即得所求特征向量 **W**，本例有：

$$W_1 = \frac{0.406}{0.406 + 2.466 + 1} = \frac{0.406}{3.872} = 0.105$$

$$W_2 = \frac{2.466}{3.872} = 0.637$$

$$W_3 = \frac{1}{3.872} = 0.258$$

即 $\mathbf{W} = [0.105, 0.637, 0.258]^T$

（4）计算判断矩阵最大特征根，此处与和积法相同，略去计算过程。本例有：

$$\lambda_{max}=3.037$$

6.3.4 层次分析法应用案例

【例 6.8】 假期旅游地点选择。暑假有 3 个旅游胜地可供选择。例如：P_1 苏州、P_2 北戴河、P_3 桂林，到底到哪个地方去旅游最好？要作出决策和选择。为此，要把三个旅游地的特点，例如：①景色；②费用；③居住；④环境；⑤旅途条件作一比较——建立一个决策的准则，最后综合评判确定出一个可选择的最优方案。

解：一般说来，此决策问题可按如下步骤进行。

（1）将决策分解为三个层次

目标层：选择旅游地。

准则层：景色、费用、居住、饮食、旅途 5 个准则。

方案层：有 P_1，P_2，P_3 三个选择地点。

并用直线连接各层次，见图 6.11。

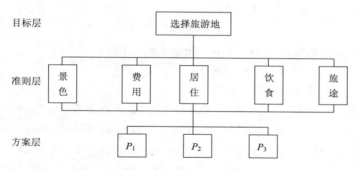

图 6.11 旅游地选择的层次结构模型

（2）互相比较各准则对目标的权重，各方案对每一个准则的权重

这些权限重在人的思维过程中常是定性的。例如：经济好，身体好的人：会将景色好作为第一选择；中老年人：会将居住、饮食好作为第一选择；经济不好的人：会把费用低作为第一选择。

在旅游决策问题中：

$a_{12}=1/2=\dfrac{C_1(景色)}{C_2(费用)}$ 表示：$\begin{cases}C_1(景色)对目标 O 的重要性为 1\\ C_2(费用)对目标 O 的重要性为 2\end{cases}$

故：$a_{12}=1/2$（即景色重要性为 1，费用重要性为 2）

$a_{13}=4=4/1=\dfrac{C_1(景色)}{C_3(居住条件)}$ 表示：$\begin{cases}C_1(景色)对目标 O 的重要性为 4\\ C_3(居住条件)对目标 O 的重要性为 1\end{cases}$

即：景色为 4，居住为 1。

$a_{23}=7=7/1=\dfrac{C_2(费用)}{C_3(居住条件)}$ 表示：$\begin{cases}C_2(费用)对目标 O 的重要性为 7\\ C_3(居住条件)对目标 O 的重要性为 1\end{cases}$

即：费用重要性为 7，居住重要性为 1。

因此可得到一成对比较矩阵：$A = \begin{bmatrix} 1 & 1/2 & 4 & 3 & 3 \\ 2 & 1 & 7 & 5 & 5 \\ 1/4 & 1/7 & 1 & 1/2 & 1/3 \\ 1/3 & 1/5 & 2 & 1 & 1 \\ 1/3 & 1/5 & 3 & 1 & 1 \end{bmatrix}$

（3）将方案层对准则层的权重，及准则层对目标层的权重进行综合

在旅游问题中，求目标层到准则层的成对比较矩阵为 A 的特征向量和最大特征根：

$$A = \begin{bmatrix} 1 & \dfrac{1}{2} & 4 & 3 & 3 \\ 2 & 1 & 7 & 5 & 5 \\ \dfrac{1}{4} & \dfrac{1}{7} & 1 & \dfrac{1}{2} & \dfrac{1}{3} \\ \dfrac{1}{3} & \dfrac{1}{5} & 2 & 1 & 1 \\ \dfrac{1}{3} & \dfrac{1}{5} & 3 & 1 & 1 \end{bmatrix} = \begin{bmatrix} 1 & 0.5 & 4 & 3 & 3 \\ 2 & 1 & 7 & 5 & 5 \\ 0.25 & 0.143 & 1 & 0.5 & 0.333 \\ 0.333 & 0.2 & 2 & 1 & 1 \\ 0.333 & 0.2 & 3 & 1 & 1 \end{bmatrix}$$

利用"和法"求 A 的特征向量 $\overline{W} = \begin{bmatrix} W_1 \\ \cdots \\ W_n \end{bmatrix}$ 和最大特征根 $\lambda_{\max}$。

① 将 $A\,(W_{ij})_{n \times n}$ 的元素按列归一化得：

$$A\,(\overline{W}_{ij})_{n \times n} = \begin{bmatrix} 0.265 & 0.245 & 0.235 & 0.286 & 0.29 \\ 0.510 & 0.489 & 0.411 & 0.476 & 0.484 \\ 0.064 & 0.070 & 0.059 & 0.048 & 0.032 \\ 0.085 & 0.098 & 0.118 & 0.095 & 0.097 \\ 0.085 & 0.098 & 0.176 & 0.095 & 0.097 \end{bmatrix}$$

$\sigma_1 = 1 + 2 + 0.25 + 0.333 + 0.333 = 3.917$，$\sigma_2 = 0.5 + 1 + 0.143 + 0.2 + 0.2 = 2.043$

$\sigma_3 = 4 + 7 + 1 + 2 + 3 = 17$，$\sigma_4 = 3 + 5 + 0.5 + 1 + 1 = 10.5$

$\sigma_5 = 3 + 5 + 0.333 + 1 + 1 = 10.333$

② 将 $A\,(\overline{W}_{ij})_{n \times n}$ 中元素 $\overline{W}_{ij}$ 按行求和得各行元素之和：$\overline{W}_i = \sum\limits_{j=1}^{n} \overline{W}_{ij}$

$$A\,(\overline{W}_i) = \begin{bmatrix} 1.312 \\ 2.37 \\ 0.273 \\ 0.493 \\ 0.511 \end{bmatrix} = \overline{W}$$

③ 再将上述矩阵向量归一化得到特征向量近似值，

$$W = \frac{\overline{W}_i}{\sum\limits_{i=1}^{n} W_i} = \frac{1}{4.999} \begin{bmatrix} 1.312 \\ 2.37 \\ 0.273 \\ 0.493 \\ 0.511 \end{bmatrix} = \begin{bmatrix} 0.262 \\ 0.474 \\ 0.055 \\ 0.099 \\ 0.102 \end{bmatrix} \qquad 特征向量$$

其中　$\sum_1^5 \overline{W}_i = (1.312 + 2.37 + 0.273 + 0.493 + 0.511) = 4.999$

④计算与特征向量相对应最大特征根（近似值）

$$\lambda_{\max} = \frac{1}{n}\sum_{i=1}^{n}\frac{(AW)_i}{W_i}$$

$$= \frac{1}{5}\left[\frac{\sum_{i=j=1}^{n}a_{1j}W_i}{W_1} + \frac{\sum_{i=j=1}^{n}a_{2j}W_i}{W_2} + \frac{\sum_{i=j=1}^{n}a_{3j}W_i}{W_3} + \frac{\sum_{i=j=1}^{n}a_{4j}W_i}{W_4} + \frac{\sum_{i=j=1}^{n}a_{5j}W_i}{W_5}\right]$$

$$= \frac{1}{5}\left[\frac{(1\ 0.5\ 4\ 3\ 3)\begin{pmatrix}0.262\\0.474\\0.055\\0.099\\0.102\end{pmatrix}}{0.262} + \frac{(2\ 1\ 7\ 5\ 5)\begin{pmatrix}0.262\\0.474\\0.055\\0.099\\0.102\end{pmatrix}}{0.474} + \frac{(0.25\ 0.143\ 1\ 0.5\ 0.333)\begin{pmatrix}0.262\\0.474\\0.055\\0.099\\0.102\end{pmatrix}}{0.055}\right.$$

$$\left. + \frac{(0.337\ 0.2\ 2\ 1\ 1)\begin{pmatrix}0.262\\0.474\\0.055\\0.099\\0.102\end{pmatrix}}{0.099} + \frac{(0.333\ 0.2\ 3\ 1\ 1)\begin{pmatrix}0.262\\0.474\\0.055\\0.099\\0.102\end{pmatrix}}{0.102}\right]$$

$$= \frac{1}{5}\left[\frac{0.263+0.237+0.22+0.297+0.306}{0.262} + \frac{0.524+0.474+0.385+0.495+0.5}{0.474} + \right.$$

$$\frac{0.066+0.068+0.055+0.0495+0.034}{0.055} + \frac{0.087+0.095+0.11+0.099+0.102}{0.099} +$$

$$\left.\frac{0.087+0.095+0.165+0.099+0.102}{0.102}\right]$$

$$= \frac{1}{5}\left(\frac{1.323}{0.262} + \frac{2.388}{0.474} + \frac{0.273}{0.055} + \frac{0.493}{0.099} + \frac{0.548}{0.102}\right)$$

$$= \frac{1}{5}(5.05+5.038+4.960+4.98+5.373)$$

$$= \frac{1}{5}\times 25.401$$

$$= 5.080\ 2$$

故有最大特征根 $\lambda_{\max} = 5.0802$，$W = \begin{pmatrix}0.262\\0.474\\0.055\\0.099\\0.102\end{pmatrix}$

对 A 一致性检验指标：$CI = \frac{\lambda_{\max}-n}{n-1} + \frac{5.0802-5}{4} = \frac{0.0802}{4} = 0.02$

$$RI = 1.12$$

$$CR = \frac{0.02}{1.12} = 0.018 < 0.1$$

故通过检验。

对旅游问题进行综合分析,已知:

a. 目标 A 对准则 B_i　$i=1, 2, 3, 4, 5$ 的权重向量为:

$W=(0.262 \quad 0.474 \quad 0.055 \quad 0.099 \quad 0.102)^T$(由前面已算出),并已通过一致性检验。

b. 准则 B_1, B_2, B_3, B_4, B_5 相对于 P_1, P_2, P_3 的成对比较矩阵为

B_1 对 P_1, P_2, P_3 作用的成对比较矩阵为:

$$B_1=\begin{pmatrix} b_{11} & b_{12} & b_{13} \\ b_{21} & b_{22} & b_{23} \\ b_{31} & b_{32} & b_{33} \end{pmatrix}=\begin{pmatrix} 1 & 2 & 5 \\ Y_2 & 1 & 2 \\ 1/5 & Y_2 & 1 \end{pmatrix}$$

同样 B_2 对 P_1, P_2, P_3 作用的成对比较矩阵为:

$$B_1=\begin{pmatrix} 1 & 1/3 & 1/8 \\ 3 & 1 & 1/3 \\ 8 & 3 & 1 \end{pmatrix} \qquad B_3=\begin{pmatrix} 1 & 1 & 3 \\ 1 & 1 & 3 \\ Y_3 & Y_3 & 1 \end{pmatrix}$$

$$B_4=\begin{pmatrix} 1 & 3 & 4 \\ 1/3 & 1 & 1 \\ 1/4 & 1 & 1 \end{pmatrix} \qquad B_5=\begin{pmatrix} 1 & 1 & 1/4 \\ 1 & 1 & 1/4 \\ 4 & 4 & 1 \end{pmatrix}$$

分析:

对以上每个比较矩阵都可计算出最大特征根 λ_{max} 及对应的特征向量 $\overline{W}$(即权重向量),并进行一致性检验:$CR=CI/RI<0.1$。

以 B_1 为例用"和法"求出特征根 λ_{max} 及对应的特征向量 W。

$$B_1=\begin{pmatrix} 1 & 2 & 5 \\ 0.5 & 1 & 2 \\ 0.2 & 0.5 & 1 \end{pmatrix}$$

对 B_1 按列归一化得:$B_1(\overline{W}_{ij})=\begin{pmatrix} 0.588 & 0.571 & 0.625 \\ 0.294 & 0.286 & 0.25 \\ 0.118 & 0.143 & 0.125 \end{pmatrix}$

对按列归一化反向量再按行求和:$\overline{W}=\sum_{j=1}^{n}\overline{W}_{ij}=\begin{pmatrix} 1.784 \\ 0.83 \\ 0.386 \end{pmatrix}$

对 $\overline{W}$ 按行归一化得到特征向量 W:$W=\dfrac{\overline{W}_i}{\sum_{i=1}^{n}\overline{W}_i}$

$$W=\begin{pmatrix} 1.784/(1.784+0.83+0.386) \\ 0.83/(1.784+0.83+0.386) \\ 0.386/(1.784+0.83+0.386) \end{pmatrix}=\begin{pmatrix} 0.595 \\ 0.277 \\ 0.129 \end{pmatrix}$$

计算特征根 $\lambda_{max}^{(B_1)}$

$$\lambda_{max}=\frac{1}{n}\sum_{i=1}^{n}\frac{(BW)_i}{W_i} \qquad B_1=\begin{pmatrix} 1 & 2 & 5 \\ 0.5 & 1 & 2 \\ 0.2 & 0.5 & 1 \end{pmatrix}$$

$$\lambda_{\max}^{(B_1)}=\frac{1}{3}\left[\frac{(1\quad2\quad5)\begin{pmatrix}0.595\\0.277\\0.129\end{pmatrix}}{0.595}+\frac{(0.5\quad1\quad2)\begin{pmatrix}0.595\\0.277\\0.129\end{pmatrix}}{0.277}+\frac{(0.2\quad0.5\quad1)\begin{pmatrix}0.595\\0.277\\0.129\end{pmatrix}}{0.129}\right]$$

$$=\frac{1}{3}\left[\frac{(0.595+0.554+0.645)}{0.595}+\frac{(0.298+0.277+0.258)}{0.277}+\frac{(0.119+0.139+0.129)}{0.129}\right]$$

$$=\frac{1}{3}\left(\frac{1.794}{0.595}+\frac{0.833}{0.277}+\frac{0.387}{0.129}\right)$$

$$=\frac{1}{3}(3.015+3.007+3)=\frac{1}{3}\times9.022=3.007$$

一致性检验:

$$\mathrm{CI}=\frac{\lambda_{\max}-m}{n-1}=\frac{3.007-3}{3-1}=\frac{0.007}{2}=0.0035<0.1$$

$$\mathrm{RI}=0.58$$

$$\mathrm{CR}=\frac{\mathrm{CI}}{\mathrm{RI}}=\frac{0.0035}{0.58}=0.006<0.1$$

故通过检验,既成对矩阵 B_1 可以接受。

同样步骤对 B_2、B_3、B_4、B_5,对 P_1、P_2、P_3 的影响

用特征向量 $W^{(B_2)}$,$W^{(B_3)}$,$W^{(B_4)}$,$W^{(B_5)}$ 表示

最大特征根用: $\lambda_{\max}^{(B_2)}$,$\lambda_{\max}^{(B_3)}$,$\lambda_{\max}^{(B_4)}$,$\lambda_{\max}^{(B_5)}$ 表示

并分别计算一致性检验指标:$\mathrm{CI}^{(B_2)}\quad\mathrm{CI}^{(B_3)}\quad\mathrm{CI}^{(B_4)}\quad\mathrm{CI}^{(B_5)}$

$$\mathrm{RI}^{(3)}=0.58\quad0.58\quad0.58$$

$$\mathrm{CR}^{(B_2)}=\frac{\mathrm{CI}}{\mathrm{RI}}\quad\mathrm{CR}^{(B_3)}\quad\mathrm{CR}^{(B_4)}\quad\mathrm{CR}^{(B_5)}$$

列表如表 6.24 所示:

表 6.24 层次总排序表

权值 \ 准则层	B_1	B_2	B_3	B_4	B_5	组合权向量
方案层	0.262	0.474	0.055	0.099	0.102	$W_i=\sum\limits_{j=1}^{n}a_jb_{ij}$
P_1	0.595	0.082	0.429	0.633	0.166	$W_1=\sum\limits_{j=1}^{n}a_jb_{1j}=0.299$
P_2	0.277	0.236	0.429	0.193	0.166	$W_2=\sum\limits_{j=1}^{5}a_jb_{2j}=0.246$
P_3	0.129	0.682	0.142	0.175	0.668	$W_3=\sum\limits_{j=1}^{5}a_jb_{3j}=0.456$
$\lambda_{\max}$	3.007	3.002	3	3.009	3	
CI	0.0035	0.001	0	0.005	0	
RI	0.58	0.58	0.58	0.58	0.58	
CR			0.006			

其中 W_1,W_2,W_3 的计算公式为:$W_i=\sum\limits_{j=1}^{n}a_jb_{ij}(i=1,\cdots,n)$

$$W_1 = \sum_{j=1}^{5} a_j b_{1j} = (0.262, 0.474, 0.055, 0.099, 0.102) \begin{pmatrix} 0.595 \\ 0.082 \\ 0.429 \\ 0.633 \\ 0.166 \end{pmatrix}$$

$$= 0.262 \times 0.595 + 0.474 \times 0.082 +$$
$$0.055 \times 0.429 + 0.099 \times 0.633 + 0.102 \times 0.166$$
$$= 0.156 + 0.039 + 0.024 + 0.063 + 0.017$$
$$= 0.299$$

$$W_2 = \sum_{j=1}^{5} a_j b_{2j} = (0.277 \quad 0.236 \quad 0.429 \quad 0.193 \quad 0.166) \begin{pmatrix} 0.595 \\ 0.082 \\ 0.429 \\ 0.633 \\ 0.166 \end{pmatrix}$$

$$= 0.246$$

$$W_3 = \sum_{j=1}^{5} a_j b_{3j} = (0.129 \quad 0.682 \quad 0.142 \quad 0.175 \quad 0.668) \begin{pmatrix} 0.595 \\ 0.082 \\ 0.429 \\ 0.633 \\ 0.166 \end{pmatrix}$$

$$= 0.456$$

(4)最终得出方案层对目标层的权重，从而作出决策

根据上述分析得层次总排序：

组合权向量为：$W = \begin{pmatrix} WP_1 \\ WP_2 \\ WP_3 \end{pmatrix} = \begin{pmatrix} 0.299 \\ 0.246 \\ 0.456 \end{pmatrix}$

故最终决策为 P_3 首选，P_1 次之，P_2 最后。

组合一致性检验：

由 $CR = \dfrac{\sum_{i=1}^{m} a_j CI_j}{\sum_{j=1}^{m} a_j RI_j}$ 可知，组合一致性检验结果为——层次总排序的一致性检验：

$$CR = \frac{\sum_{i=1}^{5} a_j CI_3}{\sum_{j=1}^{5} a_j RI_j}$$

$$= \frac{0.262 \times 0.003\ 5 + 0.474 \times 0.001 + 0.055 \times 0 + 0.099 \times 0.005 + 0.102 \times 0}{0.262 \times 0.58 + 0.474 \times 0.58 + 0.055 \times 0.58 + 0.099 \times 0.58 + 0.102 \times 0.58}$$

$$= \frac{0.000\ 9 + 0.000\ 5 + 0 + 0.000\ 5 + 0}{(0.262 + 0.474 + 0.055 + 0.099 + 0.102) \times 0.58}$$

$$= \frac{0.001\ 9}{0.992 \times 0.58} = \frac{0.0019}{0.575}$$

$=0.003\ 3<0.1$

故一致性检验通过。

最后决策为：P_3 首选，P_1 次之，P_2 最后。

6.3.5　应用层次分析法的注意事项

在应用层次分析法研究问题时，遇到的主要困难有两个：一是如何根据实际情况抽象出较为贴切的层次结构；二是如何将某些定性的量作比较接近实际定量化处理。层次分析法对人们的思维过程进行了加工整理，提出了一套系统分析问题的方法，为科学管理和决策提供了较有说服力的依据。

（1）层次分析法的优点

系统性——将对象视作系统，按照分解、比较、判断、综合的思维方式进行决策。成为继机理分析、统计分析之后发展起来的系统分析的重要工具；

实用性——定性与定量相结合，能处理许多用传统的最优化技术无法着手的实际问题，应用范围很广，同时，这种方法使得决策者与决策分析者能够相互沟通，决策者甚至可以直接应用它，这就增加了决策的有效性；

简洁性——计算简便，结果明确，便于决策者直接了解和掌握。

（2）层次分析法的局限

层次分析法也有其局限性，主要表现在：

主观——它在很大程度上依赖于人们的经验，主观因素的影响很大，它至多只能排除思维过程中的严重非一致性，却无法排除决策者个人可能存在的严重片面性。

粗略——比较、判断过程较为粗糙，不能用于精度要求较高的决策问题。AHP 至多只能算是一种半定量（或定性与定量结合）的方法。

AHP 方法经过几十年的发展，许多学者针对 AHP 的缺点进行了改进和完善，形成了一些新理论和新方法，像群组决策、模糊决策和反馈系统理论近几年成为该领域的一个新热点。

6.4　模糊综合评价法

模糊综合评定法是近年来逐渐推广应用的一种系统综合评价方法，是综合运用层次分析法（AHP）和模糊数学（Fuzzy Math）方法而形成的一种综合评价方法。

用数学的眼光看世界，可把我们身边的现象划分为：（1）确定性现象：如水加热到 100 ℃就沸腾，这种现象的规律性利用经典数学去刻画；（2）随机现象：如掷骰子，观看哪一面向上，这种现象的规律性利用概率统计去刻画；（3）模糊现象：如"今天天气很热"，"小伙子很帅"，等等。此话准确吗？有多大水分？利用模糊数学去刻画。

6.4.1　什么是模糊数学

1. 模糊的概念

实际中，我们处理现实对象的数学模型可以分为三大类：第一类是确定性的数学模型，即模型的背景具有确定性，对象之间具有必然的关系；第二类是随机性的数学模型，即模型的背景具有随机性和偶然性；第三类是模糊性模型，即模型的背景及关系都具有模糊性。我们这里所说的模糊数学建模方法就是针对实际中具有模糊性的问题,建立数学模型所需要的模糊数学的理论和知识。

模糊数学是研究和处理模糊现象的一种数学方法,它也同其他的学科一样,主要是来源于实际的需要。在社会实践中,模糊概念(或现象)无处不在。例如:在日常生活中的好与坏、大与小、厚与薄、快与慢、长与短、轻与重、高与低等等都包含着一定的模糊概念。随着科学技术的发展,各学科领域对与这些模糊概念有关的实际问题往往都需要给出定量的分析,因此,这就要求人们研究和处理这些模糊概念(或现象)的数学方法。

模糊概念:从属于该概念到不属于该概念之间无明显分界线。比如说:年轻、年老、大、小、高、低、长、短等。它们的共同特点:模糊概念的外延不清楚。

模糊数学的产生:1965 年,美国自动控制专家查德(L. A. Zadeh)教授提出了模糊(fuzzy)的概念,并发表了第一篇用数学方法研究模糊现象的论文"模糊集合"(fuzzy set)。他提出用"模糊集合"作为表现模糊事物的数学模型,并在"模糊集合"上逐步建立运算、变换规律,开展有关的理论研究,就有可能构造出研究现实世界中的大量模糊现象的数学基础,能够对看来相当复杂的模糊系统进行定量描述和处理的数学方法,用以表达事物的不确定性。

2. 隶属度的概念

模糊数学用隶属度定量地描述这种模糊概念,比如"老人"是个模糊概念,70 岁的肯定属于老人,它的隶属度为 1;40 岁的人肯定不算老人,它的隶属度为 0,按照美国控制论专家、数学家、模糊数学主要创始人之一查德给出的公式,55 岁属于"老"的程度为 0.5,即"半老",60 岁属于"老"的程度 0.8。在模糊数学中,这种隶属关系不是只有"是"或"否"两种情况,而是用介于 0 和 1 之间的实数来表示隶属程度。

查德提出用隶属函数 $\mu_{\tilde{A}}(x) \in [0,1]$ 来描述模糊集,表示集合 X 中元素对模糊子集 $\tilde{A}$ 的隶属程度。

定义如下:设有论域 X,所谓 X 上的模糊子集是指对于任意 $x \in X$ 的都能给出一个位于 $[0,1]$ 区间内的实数 $\mu_{\tilde{A}}$,用它来表示 x 属于 $\tilde{A}$ 的程度。

记作 $\mu_{\tilde{A}}: X \rightarrow [0,1]$　　　　或　　　　$\mu_{\tilde{A}}: x \rightarrow \mu_{\tilde{A}}(x)$

称函数 $\mu_{\tilde{A}}$ 为 $\tilde{A}$ 的隶属函数,而数值 $\mu_{\tilde{A}}(x)$ 称为 X 中元素 x 对 $\tilde{A}$ 的隶属度。

例如,设论域＝{甲,乙,丙},评语为"学习好"。选取 $[0,1]$ 区间的数来表示甲、乙、丙"学习好"的程度,$\mu_{\tilde{A}}(甲)=0.91$,$\mu_{\tilde{A}}(乙)=0.82$,$\mu_{\tilde{A}}(丙)=0.92$,这样就确定了一个模糊子集 $\tilde{A}=\{0.91,0.82,0.92\}$,表示出这 3 个人"学习好"的隶属程度。

对于一般模糊子集 $\tilde{A}$,可表示为

$$\tilde{A}=\{\mu_1,\mu_2,\cdots,\mu_n\}$$

其中 $\mu_i \in [0,1]$,$(i=1,2,\cdots,n)$ 是第 i 个元素对模糊子集 $\tilde{A}$ 的隶属度。

查德给出一种表示方法。对于论域为有限集 $X=\{x_1,x_2,\cdots,x_n\}$,则其上的模糊子集可以表示为

$$\tilde{A}=\frac{\mu_1}{x_1}+\frac{\mu_2}{x_2}+\cdots+\frac{\mu_n}{x_n}=\sum_{i=1}^{n}\frac{\mu_i}{x_i} \qquad x_i \in X$$

式中,"分母"是论域中的元素,"分子"是相应元素的隶属度。当隶属度为 0 时,那一项可以不写入。

对于论域为无限集(连续论域),论域元素无穷多时,模糊子集可以表示为

$$\widetilde{A} = \int_X \frac{\mu_{\widetilde{A}}(x)}{x}$$

X 为论域标志。此处积分号不是积分,也不是求和,而是表示各个元素与隶属度对应关系的一个总括。

3.隶属函数的确定方法

隶属函数是描述模糊性的关键,下面介绍 2 种常用的确定方法。

(1)模糊统计试验法

模糊统计试验法是用类似于概率统计的手段来获取隶属函数的经验结果。例如要求确定"青年"这个年龄论域的模糊子集的隶属函数,可进行随机抽样调查,征询每个人对"青年"最适宜的年龄段的意见;然后根据调查结果,把年岁从 13.5～14.5 到 35.5～36.5 共分 23 段,每段长度为 1 岁;将每段得票数除以总票数,即得到每段相对频数;将多次统计结果平均并修匀后即可作为经验隶属函数使用。

假设经过 n 次试验后,记 $n_0 = x_0 \in A^0$ 的次数,则定义

$$x_0 \text{ 对于 } \widetilde{A} \text{ 的隶属频率}, f = \frac{x_0 \in A^0 \text{ 的次数}}{\text{试验总次数}} = \frac{n_0}{n}$$

随着试验次数的增加,隶属频率呈现稳定性,频率的稳定值称为 x_0 对 $\widetilde{A}$ 的隶属度,此即

$$\widetilde{A}(x_0) = \lim_{n \to \infty} \frac{n_0}{n}$$

如果试验统计有困难,有时也可以采用专家评定的方法来确定隶属函数。

(2)常见的模糊分布及隶属函数

若以实数域为论域,则隶属函数便称为模糊分布,常见的有 4 种类型。因此,当实际论域可用实数闭区间表示时,可按问题的性质选用某种典型的函数形式,并利用隶属度所要满足的条件来确定函数中所包含的参数。

①正态型。正态型是最常见的一种分布,隶属函数为

$$\mu(x) = e^{-\left(\frac{x-a}{b}\right)^2} \qquad a > 0, b > 0$$

②戒上型

$$\mu(x) = \begin{cases} \dfrac{1}{1+[a(x-c)]^b} & x > c \\ 1 & x \leqslant c \end{cases}$$

式中,$a > 0, b > 0, c \geqslant 0$。

另一种戒上型函数为

$$\mu(x) = \begin{cases} 1 & x \leqslant c \\ \dfrac{1}{2} - \dfrac{1}{2}\sin\dfrac{\pi}{d-c}\left(x - \dfrac{c+d}{2}\right) & c < x < d \\ 0 & x \geqslant d \end{cases}$$

③戒下型

$$\mu(x) = \begin{cases} 0 & x \leqslant c \\ \dfrac{1}{1+[a(x-c)]^b} & x > c \end{cases}$$

式中,$a > 0, b < 0$。

另一种戒下型函数为

$$\mu(x)=\begin{cases}0 & x\leqslant c\\1-e^{-k(x-c)^2} & x>c\end{cases}$$

④Γ型

$$\mu(x)=\begin{cases}0 & x<0\\(\dfrac{x}{\lambda\gamma})^\gamma\cdot e^{\gamma-\frac{x}{\lambda}} & x\geqslant0\end{cases}$$

式中,$\lambda>0,\gamma>0$。

单因素评定时,常用这些函数给出等级的隶属度。

（3）模糊变量的运算

由于模糊变量是用隶属度来描述的,因此,模糊变量的运算为模糊运算。设有模糊矩阵

$$\widetilde{R}=\begin{bmatrix}0.5 & 0.3\\0.4 & 0.8\end{bmatrix}\quad\widetilde{S}=\begin{bmatrix}0.8 & 0.5\\0.3 & 0.7\end{bmatrix}$$

模糊矩阵的并（交）:模糊矩阵的并（交）与矩阵的和相似,但相应元素相加变为两中取大（小）。

$$\widetilde{R}\cup\widetilde{S}=\begin{bmatrix}0.5\vee0.8 & 0.3\vee0.5\\0.4\vee0.3 & 0.8\vee0.7\end{bmatrix}=\begin{bmatrix}0.8 & 0.5\\0.4 & 0.8\end{bmatrix}$$

$$\widetilde{R}\cap\widetilde{S}=\begin{bmatrix}0.5\wedge0.8 & 0.3\wedge0.5\\0.4\wedge0.3 & 0.8\wedge0.7\end{bmatrix}=\begin{bmatrix}0.5 & 0.3\\0.3 & 0.7\end{bmatrix}$$

式中,$\vee$为取大运算,$\wedge$为取小运算。

模糊矩阵的乘积（模糊积,模糊合成）$\widetilde{C}=\widetilde{R}\circ\widetilde{S}$:模糊矩阵的乘积与矩阵的乘积相似,但相应元素相乘变为取小运算,相加变为取大运算,即:

$$c_{ij}=\bigvee_k(r_{ik}\wedge s_{kj})$$

$$\widetilde{R}\circ\widetilde{S}=\begin{bmatrix}(0.5\wedge0.8)\vee(0.3\wedge0.3) & (0.5\wedge0.5)\vee(0.3\wedge0.7)\\(0.4\wedge0.8)\vee(0.8\wedge0.3) & (0.4\wedge0.5)\vee(0.8\wedge0.7)\end{bmatrix}=\begin{bmatrix}0.5 & 0.5\\0.4 & 0.7\end{bmatrix}$$

6.4.2　什么是模糊综合评价法

模糊综合评价法是一种基于模糊数学的综合评价方法。该综合评价法根据模糊数学的隶属度理论把定性评价转化为定量评价,即用模糊数学对受到多种因素制约的事物或对象做出一个总体的评价。它具有结果清晰、系统性强的特点,能较好地解决模糊的、难以量化的问题,适合各种非确定性问题的解决。

下面以电脑评判为例来说明如何应用模糊综合评价。

王同学想购买一台电脑,他关心电脑的以下几个指标:"运算功能（数值、图形等）";"存储容量（内、外存）";"运行速度（CPU、主板等）";"外设配置（网卡、调制解调器、多媒体部件等）";"价格"。

称$U=\{u_1,u_2,u_3,u_4,u_5,\}$为因素集,其中$u_1$="运算功能（数值、图形等）";$u_2$="存储容量（内、外存）";$u_3$="运行速度（CPU、主板等）";$u_4$="外设配置（网卡、调制解调器、多媒体部件等）";u_5="价格"。

称 $V=\{v_1,v_2,v_3,v_4\}$ 为评语集,其中 v_1="很好";v_2="较好";v_3="一般";v_4="不好"。

王同学请同班几位同学一同前去电脑城购买,经过初步筛选后,对其中一台电脑的各因素进行评价。

若对于运算功能 u_1 有 20%的人认为很好,50%的人认为较好,30%的人认为不太好,没有人认为不好,则

u_1 的单因素评价向量为 $R_1=(0.2,0.5,0.3,0)$

同理对存储容量 u_2,运行速度 u_3,外设配置 u_4,价格 u_5 分别作出单因素评价,得

$$R_2=(0.1,0.3,0.5,0.1)$$
$$R_3=(0,0.4,0.5,0.1)$$
$$R_4=(0,0.1,0.6,0.3)$$
$$R_5=(0.5,0.3,0.2,0)$$

R_1,R_2,R_3,R_4,R_5 组合成评判矩阵 R,

$$R=\begin{pmatrix} 0.2 & 0.5 & 0.3 & 0 \\ 0.1 & 0.3 & 0.5 & 0.1 \\ 0 & 0.4 & 0.5 & 0.1 \\ 0 & 0.1 & 0.6 & 0.3 \\ 0.5 & 0.3 & 0.2 & 0 \end{pmatrix} \begin{matrix} 运算功能 \\ 存储容量 \\ 运行速度 \\ 外配设置 \\ 价\quad 格 \end{matrix}$$

据调查,近来用户对微机的要求是:工作速度快,外配设置较齐全,价格便宜,而对运算和存储量则要求不高,于是得各因素的权重分配向量:

$$W=(0.1,0.1,0.3,0.15,0.35)$$

作模糊变换 $S=W\circ R=(0.1,0.1,0.3,0.15,0.35)\begin{pmatrix} 0.2 & 0.5 & 0.5 & 0 \\ 0.1 & 0.3 & 0.5 & 0.1 \\ 0 & 0.4 & 0.5 & 0.1 \\ 0 & 0.1 & 0.6 & 0.3 \\ 0.5 & 0.3 & 0.2 & 0 \end{pmatrix}$$

$$=((0.1\wedge0.2)\vee(0.1\wedge0.1)\vee(0.3\wedge0)\vee(0.15\wedge0)\vee(0.35\wedge0.5),$$
$$(0.1\wedge0.5)\vee(0.1\wedge0.3)\vee(0.3\wedge0.4)\vee(0.15\wedge0.1)\vee(0.35\wedge0.3),$$
$$(0.1\wedge0.5)\vee(0.1\wedge0.5)\vee(0.3\wedge0.5)\vee(0.15\wedge0.6)\vee(0.35\wedge0.2),$$
$$(0.1\wedge0)\vee(0.1\wedge0.1)\vee(0.3\wedge0.1)\vee(0.15\wedge0.3)\vee(0.35\wedge0))$$
$$=((0.1\vee0.1\vee0\vee0\vee0.35),(0.1\vee0.1\vee0.3\vee0.1\vee0.3),$$
$$(0.1\vee0.1\vee0.3\vee0.15\vee0.2),(0\vee0.1\vee0.1\vee0.15\vee0))$$
$$=(0.35,0.3,0.3,0.15)$$

若进一步将结果归一化得:

$$S=(0.32,0.27,0.27,0.14)$$

结果表明:同学们对这台电脑认为"很好"的程度为0.32,较好和一般的程度为0.27,不好的程度为0.14,按最大隶属原则,结论是很好。

6.4.3 模糊综合评价模型

评价具有模糊概念的系统(评价对象)时很难给出确切的表达,这时可以采用模糊评价的

方法。在决策中,对方案、人才、成果、商品的评价,人们的考虑往往是从多种因素出发的,而且这些考虑一般只能用模糊语言来描述。例如评价者从考虑问题的诸因素出发,参照有关的数据和情况,根据他们的判断对复杂问题分别作出"大、中、小","高、中、低","优、良、可以、劣","好、较好、一般、较差、差"等程度的模糊评价,然后通过模糊数学提供的方法进行计算,就能得出定量的综合评价结果。

模糊综合评价可以对人、事、物进行比较全面而又定量化的评价,因此它是提高领导决策能力和管理水平的一种有效方法。下面给出的模糊综合评价模型对具有模糊概念的系统可以得到较为全面合理的结果。

对某一事物进行评价,若评价的指标因素为 n 个,分别记为 $u_1, u_2, u_3, \cdots, u_n$,则这 n 个评价因素便构成一个评价因素的有限集合:

$$U = \{u_1, u_2, u_3, \cdots, u_n\}$$

若根据实际需要将评价结果划分为 m 个等级,分别记为 $v_1、v_2、v_3、\cdots、v_m$,则又构成一个评价结果的有限集合:

$$V = \{v_1, v_2, v_3, \cdots, v_m\}$$

若我们用 u_1 一个因素来评价某一事物,结果认为 u_1 处于 v_1 等级为 r_{11},认为 u_1 处于 v_2 等级为 r_{12},认为 u_1 处于 v_3 等级为 $r_{13}, \cdots$,认为 u_1 处于 v_m 等级的为 r_{1m},则这个结果可用模糊集合 R_1 来描述,R_1 可记为向量的形式:

$$R_1 = (r_{11}, r_{12}, r_{13}, \cdots, r_{1m})$$

R_1 就是对评判对象所做的单因素评价。

同样 $u_2, u_3, \cdots, u_n$ 进行评价,得

$$R_2 = (r_{21}, r_{22}, r_{23}, \cdots, r_{2m})$$
$$R_3 = (r_{31}, r_{32}, r_{33}, \cdots, r_{3m})$$
$$\cdots$$
$$R_n = (r_{n1}, r_{n2}, r_{n3}, \ldots, r_{nm})$$

把 $R_1, R_2, R_3, \cdots, R_n$ 组合称为评判矩阵 $R = \begin{bmatrix} R_1 \\ R_2 \\ R_3 \\ \vdots \\ R_n \end{bmatrix}$。

例如,人们对城市生活质量进行评价,假如可从物质生活(u_1)、精神生活(u_2)、居住环境(u_3)、教育(u_4)、医疗(u_5)5 个指标来衡量,则其评价因素集合为

$$U = \{u_1, u_2, u_3, u_4, u_5\}$$

若评价结果分为"很好"(v_1)、"好"(v_2)、"一般"(v_3)、"差"(v_4)4 个等级,则其评价结果集合为

$$V = \{v_1, v_2, v_3, v_4\}$$

若我们只用物质生活(u_1)一个因素来判定生活质量,采用"民意测验"的方法,结果 36% 的人认为物质生活质量"很好",22% 的人认为"好",39% 的人认为"一般",3% 的人认为"差",则这个结果可用模糊集合 R_1 来描述,R_1 可记为向量的形式:

$$R_1 = (0.36, 0.22, 0.39, 0.03)$$

R_1 就是对评判对象所做的单因素评价。

同样对精神生活(u_2)、居住环境(u_3)、教育(u_4)、医疗(u_5)进行评价,得到 R_2、R_3、R_4、R_5,

从而组合称评判矩阵 $R=\begin{bmatrix} R_1 \\ R_2 \\ R_3 \\ R_4 \\ R_5 \end{bmatrix}$

合成运算的确定:$M(\wedge,\vee)$,其中,∘表示合成运算,$\wedge$ 表示取小,$\vee$ 表示取大。

$$s_k=\bigvee_{j=1}^{n}(\mu_j\wedge r_{jk})=\max_{1\leqslant j\leqslant n}\{\min(\mu_j,r_{jk})\},k=1,2,\cdots,m$$

$$(0.3,0.3,0.4)\circ\begin{bmatrix} 0.5 & 0.3 & 0.2 & 0 \\ 0.3 & 0.4 & 0.2 & 0.1 \\ 0.2 & 0.2 & 0.3 & 0.2 \end{bmatrix}$$

$$=(0.3,0.3,0.3,0.2)$$

6.4.4　模糊综合评价的一般步骤

(1)确定评价对象的因素集 U;

(2)确定评语集 V;

(3)作出单因素评价,得出单因素评价向量;由单因素评价向量得出模糊评价矩阵 $R=(R_{ij})_{n\times m}$,其中 $r_{ij}=r_{ij}(x)$ 表示方案 x 在第 i 个目标处于第 j 级评语的隶属度;

(4)当对多个(n 个)目标进行综合模糊评价时,还要对各个目标分别加权,设第 i 个目标权系数为 W_i,则可得权系数向量 $W=(W_1,W_2,\cdots,W_m)$,满足:

$$\sum_{i=1}^{m}W_i=1,W_i\geqslant0$$

(5)综合评价,利用矩阵的模糊乘法得到综合模糊评价向量 S,即

$$S=W\circ R=(W_1,W_2,\cdots,W_n)\circ\begin{bmatrix} r_{11} & r_{12} & \cdots & r_{1m} \\ r_{21} & r_{22} & \cdots & r_{2m} \\ \cdots & \cdots & \cdots & \cdots \\ r_{n1} & r_{n2} & \cdots & r_{nm} \end{bmatrix}$$

综合模糊评价矩阵 $S=(s_1,s_2,\cdots,s_m)$ 表示方案 x 处于各档评语的隶属情况。

通过对模糊评判向量 S 的分析作出综合结论。

6.4.5　模糊评价结果的应用解释

由于模糊综合评价结果是评价对象关于评语等级的隶属度,是一个模糊向量,而不是一个数值点。因此,它能提供较多的信息,但对研究对象排序,就要进一步处理。这种处理主要有如下几种:

(1)最大隶属度原则

对于模糊评价结果 $S=(s_1,s_2,\cdots,s_m)$,如果 $s_r=\max_{1\leqslant j\leqslant m}s_j$,则评价对象总体上属于第 r 等级,这就是最大隶属原则。

显然,这种处理方法会损失较多的评价结果信息。为此,定义

$$\beta = \frac{\max\limits_{1\leqslant j\leqslant m} s_j}{\sum\limits_{j=1}^{m} s_j}, \quad \gamma = \frac{\mathrm{secmax}\limits_{1\leqslant j\leqslant m} s_j}{\sum\limits_{j=1}^{m} s_j}$$

式中,$\mathrm{secmax}\{s_j\}$ 表示 S 中的第二大分量。β 和 γ 分别是 S 中最大分量与次大分量所占比重。易知 $\beta \in \left[\frac{1}{m}, 1\right], \gamma \in \left[0, \frac{1}{2}\right]$,将其规范,定义

$$\hat{\beta} = \frac{\beta - 1/m}{1 - 1/m} = \frac{m\beta - 1}{m - 1}, \quad \hat{\gamma} = \frac{\gamma - 0}{1/2 - \gamma} = 2\gamma$$

即有 $\hat{\beta}, \hat{\gamma} \in [0,1]$,于是定义

$$\alpha = \frac{\hat{\beta}}{\hat{\gamma}} = \frac{m\beta - 1}{2\gamma(m - 1)}$$

此时,容易证明,如果 α 值越大,则最大隶属度原则越有效。因此,可以应用指标 α 度量最大隶属度原则的有效性。一般而言,当 $\alpha < 0.5$ 时,说明最大隶属度原则是低效的,此时不宜采用最大隶属度原则。

(2)加权平均原则

加权平均原则是将等级看作一种相对位置,并依次用整数值 1、2、$\cdots$、m 表示各等级,并称为各等级的秩。然后,用 S 中对应分量将各等级的秩加权求和,得到被评对象的相对位置。这就是加权平均原则,用数学公式表示为

$$A = \frac{\sum\limits_{i=1}^{m} j \cdot s_j^k}{\sum\limits_{j=1}^{m} s_j^k}$$

式中,k 为待定系数(常取为 1,2 等),目的是控制较大的 $s_j (1 \leqslant j \leqslant m)$ 所起的作用。可以证明,当 $k \to \infty$ 时,加权平均就是最大隶属度原则。

【例 6.9】 对学生的学习成绩进行模糊综合评价,评语等级为 $V = \{$优,良,及格,不及格$\}$。假设某同学评价结果为

$$S = (0.405, 0.564, 0.327, 0.043)$$

各等级赋值分别为 $\{1, 2, 3, 4\}$,则应用加权平均原则得

$$A(k=2) = \frac{1 \times 0.405^2 + 2 \times 0.564^2 + 3 \times 0.327^2 + 4 \times 0.043^2}{0.405^2 + 0.564^2 + 0.327^2 + 0.043^2} = 1.9$$

由此说明该同学的评价结果为小于 2 而靠近 2,即他的学习成绩为良好稍微偏优一点。

(3)模糊向量数值化

如果给各等级赋以分值,然后用 S 中对应的隶属度将分值加权求平均就可以得到一个点值,由此便可比较排序。假设对 m 个等级赋以分值 $c_1 > c_2 > \cdots > c_m$(一般而言等级由高到低或由好到差),且间距相同,则模糊向量可单值化为

$$y = \frac{\sum\limits_{i=1}^{m} c_j s_j^k}{\sum\limits_{j=1}^{m} s_j^k}$$

式中,k 的含义同上。

6.4.6 模糊综合评价法应用案例

【例 6.10】 某交通运输主管部门收到下级申报的六个科研课题 A_1、A_2、A_3、A_4、A_5、A_6,由于科研经费有限,不能全部拨款进行研究。为此,该部门聘请了 9 位专家,对这六个课题进行评议,以排出优先顺序供决策者决策时进行参考。已知:

评价指标集:$U = (u_1 \quad u_2 \quad u_3 \quad u_4 \quad u_5)$,分别代表立题必要性、技术先进性、实施可行性、经济合理性、社会效益。

评价指标权重分配模糊集:$\tilde{A} = (0.15 \quad 0.2 \quad 0.1 \quad 0.25 \quad 0.3)$

评判集:$V = (v_1 \quad v_2 \quad v_3 \quad v_4 \quad v_5) = (0.9 \quad 0.7 \quad 0.5 \quad 0.3 \quad 0.1)$

9 位专家按上述评价指标及评价等级分别对六个课题进行投票,对第一个课题 A_1 的投票结果如表 6.25 所示(对其他课题的投票结果略)。试利用模糊综合评定法进行综合评价。

表 6.25 投票结果(对课题 A_1,投票专家为 9 人)

评价指标	权重	评价等级				
		0.9	0.7	0.5	0.3	0.1
立题必要性	0.15	0	6	3	0	0
技术先进性	0.20	5	3	1	0	0
实施可行性	0.10	0	4	4	1	0
经济合理性	0.25	0	7	2	0	0
社会效益	0.30	4	4	1	0	0

解:

(1)求课题 A_1 的模糊评价矩阵 $\tilde{R}_1$。

根据表 6.25 所给结果确定模糊关系矩阵,然后按行归一化得模糊评价矩阵 $\tilde{R}_1$

$$\tilde{R}_1 = \begin{bmatrix} 0 & 0.67 & 0.33 & 0 & 0 \\ 0.56 & 0.33 & 0.11 & 0 & 0 \\ 0 & 0.44 & 0.44 & 0.12 & 0 \\ 0 & 0.78 & 0.22 & 0 & 0 \\ 0.44 & 0.44 & 0.12 & 0 & 0 \end{bmatrix}$$

(2)计算课题 A_1 的模糊综合评价模型

$$\tilde{B}_1 = \tilde{A} \circ \tilde{R}_1 = (0.15 \quad 0.2 \quad 0.1 \quad 0.25 \quad 0.3) \circ \begin{bmatrix} 0 & 0.67 & 0.33 & 0 & 0 \\ 0.56 & 0.33 & 0.11 & 0 & 0 \\ 0 & 0.44 & 0.44 & 0.12 & 0 \\ 0 & 0.78 & 0.22 & 0 & 0 \\ 0.44 & 0.44 & 0.12 & 0 & 0 \end{bmatrix}$$

$$= (0.3 \quad 0.3 \quad 0.22 \quad 0.1 \quad 0)$$

(3)计算课题 A_1 的优势度

$$w_1 = \tilde{\boldsymbol{B}}_1 \, v^{\mathrm{T}} = (0.3 \quad 0.3 \quad 0.22 \quad 0.1 \quad 0) \begin{bmatrix} 0.9 \\ 0.7 \\ 0.5 \\ 0.3 \\ 0.1 \end{bmatrix} = 0.62$$

(4)按照上述方法,求其他课题的优势度(求解过程略):

$$w_2 = 0.47, w_3 = 0.41, w_4 = 0.56, w_5 = 0.58, w_6 = 0.43$$

根据优势度,得出六个科研课题的优先顺序为:A_1、A_5、A_4、A_2、A_6、A_3。

【例 6.11】 教师教学质量的系统评价。某校评价教师教学质量的原始表格及某班 25 名同学对某教师评价意见的统计结果如表 6.26 所示。

表 6.26　某大学教师教学质量评价汇总表(学生用)

结果等级 权重	好	较好	一般	差
1.准备充分,内容熟练(0.15)	9	14	2	0
2.思路清晰,逻辑性强(0.10)	3	14	7	1
3.板书整洁,图线醒目(0.10)	5	15	5	0
4.深入浅出,讲述生动(0.15)	1	10	11	3
5.辅导负责,答疑认真(0.10)	2	11	12	0
6.作业适当,批改认真(0.10)	5	14	6	0
7.启发思维,培养能力(0.15)	4	6	13	2
8.要求严格,学有收获(0.15)	3	8	12	2
综合评价				

经分析计算所得到的综合评价结果如表 6.27 所示。

表 6.27　某教师教学质量综合评价结果

隶属等级度 项目及权重	好 (100)	较好 (85)	一般 (70)	差 (55)	说明
1(0.15)	0.36	0.56	0.08	0	
2(0.1)	0.12	0.56	0.28	0.04	
3(0.1)	0.2	0.6	0.2	0	该隶属度是表 6.26 中评价结果占人数的比重,即由表 6.26 每行数值除以 25 所得之结果
4(0.15)	0.04	0.4	0.44	0.12	
5(0.1)	0.08	0.44	0.48	0	
6(0.1)	0.2	0.56	0.24	0	
7(0.15)	0.16	0.24	0.52	0.08	
8(0.15)	0.12	0.32	0.48	0.08	
综合隶属度	0.162	0.444	0.348	0.046	综合评价结果
综合得分	80.83				

复习思考题

1. 请简要说明系统评价在系统分析或系统工程中的作用。
2. 说明系统评价原理及在本专业领域中的作用。
3. 请列表分析比较各种系统评价方法的适用条件和功能。
4. 系统评价是客观的还是主观的? 你如何理解系统评价的复杂性?
5. 在科研成果评定中采用层次分析和模糊综合评判法有何不同?
6. 层次分析法的应用要点是什么?
7. 某工程有 4 个备选方案, 5 个评价指标。已经专家组确定的各评价指标 x_j 的权重 w_j 和各方案关于各项指标的评价值 v_{ij} 如表 6.28 所示。请通过求加权和进行综合评价, 选出最佳方案。试用其他规则或方法进行评价, 并比较它们的不同。

表 6.28　各专家组确定的 x_i、w_j、v_{ij}

v_{ij} w_j A_i / x_j	x_1	x_2	x_3	x_4	x_5
	0.4	0.2	0.2	0.1	0.1
A_1	7	8	6	10	1
A_2	4	6	4	4	8
A_3	4	9	5	10	3
A_4	9	2	1	4	8

8. 现有一项目建设决策评价问题, 已经建立起如图 6.12 所示的层次结构和表 6.29、表 6.30、表 6.31、表 6.32 所示的判断矩阵, 试用层次分析法确定五个方案的优先顺序。

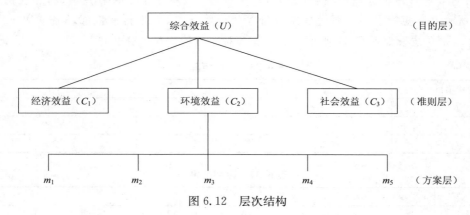

图 6.12　层次结构

表 6.29　判断矩阵一

U	C_1	C_2	C_3
C_1	1	3	5
C_2	1/3	1	3
C_3	1/5	1/3	1

表 6.30　判断矩阵二

C_1	m_1	m_2	m_3	m_4	m_5
m_1	1	1/5	1/7	2	5
m_2	5	1	1/2	6	8
m_3	7	2	1	7	9
m_4	1/2	1/6	1/7	1	4
m_5	1/5	1/8	1/9	1/4	1

表 6.31　判断矩阵三

C_2	m_1	m_2	m_3	m_4	m_5
m_1	1	1/3	2	1/5	3
m_2	3	1	4	1/7	7
m_3	1/2	1/4	1	1/9	2
m_4	5	7	9	1	9
m_5	3	1/7	1/2	1/9	1

表 6.32　判断矩阵四

C_3	m_1	m_2	m_3	m_4	m_5
m_1	1	2	4	1/9	1/2
m_2	1/2	1	3	1/6	1/3
m_3	1/4	1/3	1	1/9	1/7
m_4	9	6	9	1	3
m_5	2	3	7	1/3	1

9. 某人购买冰箱前为确定三种冰箱 A_1、A_2、A_3 的优先顺序,由五个家庭成员应用模糊综合评判法对其进行评价。评价项目(因素)集由价格 f_1、质量 f_2、外观 f_3 组成,相应的权重由表 6.33 所示判断矩阵求得。同时确定评价等级分为三级,如价格有低(0.3 分)、中(0.2)、高(0.1 分)。评判结果如表 6.34 所示。试计算三种冰箱的优先度并排序。

表 6.33　判断矩阵

评价项目	f_1	f_2	f_3
f_1	1	1/3	2
f_2	3	1	5
f_3	1/2	1/5	1

表 6.34　评判结果

冰箱种类		A_1			A_2			A_3	
评价项目		f_1	f_2	f_3	f_1	f_2	f_3	f_1	f_2	f_3
评价 等级	0.3	2	1	2	2	4	3	2	1	3
	0.2	2	4	3	1	0	0	2	3	2
	0.1	1	0	0	2	1	2	1	1	0

10. 试就大学生毕业后选择职业问题建立适宜的评价模型,并进行评价选择。

7 系统网络计划

7.1 概　　述

7.1.1　网络计划的产生和发展

从 20 世纪初,甘特(Henry Laurence Gantt)创造了"横道图法",人们都习惯于用横道图表示工程项目进度计划。随着现代化生产的不断发展,项目的规模越来越大,影响因素越来越多,项目的组织管理工作也越来越复杂。为了适应对复杂系统进行管理的需要,20 世纪 50 年代,在美国相继研究并使用了两种进度计划管理方法,即关键线路法(Critical Path Method,简称 CPM)和计划评审技术(Program Evaluation and Review Technique,简称 PERT)。因为这两种方法都是建立在网络模型的基础上,所以统称为网络计划技术。

1956 年,美国杜邦公司与兰德公司合作,在解决一个大型化工厂开关装置的维修计划时,提出并使用了关键路线法,不仅缩短了维修工期,而且大大降低了成本。1958 年,美国海军特种计划局在完成北极星导弹应急计划时,承担这项任务的公司、企业、学校和科研单位多达 11 000 多家。如此众多的单位怎样组织与管理,做到密切协同、高质量地按期完成任务,显然是一个非常复杂的问题。美国一家顾问公司为解决这个问题开发了一种计划评审技术。由于采用了 PERT 方法,使该项研究计划提前完成。现在,PERT 方法已为世界各国广泛采用。

CPM 和 PERT 虽然名称不同,但其主要原理和方法是一致的。前者为民用部门研制,偏重于成本控制,且工作持续时间一般是确定的,所以也称为肯定型网络计划;后者为军事部门所创,偏重于时间控制,且工作持续时间往往具有某种不确定性,所以也称为非肯定型网络计划。

在 CPM 和 PERT 作为网络计划的基本模式出现以后,根据工程管理实践的需要,又出现了其他一些网络计划模式,如组合网络、搭接网络、决策关键路线法和图解评审法等等。

国外多年实践证明,应用网络计划技术组织与管理生产一般能缩短时间 20% 左右,降低成本 10% 左右。当前,世界各国都非常重视现代管理科学,网络计划技术已被许多国家认为是当前最为行之有效的、先进的、科学的管理方法。

我国从 20 世纪 60 年代中期,在华罗庚教授倡导下,开始在国民经济各部门试点应用网络计划技术。为了进一步推进网络计划技术的研究、应用和教学,1992 年我国发布了《网络计划技术》(GB/T 13400.1~3－1992)三个国家标准(术语、画法和应用程序),将网络计划技术的研究和应用提升到新水平。行业标准《工程网络计划技术规程》(JGJ/T 121－1999)的发布进一步推动了工程网络计划技术的发展和应用水平的提高。

7.1.2　网络计划的特点

网络计划技术既是一种科学的计划方法,又是一种有效的生产管理方法。与横道图计划管理方法相比,网络计划技术具有如下特点:

(1)网络计划把整个施工过程中各有关工作组成一个有机的整体,因而能全面而明确地反映出各工序之间的相互制约和相互依赖的关系,能够清楚地看出全部施工过程在计划中是否合理。

(2)网络计划可以通过时间参数计算,能够在工作繁多、错综复杂的计划中,找出影响工程进度的关键工作;便于管理人员集中精力抓住施工中的主要矛盾,确保按期竣工,避免盲目抢工。因为,在通常的情况下,当计划内有 10 项工作时,关键工作只有 3~4 项,占 30%~40%;有 100 项工作时,关键工作只有 12~15 项,占 12%~15%;有 5 000 项时,关键工作也不过 150~160 项,占 3%~4%;世界上曾经有过 10 000 项工作的计划,其中关键工作只占1%~2%。

(3)通过利用网络计划中反映出来的各工作的机动时间,可以更好地运用和调配人力与设备,节约人力、物力,达到降低成本的目的。

(4)通过对计划的优劣比较,可在若干可行性方案中选择最优方案。

(5)在计划的执行过程中,当某一工作因故提前或拖后时,能从计划中预见到它对其他工作及总工期的影响程度,便于及早采取措施以充分利用有利的条件或有效地消除不利的因素。

(6)它还可以利用现代化的计算工具——计算机,对复杂的计划进行绘图、计算、检查、调整与优化。

网络计划的缺点是从图上很难清晰地看出流水作业的情况,也难以根据一般网络图算出人力及资源需要量的变化情况。

从以上我们可以看出,网络计划技术的最大特点就在于它能够提供施工管理所需的多种信息,有利于加强工程管理。所以,网络计划技术已不仅仅是一种编制计划的方法,而且还是一种科学的工程管理方法。它有助于管理人员合理地组织生产,使他们做到心中有数,知道管理的重点应放在何处,怎样缩短工期,在哪里挖掘潜力,如何降低成本。在工程管理中提高应用网络计划技术的水平,必能进一步提高工程管理的水平。

7.1.3 网络计划的分类

1. 按性质分类

肯定型网络计划:指工作与工作之间的逻辑关系以及工作的工期(在各施工段的流水节拍)都是确定的。

非肯定型网络计划:与肯定型网络计划相反,工作之间的逻辑关系不肯定或工作的工期不确定。

2. 按表示方法分类

(1)双代号网络计划:以箭线及其两端节点的编号表示工作的网络图称为双代号网络图。在网络图中,箭线用来表示各项工作(工作名称、工作时间及工作之间的逻辑关系)。

(2)单代号网络计划:以节点及其编号表示工作,以箭线表示工作之间的逻辑关系的网络图。在网络图中,每个节点表示一项工作,箭线仅用来表示各项工作之间相互制约、相互依赖的关系。

3. 按有无时间坐标分类

(1)时标网络计划:指以时间坐标为尺度绘制的时标网络计划。

(2)非时标网络计划:不按时间坐标绘制的网络计划图。

4. 按层次分类

(1)总网络计划:以整个建设项目或单项工程为对象编制的网络计划。

(2)局部网络计划:以建设项目或单项工程的某一部分为对象编制的网络计划。

5.按计划目标的多少分类

(1)单目标网络图:网络图中只有一个计划目标的称为单目标网络图。

(2)多目标网络图:网络图中有两个以上计划目标的称为多目标网络图。

7.1.4　网络计划的基本原理

首先应用网络图形来表达一项计划(或工程)中各项工作的开展顺序及其相互间的关系;然后通过计算找出计划中的关键工作及关键线路;继而通过不断改进网络计划,寻求最优方案,并付诸实施;最后在执行过程中进行有效的控制和监督。

7.1.5　网络计划在工程进度施工控制中的作用

采用网络计划方法可加强工程项目的施工管理,使其取得好、快、省的全面效果。它在工程进度控制中可给管理人员提供下列可靠信息:(1)合理赶工及其工期与成本的关系信息;(2)各项工作有无机动时间及机动时间极限数据信息;(3)劳动力、材料、施工机具设备等资源利用信息;(4)预测哪些工作的提前或拖延对总工期有影响等信息。

7.2　双代号网络计划

双代号网络计划是目前我国工程管理中应用较为广泛的一种网络计划表达形式,它是由若干表示工作的箭线(Arrow)和节点(Node)所构成的网状图形,其中每一项工作都用一根箭线和两个节点来表示,每一个节点都编以号码,箭线前后两个节点的号码即代表该箭线所表示的工作,"双代号"的名称即由此而来。

7.2.1　双代号网络图的组成

双代号网络图主要由工作、节点和线路三个要素组成。

1.工作(Activity)

(1)工作又称工序、活动,是指计划按需要粗细程度划分而成的一个消耗时间或也消耗资源的子项目或子任务。

①在双代号网络图中的工作用箭线表示,见图 7.1。图中 i 为箭尾节点,表示工作的开始;j 为箭头节点,表示工作的结束。工作的名称写在箭线的上面,完成工作所需要的时间写在箭线的下面[如图 7.1(a)所示]。若箭线垂直向下画或垂直向上画,工作名称应书写在箭线左侧,工作持续时间书写在箭线右侧[如图 7.1(b)所示]。

(a)　　　　　　　　　　(b)

图 7.1　双代号网络图表示法

②即使不消耗人力、物力,但要消耗时间的活动过程仍然是工作。例如混凝土浇筑后的养护过程,几乎不消耗资源,但需要时间去完成,仍然是工作。

③工作根据一项计划(或工程)的规模不同其划分的粗细程度,大小范围也有所不同。如对于一个规模较大的建设项目来讲,一项工作可能代表一个单位工程或一个构筑物;而对于一个单位工程,一项工作可能只代表一个分部或分项工作。

④在无时标的网络图中,箭线的长短并不反映该工作占用时间的长短。原则上讲,箭线的形状可以任意画,可以是水平直线,也可以画成折线或斜线,但不得中断。在同一张网络图上,箭线的画法要求统一,图面要求整齐醒目,最好画成水平直线或带水平直线的折线,箭线优先选用水平走向,其方向尽可能由左向右画出。

(2)按照网络图中工作之间的相互关系,可将工作分为以下几种类型:

①紧前工作(front closely activity)如图 7.2 所示。在网络图中,相对于工作 $i\text{-}j$ 而言,紧排在本工作 $i\text{-}j$ 之前的工作 $h\text{-}i$,称为工作 $i\text{-}j$ 的紧前工作,即 $h\text{-}i$ 完成后本工作即可开始;若不完成,本工作不能开始。在双代号网络图中,工作与其紧前工作之间可能有虚工作。

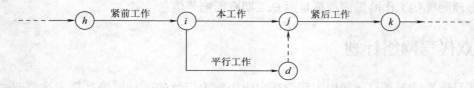

图 7.2　工作间的关系

②紧后工作(back closely activity) 如图 7.2 所示。在网络图中,紧排在本工作 $i\text{-}j$ 之后的工作 $j\text{-}k$ 称为工作 $i\text{-}j$ 的紧后工作,本工作完成之后,紧后工作即可开始。否则,紧后工作就不能开始。

③平行工作(concurrent activity)如图 7.2 所示。在网络图中,可以和本工作 $i\text{-}j$ 同时开始和同时结束的工作,如图中的工作 $i\text{-}d$ 就是 $i\text{-}j$ 的平行工作。

④先行工作(preceding activities)自起点节点顺着箭头方向至本工作开始节点之前各条线路上的所有工作,称为本工作的先行工作。

⑤后续工作(succeeding activities)本工作结束节点之后顺着箭头方向至终点节点之前各条线路上的所有工作,称为本工作的后续工作。

绘制网络图时,最重要的是明确各工作之间的紧前或紧后关系。只要这一点弄清楚了,其他任何复杂的关系都能借助网络图中的紧前或紧后关系表达出来。

(3)虚工作(dummy activity)不消耗时间和资源的工作称为虚工作,即虚工作的持续时间为零。通常用虚箭线表示,如图 7.3(a)所示。当虚箭线很短,在画法上不易表示时,可采用工作持续时间为零的实箭线标志,如图 7.3(b)所示。虚工作实际上是用来表示工作间逻辑关系的一种符号。

2. 节点(node)

(1)在网络图中箭线的出发和交汇处通常画上圆圈,用以标志该圆圈前面一项或若干项工作的结束和允许后面一项或若干项工作开始的时间点称为节点(也称为结点、事件)。

(2)在网络图中,节点不同于工作,它只标志着工作的结束和开始的瞬间,具有承上启下的衔接作用,而不需要消耗时间或资源。如图 7.4 中的节点 2,它表示工作 A 的结束时刻和工作

C 的开始时刻。节点的另一个作用如前所述,在网络图中,一项工作可以用其前后两个节点的编号表示。如图 7.4 中,工作 E 可用节点"3-5"表示。

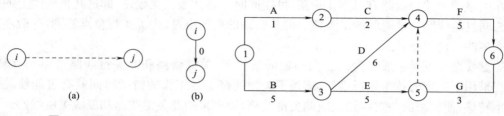

图 7.3 虚工作表示法   图 7.4 双代号网络示意图

(3)箭线出发的节点称为开始节点(preceding node),箭线进入的节点称为完成节点(succeeding node),表示整个计划开始的节点称为网络图的起点节点(start node),表示整个计划最终完成的节点称为网络图的终点节点(end node),其余称为中间节点。所有的中间节点都具有双重的含义,既是前面工作的完成节点,又是后面工作的开始节点,如图 7.5(a)所示。

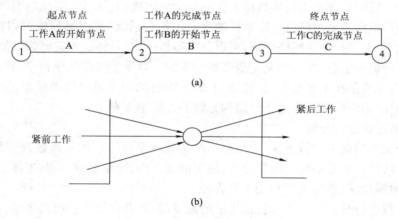

图 7.5 节点示意图

(4)在一个网络图中可以有许多工作通向一个节点,也可以有许多工作由同一个节点出发,如图 7.5(b)所示。我们把通向某节点的工作称为该节点的紧前工作,这些箭线称为内向箭线;把从某节点出发的工作称为该节点的紧后工作,这些箭线称为外向箭线。

3.线路(path)

网络图中从起点节点开始,沿箭线方向连续通过一系列箭线与节点,最后到达终点节点所经过的通路,称为线路。每一条线路都有自己确定的完成时间,它等于该线路上各项工作持续时间的总和,称为线路时间。以图 7.4 为例,列表计算如下:

如表 7.1 所示,图 7.4 中共有 5 条线路,其中第三条线路即 1-3-4-6 的时间最长,为 16 d,像这样在整个网络线路中线路时间最长的线路称为关

表 7.1 网络图线路时间计算表

序号	线　　路	线长
1	①→②→④→⑥	8
2	①→②→④→⑤→⑥	6
3	①→③→④→⑥	16
4	①→③→④→⑤→⑥	14
5	①→③→⑤→⑥	13

键线路(也称主要线路),位于关键线路上的工作称为关键工作。关键工作完成的快慢直接影响整个计划工期的实现。因此为了醒目,关键线路一般用粗线(或双箭线、红箭线)来表示。

在网络图中关键线路有时不止一条,可能同时存在几条关键线路,即这几条线路上的持续时间相同且是线路持续时间的最大值。但从管理的角度出发,为了实行重点管理,一般不希望出现太多的关键线路。

关键线路并不是一成不变的。在一定的条件下,关键线路和非关键线路可以相互转化。例如当采用了一定的技术组织措施,缩短了关键线路上各工作的持续时间就有可能使关键线路发生转移,使原来的关键线路变成非关键线路,而原来的非关键线路却变成关键线路。

位于非关键线路的工作除关键工作外,其余称为非关键工作,它具有机动时间(即时差),非关键工作也不是一成不变的,它可以转化为关键工作;利用非关键工作的机动时间可以科学的、合理的调配资源和对网络计划进行优化。

7.2.2　双代号网络图的绘制

1.项目的分解

任何一个工程项目都是由许多具体工作和活动所组成的。所以,要绘制网络图,首要的问题是将一个项目根据需要分解成一定数量的独立工作和活动,其粗细程度可以根据网络计划的作用加以确定,宏观控制的网络计划,可以分解得粗一些;具体实施的网络计划,可以分解得细一些。项目分解和工艺、方法的确定是密切相关的。对于较复杂的项目,项目分解是一项深入细致的工作,通常是在工艺和方法确定的基础上进行的。项目分解的结果是要明确工作的名称、工作的范围和内容等。施工项目结构分解的方法主要有:

(1)按实施过程进行分解

对于一个完整的施工项目来说,必然有一个实施的全过程。按实施过程进行分解即可得到项目的实施活动。常见的施工项目分为:施工准备工作、地基基础工程、主体工程、机械和电气设备安装、附属设施、装饰工程和竣工验收等。

按实施过程进行分解并非在项目结构图的最低层,通常在第2层或第3层。

例如:某土建施工项目中共有准备工作、地基基础工程、土方及外防水、地下结构、上部结构、附属设施、竣工验收7个二级项目单元。其分解形式见图7.6。

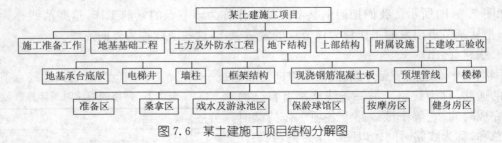

图7.6　某土建施工项目结构分解图

(2)按平面或空间位置进行分解

对于一个项目、子项目可以按几何形体分解。例如图7.6中地下结构按平面位置分解为地基承台底板、电梯井、墙柱、框架结构、现浇钢筋混凝土板、楼梯等三级项目单元。

(3)按功能进行分解

功能是建好后应具有的作用,它常常是在一定的平面和空间上起作用的,所以有时又被称为"功能面"。工程项目的运行实质是各个功能作用的组合。一般房屋建筑都具备建筑和主体结构这两个主要功能。而其他的功能与建筑用途有关。例如：图 7.6 所示项目可能划分为娱乐和服务的功能,如图的第 4 级项目单元框架结构的准备区、桑拿区、保龄球管区、健身房区等。

（4）按要素进行分解

一个功能面分为各个专业要素,分解时必须有明显的专业特征。如在图 7.6 的第 4 级各功能面上还可再分为配电及控制室等要素。同时,这些要素还可以进一步分解为子要素,如配电室可分为供电系统和照明系统等。

在对施工项目进行结构分解时,这些方法的选择是有针对性的,应符合工程的特点和项目自身的规律性,以实现项目的总目标。

2.工作的逻辑关系分析及其表示方式

在网络计划中,正确的表示各工作间的逻辑关系是一个核心问题。那么什么是逻辑关系呢? 逻辑关系就是各工作在进行作业时,客观上存在的一种先后顺序关系。工作的逻辑关系分析是根据施工工艺和施工组织的要求,确定各道工作之间的相互依赖和相互制约的关系,以方便绘制网络图。这种逻辑关系可归纳为两大类：

（1）工艺关系

它是由施工工艺或工作程序决定的工作之间的先后顺序关系。如图 7.7 中,支模 1→扎筋 1→混凝土 1。

这种关系是受客观规律支配的,一般是不可改变的。当一个工程的施工方法确定之后,工艺关系也就随之被确定下来。如果违背这种关系,将不可能进行施工,或会造成质量、安全事故,导致返工和浪费。

图 7.7　某混凝土工程双代号网络图

（2）组织关系

它是在施工过程中,由于组织安排需要和资源（劳动力、机械、材料和构件等）调配需要而规定的先后顺序关系。如图 7.7 中,支模 1→支模 2；扎筋 1→扎筋 2 等为组织关系。

这种关系不是由工程本身决定的而是人为的。组织方式不同,组织关系也就不同,所以它不是一成不变的。但是不同的组织安排,往往产生不同的组织效果,所以组织关系不但可以调整,而且应该优化。这是由组织管理水平决定的,应该按组织规律办事。

为便于绘图和计算,逻辑关系分析完成之后,应根据工作（分部分项工程、工作）间的工艺关系编制成一张明细表。例如表 7.2 为某钢筋混凝土工程分部分项明细表。

表 7.2　某钢筋混凝土工程划分三个施工段时工作表

工作名称	工作代号	紧前工作	工作时间	工作名称	工作代号	紧前工作	工作时间
支模 1	A	—	2	浇筑混凝土 2	F	C,E	1
绑钢筋 1	B	A	2	支模 3	G	D	2
浇筑混凝土 1	C	B	1	绑钢筋 3	H	G,E	2
支模 2	D	A	3	浇筑混凝土 3	I	F,H	1
绑钢筋 2	E	B,D	3				

（3）各种逻辑关系的正确表示方法

在网络图中，各工作之间在逻辑上的关系是变化多端的。表 7.3 所列的是网络图中常见的一些逻辑关系及其表示方法。

表 7.3　网络图中各工作逻辑关系表示方法

序号	工作之间的逻辑关系	网络图表示方法	说　明
1	有 A、B 两项工作按照顺序施工方式进行		B 工作依赖着 A 工作，A 工作约束着 B 工作的开始
2	有 A、B、C 三项工作同时开始		A、B、C 三项工作称为平行工作
3	有 A、B、C 三项工作同时结束		A、B、C 三项工作称为平行工作
4	有 A、B、C 三项工作，只有在 A 完成后，B、C 才能开始		A 工作制约着 B、C 工作的开始，B、C 为平行工作
5	有 A、B、C 三项工作，C 工作只有在 A、B 完成后才能开始		C 工作依赖着 A、B 工作，A、B 为平行工作
6	有 A、B、C、D 四项工作，只有当 A、B 完成后 C、D 才能开始		通过中间节点 j 正确地表达了 A、B、C、D 之间的关系
7	有 A、B、C、D 四项工作，A 完成后 C 才能开始，A、B 完成后 D 才能开始		D 与 A 之间引入了逻辑连接（虚工作）只有这样才能正确表达它们之间的约束关系
8	有 A、B、C、D、E 五项工作，A、B 完成后 C 开始，B、D 完成后 E 开始		虚工作 i-j 反映出 C 工作受到 B 工作的约束；虚工作 ik 反映出 E 工作受到 B 工作的约束
9	有 A、B、C、D、E 五项工作，A、B、C 完成后 D 才能开始，B、C 完成后 E 才能开始		这是前面序号 1、5 情况通过虚工作连接起来，虚工作表示 D 工作受到 B、C 工作的制约
10	有 A、B 两项工作，分三个施工段，平行施工		每个工种工程建立专业工作队，在每个施工段上进行流水作业，不同工种之间用逻辑搭接关系表示

3.虚箭线在双代号网络图中的应用

通过前面介绍的各种工作逻辑关系的表示方法,可以清楚地看出,虚箭线不是一项正式的工作,而是在绘制网络图时根据逻辑关系的需要而增设的。虚箭线的作用主要是帮助正确表达各工作间的关系,避免逻辑错误。

(1)虚箭线在工作的逻辑连接方面的应用。绘制网络图时,经常遇到图7.8中的情况,A工作结束后可同时进行B、D两项工作。C工作结束后进行D工作。从这四项工作的逻辑关系可以看出,A的紧后工作为B,C的紧后工作为D,但D又是A的紧后工作,为了把A、D两项工作紧前紧后的关系表达出来,这时就需要引入虚箭线。因虚箭线的持续时间是零,虽然A、D间隔有一条虚箭线,又有两个节点,但二者的关系仍是在A工作完成后,D工作才可以开始。

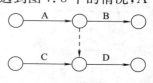

图7.8　虚箭线的应用之一

(2)虚箭线在工作的逻辑"断路"方面的应用。绘制双代号网络图时,最容易产生的错误是把本来没有逻辑关系的工作联系起来了,使网络图发生逻辑上的错误。这时就必须使用虚箭线在图上加以处理,以隔断不应有的工作联系。产生错误的地方总是在同时有多条内向和外向箭线的节点处,画图时应特别注意,只有一条内向或外向箭线之处是不易出错的。

例:某工程由支模板、绑钢筋、浇混凝土等三个分项工程组成,它在平面上划分为Ⅰ、Ⅱ、Ⅲ三个施工阶段,已知其双代号网络图如图7.9所示,试判断该网络图的正确性。

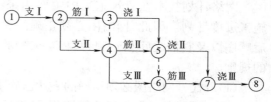

图7.9　双代号网络图

判断网络图的正确与否,应从网络图是否符合工艺逻辑关系要求,是否符合施工组织程序要求,是否满足空间逻辑关系要求三个方面分析。由图7.9可以看出,该网络图符合前两个方面要求,但不满足空间逻辑关系要求,因为第Ⅲ施工段的支模板不应受到第Ⅰ施工段绑钢筋的制约,第Ⅲ施工段绑钢筋不应受到第Ⅰ施工段浇混凝土的制约,这说明空间逻辑关系表达有误。

在这种情况下,就应采用虚工作在线路上隔断无逻辑关系的各项工作,这种方法就是"断路法"。上述情况如要避免,必须运用断路法,增加虚箭线来加以分隔,使支模Ⅲ仅为支模Ⅱ的紧后工作,而与钢筋Ⅰ断路;使钢筋Ⅲ仅为钢筋Ⅱ的紧后工作,而与浇筑混凝土Ⅰ断路。正确的网络图应如图7.10所示。这种断路法在组织分段流水作业的网络图中使用很多,十分重要。

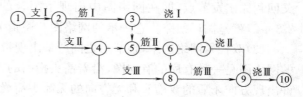

图7.10　正确表达逻辑关系

(3)两项或两项以上的工作同时开始和同时完成时,必须引进虚工作,以免造成混乱。

一个箭线和与其相关的节点只能代表一项工作,不允许代表多项工作。例如图7.11(a)中,A、B两项工作的箭线共用①、②两个节点,1-2代号既表示A工作又可表示B工作,代号不清,就会在工作中造成混乱。而图7.11(b)中,引进了虚箭线,即图中的2-3,这样1-2表示A工作,1-3表示B工作,前面那种两项工作共用一个双代号的现象就消除了。

(4)虚箭线在不同工程项目的工作之间互相有联系时的应用。在不同工程项目之间,施工过程中的某些工作可能会有联系时,也可引用虚箭线来表示它们的相互关系。例如在两条平行施工的作业线(或两项工程)施工中,绘制网络图时,把两条作业线分别排列在两条水平线上,如果两条作业线上某些工作要利用同一台机械或由某一工人班组进行施工时,这些联系就应用虚箭线来表示。如图 7.12 所示。

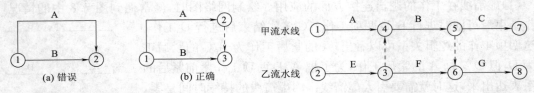

图 7.11　虚箭线的应用之三　　　　　　图 7.12　虚箭线的应用之四

图 7.12 中,甲流水线的 B 工作需待 A 工作和乙流水线的 E 工作完成后才能开始;乙工程的 G 工作需待 F 工作和甲流水线的 B 工作完成后才能开始。

从以上我们可以看出,在绘制双代号网络图时,灵活的应用虚箭线是非常重要的,但应用又要恰如其分,不得滥用,因为每增加一条虚箭线,一般就要相应增加节点,这样不仅使图面繁杂,增加绘图工作量,而且还要增加时间参数计算量。

4. 绘制双代号网络图的基本规则

网络计划技术在建筑施工中主要用来编制建筑施工企业或工程项目生产计划和工程施工进度计划。因此,网络图必须正确的表达整个工程的施工工艺流程和各工作开展的先后顺序以及它们之间相互制约、相互依赖的约束关系。为此在绘制网络图时必须遵循一定的规则。

(1)双代号网络图必须正确的表达已确定的逻辑关系。绘制网络图之前,要正确确定工作之间顺序,明确各工作之间的衔接关系,根据工作的先后顺序逐步把代表各项工作的箭线连接绘制成网络图。各工作间的逻辑关系是否表示正确,是网络图能否反映工程实际的关键。如果逻辑关系错了,网络图中各种时间参数的计算就会发生错误,关键线路和工程总工期的确定也将随之发生错误。

(2)在网络图中严禁出现循环回路。在网络图中,从一个节点出发沿着某一条线路移动,又回到原出发节点,即在网络图中出现了闭合的循环路线,称为循环回路。如图 7.13 中的2-3-4-2,就是循环回路。它表示的网络图在逻辑关系上是错误的,在工艺关系上是矛盾的。

(3)双代号网络图中,在节点之间严禁出现带双箭头或无箭头的连线。用于表示工程计划的网络图是一种有序的有向图,沿着箭头指引的方向进行,因此一条箭线只有一个箭头,不允许出现方向矛盾的双箭头和无方向的无箭头箭线,如图 7.14 所示即为错误的工作箭线画法,因为工作进行的方向不明确,因而不能达到网络图有向的要求。

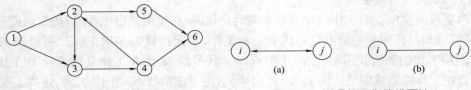

图 7.13　循环回路示意图　　　　　　图 7.14　错误的工作箭线画法
　　　　　　　　　　　　　　　　　　　(a)双向箭头;(b)无箭头

(4)网络图中,严禁出现没有箭头节点或没有箭尾节点的箭线,如图 7.15 所示,则为错误的画法。

图 7.15　错误的画法
(a)存在没有箭尾节点的箭线;(b)存在没有箭头节点的箭线

(5)当网络图的某些节点有多条内向箭线或多条外向箭线时,为使图形简洁,在不违背"一项工作应只有唯一的一条箭线和相应的一对节点编号"的规定的前提下,可采用母线法绘图。使多条箭线经一条共用的母线线段从节点引出如图 7.16(a)所示;或使多条箭线经一条共用的母线线段引入节点,如图 7.16(b)所示。当箭线线型不同(如粗线、细线、虚线、点划线或其他线型等)时,可在母线引出的支线上标出。

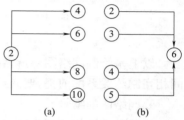

图 7.16　母线法绘图示意

(6)绘制网络图时,箭线不宜交叉,当交叉不可避免时,不能直接相交画出,可选用过桥法或指向法,如图 7.17 所示。

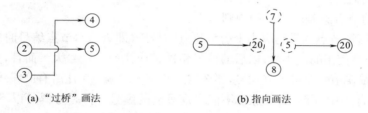

(a)"过桥"画法　　　　(b)指向画法

图 7.17　交叉箭线画法示意图

(7)在网络图中,应只有一个起点节点;在不分期完成任务的网络图中,应只有一个终点节点;而其他所有节点均应是中间节点。

如图 7.18(a)所示的网络图中①、③节点均没有内向箭线故可认为这两个节点都是起点节点,这是不允许的。如果遇到了这种情况,应根据实际的施工工艺流程增加一个虚箭线,如图 7.18(b)才是正确的;在不违背第 3 条规则的情况下也可将没有紧前工作的节点全部并入网络图的起点,如在本例中,可将多余的节点 3 删除,而直接把 1、5 两个节点用箭线连接起来,如图 7.18(c)所示。

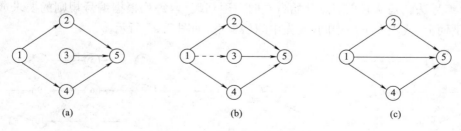

图 7.18　起点节点示意图

　　如图 7.19(a)所示的网络图中出现了两个没有箭线向外引出的节点 5 和节点 7。它们造成了网络逻辑关系的混乱,1-5 工作何时结束? 1-5 工作对后续工作有什么样的制约关系? 表达不清楚,这在网络图中是不允许的。如果遇到这种情况应加入虚箭线调整。如图 7.19(b)才是正确的;在不违背第 3 条规则的情况下也可将没有紧后工作的节点 5 删除直接将节点 1 和节点 6 连接起来。

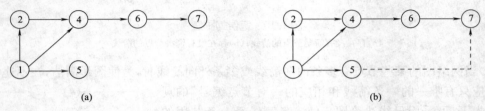

图 7.19　终点节点示意图

　　以上是绘制网络图应遵循的基本规则。这些规则是保证网络图能够正确反映各项工作之间相互制约关系的前提,要熟练掌握,灵活运用。

　　5.网络图的编号

　　按照各道工作的逻辑顺序将网络图绘好之后,就要给节点进行编号。编号的目的是赋予每道工作一个代号,便于网络图进行时间参数的计算。当采用电子计算机来进行计算时,工作代号就显得更为必要。

　　(1)网络图的节点编号应遵循的规则

　　一条箭线的箭尾节点的号码应小于箭头节点的号码(即 $i < j$),节点编号时应先编起点节点的代号,用我们打算使用的最小数,以后的编号每次都应比前一代号大。而且,只有指向一个节点的所有工作的箭尾节点全部编好代号,那么这个节点才能编一个比所有已编号码都大的代号。

　　在一个网络计划中,所有的节点都不能出现重复的编号。但是号码可以不连续,即中间可以跳号,如编成 1,3,5…或 10,15,20…均可。这样做的好处是在将来需要临时加入工作时就可以不致打乱全图的编号。

　　(2)节点编号的方法

　　在编排方法上也有一定的技巧,一般编号方法有水平编号法和垂直编号法两种。

　　①水平编号法

　　水平编号法就是从起点节点开始由上到下逐行编号,每行则自左向右按顺序编排,如图 7.20 所示。

　　②垂直编号法

　　垂直编号法就是从起点节点开始自左向右逐列编号,每列根据编号规则的要求或自上而下,或自下而上,或先上下后中间,或先中间后上下,如图 7.21 所示。

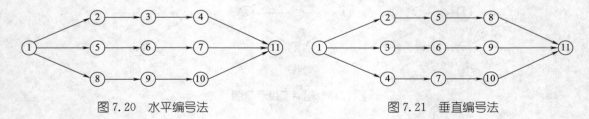

图 7.20　水平编号法　　　　　　　　　　图 7.21　垂直编号法

6. 网络图的布局要求

网络计划是用来指导实际工作的,所以在保证网络图逻辑关系正确的前提下,要重点突出、层次清晰、布局合理。关键线路应尽可能布置在中心位置,用粗箭线或双线箭头画出;密切相关的工作尽可能相邻布置,避免箭线交叉;尽量采用水平箭线或垂直箭线。

在正式绘制网络图之前,最好先绘成草图,然后再进行整理。

图 7.22(a)所示的网络图显得十分凌乱,经过整理,逻辑关系不变,绘制成图 7.22(b),就显得条理清楚,布局也比较合理了。

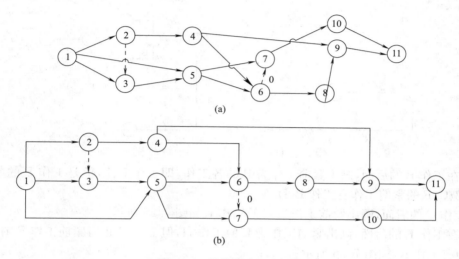

图 7.22　网络图布置示意图

7. 双代号网络图绘制实例

【例 7.1】　某现浇多层框架一个结构层的钢筋混凝土工程,由柱梁、楼板、抗震墙组合成整体框架,附设有电梯,均为现浇钢筋混凝土结构。

施工顺序大致如下:

柱和抗震墙先绑扎钢筋,后支模,电梯井先支内模;梁的模板必须待柱子模板都支好后才能开始,楼板支模可在电梯井支内模后开始;梁模板支好后再支楼板的模板;后浇捣柱子、抗震墙、电梯井壁及楼梯的混凝土,然后再开始梁和楼板的钢筋绑扎,同时在楼板上进行预埋暗管的铺设,最后浇捣梁和楼板的混凝土。其工作名称、衔接关系及工作持续时间如表 7.4 所示。

表 7.4　工作明细表

工作名称	代号	紧前工作	持续时间(d)	工作名称	代号	紧前工作	持续时间(d)
柱扎钢筋	A	—	2	梁支模板	I	C	3
抗震墙扎钢筋	B	A	2	楼板支模板	J	H	2
柱支模板	C	A	3	楼梯扎钢筋	K	G,F	1
电梯井支内模板	D	—	2	墙、柱等浇混凝土	L	K,J	3
抗震墙支模板	E	B,C	2	铺设暗管	M	L	1.5
电梯井扎钢筋	F	B,D	2	梁板扎钢筋	N	L	2
楼梯支模板	G	D	2	梁板浇混凝土	P	M,N	2
电梯井支外模板	H	E,F	2				

试根据以上资料,按照网络图绘制的要求和方法,描绘出现浇多层框架一个结构层的钢筋混凝土工程的网络图。

网络图可按以下步骤绘制:

(1)先画出没有紧前工作的工作 A 和 D,如图 7.23 所示。

(2)在工作 A 的后面画出紧前工作为 A 的各工作,即工作 B、C。在工作 D 的后面画出紧前工作为 D 的各工作,即工作 G、F,但工作 F 有两道紧前工作 B 和 D,工作 E 的紧前工作有 B 和 C。对此必须引入虚工作表示,如图 7.24 所示。

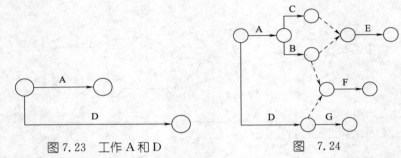

图 7.23　工作 A 和 D　　　　　　　　　图　7.24

(3)在工作 B 的后面,画出紧前工作为 B 的各工作,即工作 E、F,但是工作 E 的紧前工作有工作 B、C,F 的紧前工作有工作 B、D。

在工作 C 的后面,画出紧前工作为 C 的工作 I,如图 7.25 所示。

(4)在工作 E 的后面,画出紧前工作为 E 的工作 H,但工作 H 也有紧前工作 F,在工作 G、F 的后面有工作 K,如图 7.26 所示。

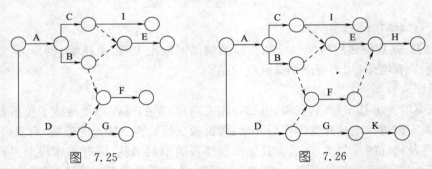

图　7.25　　　　　　　　　　　　　　图　7.26

(5)在工作 I、H 后面,有工作 J。在工作 K、J 后有工作 L,如图 7.27 所示。

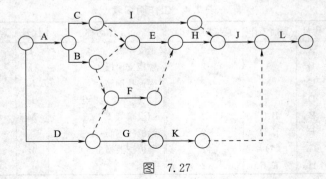

图　7.27

（6）在工作 L 之后有工作 M、N。在工作 M、N 之后有工作 P。

最后，绘制成如图 7.28 所示的网络图。网络图绘好后，将各工作相应的持续时间标注在箭线下方。然后按要求进行编号，并将各节点号码写在圆圈内。

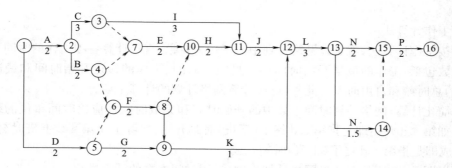

图 7.28　钢筋混凝土工程网络图

7.2.3　双代号网络计划时间参数的计算

根据工程对象各项工作的逻辑关系和绘图规则绘制网络图是一种定性的过程，只有进行时间参数的计算这样一个定量的过程，才使网络计划具有实际应用价值。

计算网络计划时间参数目的主要有三个：第一，确定关键线路和关键工作，便于施工中抓住重点，向关键线路要时间。第二，明确非关键工作及其在施工中时间上有多大的机动性，便于挖掘潜力，统筹全局，部署资源。第三，确定总工期，做到工程进度心中有数。所以计算网络计划的时间参数，是确定计划工期的依据，是确定网络计划机动时间和关键线路的基础，是计划调整与优化的依据。

1. 网络计划时间参数的概念

所谓时间参数，是指网络计划、工作及节点所具有的各种时间值。

（1）工作持续时间

工作持续时间是指一项工作从开始到完成的时间。在双代号网络计划中，工作 $i\text{-}j$ 的持续时间用 $D_{i\text{-}j}$ 表示。

（2）工期

工期泛指完成一项任务所需要的时间。在网络计划中，工期一般有以下三种：

①计算工期。计算工期是根据网络计划时间参数计算而得到的工期，用 T_c 表示。

②要求工期。要求工期是任务委托人所提出的指令性工期，用 T_r 表示。

③计划工期。计划工期是指根据要求工期和计算工期所确定的作为实施目标的工期，用 T_p 表示。

a. 当已规定了要求工期时，计划工期不应超过要求工期，即：

$$T_p \leqslant T_r$$

b. 当未规定要求工期时，可令计划工期等于计算工期，即：

$$T_p = T_c$$

（3）工作的六个时间参数

除工作持续时间外，网络计划中工作的六个时间参数是：最早开始时间、最早完成时间、最迟完成时间、最迟开始时间、总时差和自由时差。

双代号网络计划的时间参数既可以按工作计算，也可以按节点计算，下面分别以简例说明。

2. 按工作计算法

所谓按工作计算法，就是以网络计划中的工作为对象，直接计算各项工作的时间参数。这些时间参数包括：工作的最早开始时间和最早完成时间、工作的最迟开始时间和最迟完成时间、工作的总时差和自由时差。此外，还应计算网络计划的计算工期。

为了简化计算，网络计划时间参数中的开始时间和完成时间都应以时间单位的终了时刻为标准。如第 3 d 开始即是指第 3 d 终了(下班)时刻开始，实际上是第 4 d 上班时刻才开始；第 5 d 完成即是指第 5 d 终了(下班)时刻完成。

下面以图 7.29 所示双代号网络计划为例，说明时间参数的计算过程。

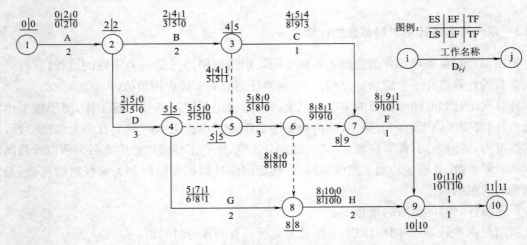

图 7.29　双代号网络图时间参数计算图

(1)工作最早时间的计算

工作最早时间包括最早开始时间(ES)和最早完成时间(EF)。工作的最早开始时间是指各紧前工作(紧排在本工作之前的工作)全部完成后，本工作有可能开始的最早时刻。工作最早完成时间指本工作有可能完成的最早时刻。

1)工作的最早时间，应从网络计划的起点节点开始，顺着箭线方向依次逐项计算；

2)以起点节点为开始节点的工作，当未规定其最早开始时间时，其最早开始时间等于零。例如在本例中，工作 1-2 的最早开始时间就为零，即：

$$ES_{1\text{-}2} = 0 \tag{7.1}$$

3)工作最早完成时间可利用下式进行计算：

$$EF_{i\text{-}j} = ES_{i\text{-}j} + D_{i\text{-}j} \tag{7.2}$$

例如在本例中，工作 1-2 的最早完成时间为

$$EF_{1\text{-}2} = ES_{1\text{-}2} + D_{1\text{-}2} = 0 + 2 = 2$$

4)其他工作的最早开始时间应等于其紧前工作最早完成时间的最大值，即：

$$\text{ES}_{i\text{-}j} = \max\{\text{EF}_{h\text{-}i}\} \tag{7.3}$$

式中 $\text{ES}_{i\text{-}j}$——工作 $i\text{-}j$ 的紧前工作的最早开始时间;

$\text{EF}_{h\text{-}i}$——工作 $i\text{-}j$ 的紧前工作 $h\text{-}i$ 的最早完成时间。

例如在本例中,工作 2-3 的最早开始时间为:

$$\text{ES}_{2\text{-}3} = \text{EF}_{1\text{-}2} = 2$$

依照式(7.2)和(7.3)计算图 7.29 中各项工作的最早开始时间和最早完成时间,并将其计算结果标注在图上。

(2)网络计划工期的计算

1)网络计划的计算工期:计算工期 T_c 指根据时间参数计算得到的工期,它应按式(7.4)计算:

$$T_\text{c} = \max\{\text{EF}_{i\text{-}n}\} \tag{7.4}$$

式中 $\text{EF}_{i\text{-}n}$——以终点节点($j=n$)为箭头节点的工作 $i\text{-}n$ 的最早完成时间按公式(7.2)计算,图 7.29 的计算工期为:

$$T_\text{c} = \max\{\text{EF}_{i\text{-}n}\} = 11$$

2)网络计划的计划工期的计算:网络计划的计划工期,指按要求工期和计算工期确定的作为实施目标的工期。其计算应按下述规定:

① 当已规定了要求工期 T_r 时: $\qquad T_\text{p} \leqslant T_\text{r}$ $\qquad\qquad$ (7.5)

② 当未规定要求工期时: $\qquad T_\text{p} = T_\text{c}$ $\qquad\qquad$ (7.6)

由于本例未规定要求工期,故其计划工期取其计算工期,即:

$$T_\text{p} = T_\text{c} = 11$$

此工期标注在终点节点⑩之右侧,并用方框框起来。

(3)工作最迟时间的计算

工作最迟时间包括作最迟完成时间(LF)和最迟开始时间(LS)。工作最迟完成时间是指在不影响整个任务按期完成的前提下,工作必须完成的最迟时刻。工作最迟开始时间是指在不影响整个任务按期完成的前提下,工作必须开始的最迟时刻。工作最迟时间应从网络计划的终点节点开始,逆着箭线方向依次逐项计算。

1)以终点节点($j=n$)为箭头节点的工作的最迟完成时间 $\text{LF}_{i\text{-}n}$,应按网络计划的计划工期 T_p 确定,即:

$$\text{LF}_{i\text{-}n} = T_\text{p} \tag{7.7}$$

例如在本例中,工作 9-10 的最迟完成时间为:

$$\text{LF}_{9\text{-}10} = T_\text{p} = 11$$

2)工作 $i\text{-}j$ 的最迟开始时间应按下式计算:

$$\text{LS}_{i\text{-}j} = \text{LF}_{i\text{-}j} - D_{i\text{-}j} \tag{7.8}$$

例如在本例中,工作 9-10 的最迟开始时间为:

$$\text{LS}_{9\text{-}10} = \text{LF}_{9\text{-}10} - D_{9\text{-}10} = 11 - 1 = 10$$

3)其他工作 $i\text{-}j$ 的最迟完成时间 $\text{LF}_{i\text{-}j}$,应按下式计算:

$$\text{LF}_{i\text{-}j} = \min\{\text{LF}_{j\text{-}k} - D_{j\text{-}k}\} = \min\{\text{LS}_{j\text{-}k}\} \tag{7.9}$$

式中 $\text{LF}_{j\text{-}k}$——工作 $i\text{-}j$ 的各项紧后工作 $j\text{-}k$ 的最迟完成时间;

$D_{j\text{-}k}$——工作 $i\text{-}j$ 的各项紧后工作(紧排在本工作之后的工作)的持续时间;

LS_{j-k}——工作 i-j 的各项紧后工作 j-k 的最迟开始时间。

例如在本例中，工作 8-9 和工作 5-6 的最迟开始时间为：

$$LF_{8-9} = LS_{9-10} = 10$$

$$LF_{5-6} = \min\{LS_{6-8}, LS_{6-7}\} = \min\{8,9\} = 8$$

依照公式（7.7）、（7.8）和（7.9）分别计算图 7.29 中各项工作的最迟完成时间和最迟开始时间，并将其计算结果标注在图上。

（4）工作总时差（TF）的计算

工作总时差是指在不影响总工期的前提下，本工作可以利用的机动时间。该时间应按下式计算：

$$TF_{i-j} = LS_{i-j} - ES_{i-j} \tag{7.10}$$

$$TF_{i-j} = LF_{i-j} - EF_{i-j} \tag{7.11}$$

例如在本例中，工作 3-7 的总时差为：

$$TF_{i-j} = LS_{i-j} - ES_{i-j} = 8 - 4 = 4$$

或

$$TF_{i-j} = LF_{i-j} - EF_{i-j} = 9 - 5 = 4$$

按公式（7.10）或（7.11）分别计算各工作的总时差，并标注在图 7.29 上。

（5）工作自由时差（FF）的计算

工作自由时差是指在不影响其紧后工作最早开始时间的前提下，本工作可以利用的机动时间，工作 i-j 的自由时差 FF_{i-j} 的计算应符合下列规定：

①当工作 i-j 有紧后工作 j-k 时，其自由时差应为：

$$FF_{i-j} = ES_{j-k} - EF_{i-j} \tag{7.12}$$

例如在本例中，工作 3-7 的自由时差为：

$$FF_{3-7} = ES_{7-9} - EF_{3-7} = 8 - 5 = 3$$

②以终点节点（$j=n$）为箭头节点的工作，其自由时差 FF_{i-j}；应按网络计划的计划工期 T_p 确定，即：

$$FF_{in} = T_p - EF_{i-j} \tag{7.13}$$

例如在本例中，工作 9-10 的自由时差为：

$$FF_{9-10} = T_p - EF_{9-10} = 11 - 11 = 0$$

需要指出的是，对于网络计划中以终点节点为完成节点的工作，其自由时差与总时差相等。此外，由于工作的自由时差是其总时差的构成部分，所以，当工作的总时差为零时，其自由时差必然为零，可不必进行专门计算。例如在本例中，工作 1-2、工作 2-4、工作 5-6 工作 8-9 和工作 9-10 的总时差为零，故其自由时差也全部为零。

（6）关键工作和关键线路的确定

1）关键工作的确定

①关键工作的概念：关键工作是网络计划中总时差最小的工作。

当计划工期计算工期相等时，这个"最小值"为 0；

当计划工期大于计算工期时，这个"最小值"为正；

当计划工期小于计算工期时，这个"最小值"为负。

②关键工作的确定：根据上述关键工作的定义，本例中的最小总时差为零，故关键工作为 1-2，2-4，6-5，5-6，6-8，8-9，9-10，共 7 项。

2)关键线路的确定

①关键线路的概念:关键线路是自始至终全部由关键工作组成的线路,或线路上总的工作持续时间最长的线路。

②关键线路的确定:将关键工作自左而右依次首尾相连而形成的线路就是关键线路。因此,本例的关键线路是 1-2-6-5-6-8-9-10。在关键线路上可能有虚工作存在。

3)关键工作和关键线路的标注

关键工作和关键线路在网络图上应当用粗线或双线或彩色线标注其箭线。

3. 按节点计算法

所谓按节点计算法,就是先计算网络计划中各个节点的最早时间和最迟时间,然后据此计算各项工作的时间参数和网络计划的计算工期。在双代号网络计划的使用中,有时并不需要将网络计划的时间参数全部计算出来,而只需要根据节点的时间参数快速的计算出计算工期即可。

(1)节点最早时间(ET_i)的计算

节点最早时间是指该节点所有紧后工作的最早可能开始时刻。它应是以该节点为完成节点的所有工作最早全部完成的时间。

①网络计划的起点节点代表整个网络计划的开始,如未规定最早时间,其值等于零。例如在本例中,起点节点的最早时间为零,即:

$$ET_1 = 0 \tag{7.14}$$

②其他节点的最早时间应按下式计算。

$$ET_j = \max\{ET_i + D_{i\text{-}j}\} \quad (i < j) \tag{7.15}$$

式中　ET_j——工作 $i\text{-}j$ 的完成节点 j 的最早时间;

　　　ET_i——工作 $i\text{-}j$ 的开始节点 i 的最早时间;

　　　$D_{i\text{-}j}$——工作 $i\text{-}j$ 的持续时间。

例如在本例中,节点②和节点⑤的最早时间为:

$$ET_2 = \max\{ET_1 + D_{1\text{-}2}\} = \max\{0+2\} = 2$$
$$ET_5 = \max\{ET_3 + D_{3\text{-}5}, ET_4 + D_{4\text{-}5}\} = \max\{4+0, 5+0\} = 5$$

综上所述,节点最早时间应从起点节点开始计算,假定 $ET_1 = 0$,然后按节点编号递增的顺序进行,直至终点节点为止。

③网络计划的计算总工期等于网络计划终点节点的最早时间,即:

$$T_c = ET_n \tag{7.16}$$

例如在本例中,其计算工期为:

$$T_c = ET_{10} = 11$$

(2)节点最迟时间(LT_i)的计算

节点最迟时间是指该节点所有紧前工作最迟必须结束的时刻,它是一个时间界限,它应是以该节点为完成节点的所有工作最迟必须结束的时刻,若迟于这个时刻,紧后工作就要推迟开始,整个网络计划的工期就要延误。

①网络计划终点节点的最迟时间等于网络计划的计划工期,即:

$$LT_n = T_p \tag{7.17}$$

式中　LT_n——网络计划终点节点 n 的最迟时间。

例如在本例中,终点节点⑩的最迟时间为:

$$LT_n = T_p = 11$$

②其他节点的最迟时间应按下式进行计算:

$$LT_i = \min\{LT_j - D_{i\text{-}j}\} \tag{7.18}$$

式中　LT_i——工作 $i\text{-}j$ 开始节点 i 的最迟时间;

　　　LT_j——工作 $i\text{-}j$ 完成节点 j 的最迟时间。

例如在本例中,节点⑨和节点⑥的最迟时间为:

$$LT_9 = LT_{10} - D_{9\text{-}10} = 11 - 1 = 10$$

$$LT_6 = \min\{LT_7 - D_{6\text{-}7}, LT_8 - D_{6\text{-}8}\} = \min\{9-0, 8-0\} = 8$$

综上所述,节点最迟时间的计算是从终点节点开始,首先确定 LT_n,然后按照节点编号递减的顺序进行,直到起点节点为止。

(3)根据节点的最早时间和最迟时间判定工作的六个时间参数

①工作的最早开始时间等于该工作开始节点的最早时间,即:

$$ES_{i\text{-}j} = ET_i \tag{7.19}$$

②工作的最早完成时间等于该工作开始节点的最早时间与其持续时间之和,即:

$$EF_{i\text{-}j} = ET_i + D_{i\text{-}j} \tag{7.20}$$

③工作的最迟完成时间等于该工作完成节点的最迟时间,即:

$$LF_{i\text{-}j} = LT_j \tag{7.21}$$

④工作的最迟开始时间等于该工作完成节点的最迟时间与其持续时间之差,即:

$$LS_{i\text{-}j} = LT_j - D_{i\text{-}j} \tag{7.22}$$

⑤工作的总时差的可根据公式(7.11)和公式(7.21)得到:

$$TF_{i\text{-}j} = LF_{i\text{-}j} - EF_{i\text{-}j}$$
$$= LT_j - ET_i - D_{i\text{-}j} \tag{7.23}$$

⑥工作的自由时差可根据公式(7.12)和公式(7.19)得到:

$$FF_{i\text{-}j} = ES_{j\text{-}k} - EF_{i\text{-}j}$$
$$= ET_j - ET_i - D_{i\text{-}j} \tag{7.24}$$

7.2.4　双代号时标网络计划

双代号时标网络计划(以下简称时标网络计划)是以时间坐标为尺度表示工作时间的网络计划。时标的时间单位应根据需要在编制网络计划之前确定,可为小时、天、周、月或季等。由于时标网络计划具有形象直观、计算量小的突出优点,在工程实践中应用比较普遍,在编制实施网络计划时其应用面甚至多于无时标网络计划,因此其编制方法和使用方法日益受到应用者的普遍重视。

1. 时标网络计划绘制的一般规定

(1)时标网络计划应以实箭线表示工作,以虚箭线表示虚工作,以波形线表示工作的自由时差。无论哪一种箭线,均应在其末端绘出箭头。

(2)当工作中有时差时,按图 7.30 所示的方式表达,波形线紧接在实箭线的末端;当虚工作有时差时,按图 7.31 方式表达,不得在波线之后画实线。

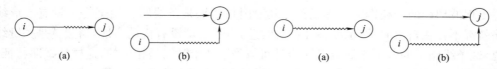

图7.30 时标网络计划的箭线画法　　　图7.31 虚工作含有时差时的表示方法

（3）工作开始节点中心的右半径及工作结束节点的左半径的长度，斜线水平投影的长度均代表该工作的持续时间值。因此为使图形表达清楚、易读易懂易计算，在时标网络计划中尽量不用斜箭线。

（4）时标网络计划宜按最早时间编制，即在绘制时应使节点和虚工作尽量向左靠，但是不能出现逆向虚箭线。这样其时差出现在最早完成时间之后，这就给时差的应用带来灵活性，并使时差有实际应用的价值。

（5）绘制时标网络计划之前，应先按已确定的时间单位绘出时标表。时标可标注在时标表的顶部或底部（为清楚起见，有时也可在时标表的上下同时标注。）。时标的长度单位必须注明。必要时，可在顶部时标之上或底部时标之下加注日历的对应时间。其表格式如表7.5所示。

表 7.5　时标网络计划表

日　历												
（时间单位）	1	2	3	4	5	6	7	8	9	10	11	12
网络计划												
（时间单位）	1	2	3	4	5	6	7	8	9	10	11	12

注：时标表中的刻度线宜为细线，为使图画清晰，此线也可不画或少画。

2. 时标网络计划的绘制

时标网络计划的绘制首先需要根据无时标的网络计划草图计算其时间参数并确定关键线路，然后在时标网络计划表中进行绘制。在绘制时应先将所有节点按其最早时间定位在时标网络计划表中的相应位置，然后再用规定线型（实箭线和虚箭线）按比例绘出工作和虚工作。当某些工作箭线的长度不足以到达该工作的完成节点时，需用波形线补足，箭头应画在与该工作完成节点的连接处。下面以图7.29所示网络图为例来加以说明：

（1）绘制网络计划草图如图7.29所示。

（2）计算节点最早时间（或工作最早时间）并标注在图7.29上。

（3）在时标表上，按节点最早时间确定节点的位置（或按最早开始时间确定每项工作开始节点的位置）（图形尽量与草图保持一致）。

（4）按各工作的时间长度绘制相应工作的实线部分，使其水平投影长度等于工作持续时间；虚工作因为不占用时间，故只能以点或垂直虚线表示。

（5）用波形线把实线部分与其紧后工作的开始节点连接起来，以表示自由时差。

完成后的时标网络计划如图7.32所示。

3. 时标网络计划中时间参数的判定

（1）关键线路的判定

时标网络计划中的关键线路可从网络计划的终点节点开始，逆着箭线方向进行判定；自终至始不出现波形线的线路即为关键线路。其原因是如果某条线路自始至终都没有波形线,这条线路就都不存在自由时差,也就不存在总时差,自然它就没有机动余地,当然就是关键线路。或者说,这条线路上的各工作的最迟开始时间与最早开始时间是相等的,这样的线路特征也只有关键线路才能具备。例如在图 7.32 所示时标网络计划中线路①—②—④—⑤—⑥—⑧—⑨—⑩即为关键线路。

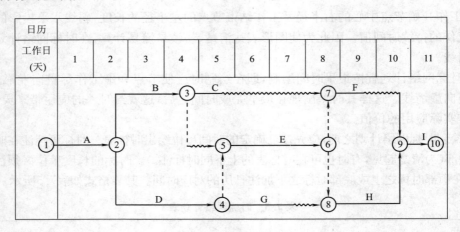

图 7.32　时标网络计划

(2)计算工期的判定

时标网络计划的计算工期,应等于其终点节点所对应的时标值与起点节点所对应的时标值之差。例如,图 7.32 所示时标网络计划的总工期 $T = 11 - 0 = 11$ d。

(3)工作时间参数的判定

①工作最早开始时间和最早完成时间的判定

时标网络计划中每条箭线左端节点中心所对应的时标值为该工作的最早开始时间 $ES_{i\text{-}j}$。当工作箭线中不存在波形线时,其右端节点中心所对应的时标值为该工作的最早完成时间 $ES_{i\text{-}j}$;当工作箭线中存在波形线时,工作箭线实线部分右端所对应的时标值为该工作的最早完成时间 $EF_{i\text{-}j}$。例如在图 7.32 所示的时标网络计划中工作 A 和工作 G 的最早开始时间分别为 0 和 5,而它们的最早完成时间分别为 2 和 7。

②工作自由时差的判定

时标网络计划中工作的自由时差(FF)值就是该工作箭线中波形线的水平投影长度。

③工作总时差的判定

时标网络计划中工作的总时差应自右向左,在其诸紧后工作的总时差都被判定后才能判定。其值等于其诸紧后工作总时差的最小值与本工作自由时差之和。即:

$$TF_{i\text{-}j} = \min\{TF_{j\text{-}k}\} + FF_{i\text{-}j} \tag{7.25}$$

式中　$TF_{i\text{-}j}$——工作 $i\text{-}j$ 的总时差;

　　　$TF_{j\text{-}k}$——工作 $i\text{-}j$ 的紧后工作 $i\text{-}j$ 的总时差。

总时差是线路时差,也是公用时差,其值大于或等于该工作自由时差值。因此,除本工作独用的自由时差必然是总时差值的一部分外,还必然包含紧后工作的总时差值。如果本工作有多项紧后工作的总时差值,只有取其最小总时差值才不会影响总工期。如图 7.32 中的工作

2-3,其紧后工作为 3-5 和 3-7,它们的总时差分别为 1 和 4,则本工作 2-3 的总时差为 1。

必要时,可将工作总时差标注在相应的波形线或实箭线上。

④工作最迟开始时间和最迟完成时间的判定

工作的最迟开始(完成)时间等于该工作的最早开始(完成)时间与其总时差之和,即:

$$LS_{i-j} = ES_{i-j} + TF_{i-j} \tag{7.26}$$

$$LF_{i-j} = EF_{i-j} + TF_{i-j} \tag{7.27}$$

图 7.32 所示时标网络计划中的时间参数的判定结果应与图 7.29 所示网络计划时间参数的计算结果完全一致。

7.3　单代号网络计划

单代号网络计划是在工作流线图的基础上演绎而成的网络计划形式。由于它具有绘图简便、逻辑关系明确、易于修改等优点,因此,在国内外日益受到普遍重视。其应用范围和表达功能也在不断发展和壮大。

7.3.1　单代号网络图的绘制

1. 单代号网络图的构成及基本符号

(1)单代号网络图的构成

单代号网络图又称节点式网络图,它以节点及其编号表示工作,以箭线表示工作之间的逻辑关系。

(2)节点及其编号

在单代号网络图中,节点及其编号表示一项工作。该节点宜用圆圈或矩形表示,如图 7.33 所示。圆圈或方框内的内容(项目)可以根据实际需要来填写和列出,如可标注出工作编号、名称和工作持续时间等内容,如图 7.33 所示。

图 7.33　单代号表示法

(3)箭线

单代号网络图中的箭线表示紧邻工作之间的逻辑关系,箭线应画成水平直线、折线或斜线,箭线水平投影的方向应自左向右,表示工作的进行方向。

箭线的箭尾节点编号应小于箭头节点的编号。

单代号网络图中不设虚箭线。

单代号网络图中一项工作的完整表示方法应如图 7.33 所示,即节点表示工作本身,其后的箭线指向其紧后工作。

箭线既不消耗资源,也不消耗时间,只表示各项工作间的逻辑关系。相对于箭尾和箭头来说，箭尾节点称为紧前工作，箭头节点称为紧后工作。

2. 单代号网络图的绘制

单代号网络图的绘制比双代号网络图的绘制容易，也不易出错，关键是要处理好箭线交叉，使图形规则，便于读图。

单代号网络图工作关系表示方法见表 7.6。

表 7.6　单代号网络图逻辑关系表示方法

序号	工作间的逻辑关系	单代号网络图的表示方法
1	A、B、C 三项工作依次完成	Ⓐ ⟶ Ⓑ ⟶ Ⓒ
2	A、B 完成后进行 D	Ⓐ、Ⓑ ⟶ Ⓓ
3	A 完成后，B、C 同时开始	Ⓐ ⟶ Ⓑ、Ⓒ
4	A 完成后进行 C A、B 完成后进行 D	Ⓐ、Ⓑ ⟶ Ⓒ、Ⓓ

3. 单代号网络图的绘制规则

单代号网络图的绘图规则与双代号网络图的绘图规则基本相同，主要区别在于：

当网络图中有多项开始工作时，应增加一项虚拟的工作(开始)，作为该网络图的起点节点；当网络图中有多项结束工作时，应增设一项虚拟的工作(结束)，作为该网络图的终点节点如图 7.34 所示，其中开始和结束为虚拟工作。

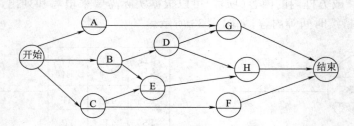

图 7.34　带虚拟起点节点和终点节点的网络图

7.3.2　单代号网络计划时间参数的计算

下面以图 7.35 所示的单代号网络计划为例，说明其时间参数的计算过程。计算结果标注在图上。

1. 工作最早时间的计算

工作最早时间的计算应从网络计划的起点节点开始，顺着箭线方向按节点编号从小到大的顺序依次进行。

(1)起点节点 i 的最早开始时间 ES_i 如无规定时，其取值应等于零。

(2)工作的最早完成时间应等于本工作的最早开始时间与其持续时间之和，即：

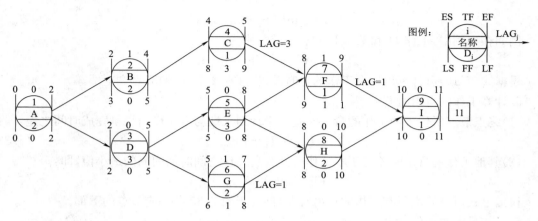

图 7.35　单代号网络计划

$$EF_i = ES_i + D_i \qquad (7.28)$$

式中　EF_i——工作 i 的最早完成时间；

　　　ES_i——工作 i 的最早开始时间；

　　　D_i——工作 i 的持续时间。

（3）其他工作的最早开始时间应等于其紧前工作最早完成时间的最大值，即：

$$ES_j = \max\{EF_i\} \qquad (7.29)$$

2. 相邻两项工作之间时间间隔的计算

相邻两项工作之间的时间间隔是指其紧后工作的最早开始时间与本工作最早完成时间的差值，工作 i 和工作 j 之间的时间间隔记为 $LAG_{i,j}$。其计算公式为：

$$LAG_{i,j} = ES_j - EF_i \qquad (7.30)$$

例如在本例中，工作 C 与工作 F 的时间间隔为：

$$LAG_{4,7} = ES_7 - EF_4 = 8 - 5 = 3$$

按式（7.30）进行计算，并将计算结果标注在两节点之间的箭线上。图 7.35 中，$LAG_{i,j} = 0$ 的未予标注。

3. 网络计划工期的确定

（1）单代号网络计划计算工期的规定与双代号网络计划相同，利用式（7.4）得：

$$T_c = EF_9 = 11$$

（2）网络计划的计划工期的确定亦与双代号网络计划相同，故由于未规定要求工期，其计划工期等于计算工期，即按式（7.6）进行计算：

$$T_p = T_c = 11$$

将计划工期标注在终点节点旁的方框内。

4. 计算工作的总时差

（1）工作总时差 TF_i 的计算应从网络计划的终点节点开始，逆着箭线方向依次逐项计算。

（2）终点节点所代表的工作的总时差 TF 应等于计划工期与计算工期之差，即：

$$TF_n = T_p - EF_n \qquad (7.31)$$

（3）其他工作的总时差应等于本工作与其各紧后工作之间的时间间隔加该紧后工作的总时差所得之和的最小值，即：

$$TF_i = \min\{TF_j + LAG_{i,j}\} \tag{7.32}$$

例如在本例中,工作 H 和工作 D 的总时差分别为:

$$TF_4 = LAG_{4,7} + TF_7 = 3 + 1 = 4$$

根据式(7.16)可计算出所有工作的总时差,标注在图 7.35 的节点之上部。

5. 计算工作的自由时差

(1)终点节点所代表的工作的自由时差等于计划工期与本工作的最早完成时间之差,即:

$$FF_n = T_p - EF_n \tag{7.33}$$

(2)其他工作的自由时差等于本工作与其紧后工作之间时间间隔的最小值,即:

$$FF_i = \min\{LAG_{i,j}\} \tag{7.34}$$

根据上式可计算出所有工作的自由时差,标注于图 7.35 各相应节点的下部。

6. 工作最迟时间的计算

工作最迟时间的计算应从网络计划的终点节点开始,逆着箭线方向依次逐项进行。

(1)终点节点所代表的工作 n 的最迟完成时间 LF_n 应等于该网络计划的计划工期 T_p,即:

$$LF_n = T_p \tag{7.35}$$

(2)工作的最迟开始时间等于本工作的最迟完成时间与其持续时间之差,即:

$$LS_i = LF_i - D_i \tag{7.36}$$

(3)其他工作的最迟完成时间等于该工作各紧后工作最迟开始时间的最小值,即:

$$LF_i = \min\{LS_j\} \tag{7.37}$$

或

$$LF_i = EF_i + TF_i \tag{7.38}$$

根据上述各式进行计算,可计算出各工作的最迟开始时间和最迟完成时间,标注于图 7.35 各相应的位置。

7. 确定网络计划的关键工作和关键线路

(1)关键工作的确定

单代号网络计划关键工作的确定方法与双代号的相同,即总时差为最小的工作为关键工作。按照这个规定,图 7.35 的关键工作是:"1"、"3"、"5"、"8"、"9"共 5 项。

(2)关键线路的确定

从起点节点开始到终点节点均为关键工作,且所有工作的间隔时间均为零的线路即为关键线路。因此图 7.35 的关键线路为:1-3-5-8-9。

在网络计划中,关键线路可以用粗箭线、双箭线或彩色箭线标出。

7.3.3 单代号搭接网络计划

前面讲的网络计划对逻辑关系的处理有一个共同的特点,那就是必须紧前工作全部完成后,本工作才能开始。但是在工程建设实践中,有许多工作的开始并不是以其紧前工作的完成为条件。只要其紧前工作开始一段时间后,即可进行本工作,而不需要等其紧前工作全部完成之后再开始,工作之间的这种关系称之为搭接关系。

如果用前述简单的网络图来表达工作之间的搭接关系,将使得网络计划变得更加复杂。为了简单、直接地表达工作之间的搭接关系,使网络计划的编制得到简化,便出现了搭接网络计划。搭接网络计划一般都采用单代号网络图的表示方法,即以节点表示工作,以节点之间的箭线表示工作之间的逻辑顺序和搭接关系。

1. 搭接关系的表示方法

在搭接网络计划中，各个工作之间的逻辑关系是靠前后两道工作的开始或结束之间的一个规定时间来相互约束的，这些规定的约束时间称为时距（time difference），时距是按照工艺条件、工作性质等特点规定的两道工作间的约束条件。单代号搭接网络计划中的时距共有 5 种。

（1）完成到开始时距（time difference of finish to start，简称 FTS）

某一工作完成后与其紧后工作的开始之间的时间差值称为完成到开始时距，如图 7.36 所示。例如，屋面保温层找平结束后 4 d，铺油毡防水层才能开始，这个关系就是 FTS 关系，此时 FTS＝4 d。

(a) 从横道图看 FTS   (b) 用单代号网络计划表示 FTS

图 7.36　FTS 时距示意图

当 FTS＝0 时，即紧前工作的完成到本工作的开始之间的时间差值为零，这就是前面讲的单代号、双代号网络计划的连接关系，所以我们可以将基本的逻辑连接关系看成是搭接网络计划的一种特殊情况。

从图 7.36 可直接看出从结束到开始的搭接关系计算公式为：

$$ES_j＝EF_i＋FTS_{i\text{-}j} \tag{7.39}$$
$$LF_i＝LS_j－FTS_{i\text{-}j} \tag{7.40}$$

（2）开始到开始时距（time difference of start to start，简称 STS）

某一工作的开始与其紧后工作的开始之间的时间差值称为开始到开始时距，如图 7.37 所示。例如支模板开始 1 d 以后，才可以开始绑扎钢筋就是 STS 关系，此时 STS＝1 d。

(a) 从横道图看 STS   (b) 用单代号网络计划表示 STS

图 7.37　STS 时距示意图

从图 7.37 可直接看出从开始到开始的搭接关系计算公式为：

$$ES_j＝ES_i＋STS_{i\text{-}j} \tag{7.41}$$
$$LS_i＝LS_j－STS_{i\text{-}j} \tag{7.42}$$

（3）完成到完成时距（time difference of finish to finish，简称 FTF）

某一工作的完成与其紧后工作的完成之间的时间差值称为完成到完成时距，如图 7.38 所示。例如在基础工程中，要求挖基槽结束 1 d 后，浇筑混凝土垫层才能结束，此时 FTF＝1 d。

从图 7.38 可直接看出完成到完成搭接关系的计算公式为：

$$EF_j＝EF_i＋FTF_{i\text{-}j} \tag{7.43}$$

(a) 从横道图看FTF　　　　　　　(b) 用单代号网络计划表示FTF

图 7.38　FTF 时距示意图

$$LF_i = LF_j - FTF_{i\text{-}j} \tag{7.44}$$

（4）开始到完成时距（time difference of start to finish，简称 STF）

某一工作的开始与其紧后工作的完成之间的时间差值称为开始到完成时距，如图 7.39 所示，例如绑扎现浇梁钢筋，绑钢筋开始 1 d 后，开始铺设电缆与管道，待后者结束后，绑扎钢筋才能结束，就是 STF 关系。

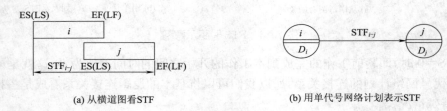

(a) 从横道图看STF　　　　　　　(b) 用单代号网络计划表示STF

图 7.39　STF 时距示意图

从图 7.39 可直接看出开始到完成的搭接关系计算公式为：

$$EF_j = ES_i + STF_{i\text{-}j} \tag{7.45}$$

$$LS_i = LF_j - STF_{i\text{-}j} \tag{7.46}$$

（5）混合时距

在搭接网络计划中除了上述四种基本连接关系之外，还有一种情况，就是同时由四种基本关系中的两种或两种以上来限制工作之间的逻辑关系。如图 7.40 所示工作 i、j 同时由 STS 与 FTF 两种时距来限制。这种情况在工程实际中经常遇到，如在管道工程中，挖管沟和铺设管道两道工作之间往往就是这样的关系，假如开始到开始时距为 2 d，而完成到完成的时距为 1 d。则限制条件为 STS＝2 d，FTF＝1 d。

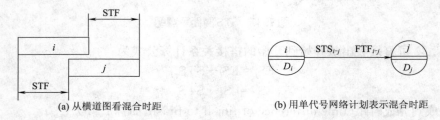

(a) 从横道图看混合时距　　　　　　(b) 用单代号网络计划表示混合时距

图 7.40　混合时距示意图

图 7.40 说明，相邻工作 i 和 j 之间需同时满足开始到开始和结束到结束两种时距所限制的条件。这就是说，i、j 工作的关系要由这两种时距来控制，应分别按照两种时距各自计算出一组时间参数，然后再取其中具有决定作用的一组。

2. 单代号搭接网络图的绘制

单代号搭接网络图的绘制与单代号网络图的绘图方法基本相同,也要经过任务分解,逻辑关系的确定和工作持续时间的确定,绘制工作逻辑关系表,确定相邻工作的搭接类型与搭接时距;再根据工作逻辑关系表,首先绘制单代号网络图;最后再将搭接类型与时距标注在箭线上即可,其标注方法如图 7.41 所示。

图 7.41 常用的搭接网络节点表示方法

3. 搭接网络计划时间参数的计算

单代号搭接网络计划时间参数计算的内容与单代号网络计划是相同的,都需要计算工作时间参数和工作时差。但由于搭接网络具有几种不同形式的搭接关系,所以其计算过程相对比较复杂,需要特别仔细和小心,否则是很容易出错的。下面以图 7.42 所示搭接网络计划为例,采用图上计算法来说明单代号搭接网络计划时间参数的计算方法。

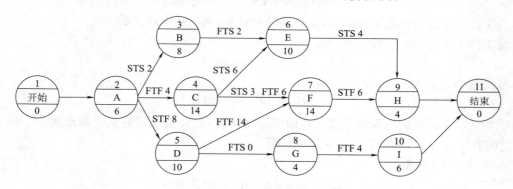

图 7.42 某工程搭接网络计划

(1) 工作最早开始时间和最早完成时间的计算

单代号搭接网络计划工作最早时间的计算与单代号网络计划的计算顺序是相同的,都是从起点节点开始,顺着箭线方向向终点节点进行的。

① 由于起点节点是虚拟的,则其持续时间为 $D_1=0$,即

$$ES_1=0$$

$$EF_1=ES_1+D_1=0+0=0$$

② 由于起点节点是虚拟的,则所有与起点节点相联系的工作的最早开始时间都为零,在本例中:

$$ES_2=0$$

$$EF_2=ES_2+D_2=0+6=6$$

③ 当相邻两工作之间的时距为 STS 时,如工作 2、3 的时距为 $STS_{2\cdot3}=2$,按式(7.41):

$$ES_3 = ES_2 + STS_{2\text{-}3} = 0 + 2 = 2$$
$$EF_3 = ES_3 + D_3 = 2 + 8 = 10$$

④ 当相邻两工作之间的时距为 FTF 时,如工作 2、4 的时距为 $FTF_{2\text{-}4} = 4$,按式(7.43):

$$EF_4 = EF_2 + FTF_{2\text{-}4} = 6 + 4 = 10$$
$$ES_4 = EF_4 - D_4 = 10 - 14 = -4$$

工作 4 的最早开始时间为负值,表明工作 4 在工程开始施工前 4 d 就应该开工,这显然是不合理的。应当用以下方法来处理,即凡某项中间工作的 ES_i 为负值时,应当用虚箭线将该工作与虚拟的起点节点连接起来,如图 7.43 所示,这时工作 4 的最早开始时间就由起点节点所决定,其最早完成时间也应重新计算:

$$ES_4 = 0; \qquad EF_4 = 0 + 14 = 14$$

⑤ 当相邻两工作之间的时距为 STF 时,如工作 2、5 的时距为 $STF_{2\text{-}5} = 8$,按式(7.45):

$$EF_5 = ES_2 + STF_{2\text{-}5} = 0 + 8 = 8$$
$$ES_5 = EF_5 - D_5 = 8 - 10 = -2$$

工作 5 的最早开始时间也出现了负值,仍按上述方法处理,将工作 5 用虚箭线与虚拟的起点节点连接起来,如图 7.43,这时工作 5 的最早开始时间为

$$ES_5 = 0 ; \qquad EF_5 = 0 + 10 = 10$$

⑥ 当相邻两工作之间的时距为 FTS 时,如工作 3、6 的时距为 $FTS_{3\text{-}6} = 2$,按式(7.39):

$$ES_6 = EF_3 + FTS_{3\text{-}6} = 10 + 2 = 12$$

但工作 6 之前有两道紧前工作,应分别进行计算,然后从中取其最大值。
按工作 4,6 之间的搭接关系,得:

$$ES_6 = ES_4 + STS_{4\text{-}6} = 0 + 6 = 6$$

从两数中取最大值,应为 $ES_6 = 12$

$$EF_6 = 12 + 10 = 22$$

⑦ 当两项工作之间有两种搭接关系即混合时距时,应分别计算后从中取最大值。如工作 4、7 之间有 $STS_{4\text{-}7} = 3$ 和 $FTF_{4\text{-}7} = 6$ 两种时距。

由 $STS_{4\text{-}7} = 3$ 决定时:

$$ES_7 = ES_4 + STS_{4\text{-}7} = 0 + 3 = 3$$

由 $FTF_{4\text{-}7} = 6$ 决定时:

$$EF_7 = EF_4 + FTF_{4\text{-}7} = 14 + 6 = 20$$
$$ES_7 = EF_7 - D_7 = 20 - 14 = 6$$

从两种时距的计算结果中取最大值,得 $ES_7 = 6$。
但工作 7 还有另一紧前工作 5,还应在这两种逻辑关系的计算值中取最大值。
工作 5、7 之间的时距 $FTF_{5\text{-}7} = 14$

$$EF_7 = EF_5 + FTF_{5\text{-}7} = 10 + 14 = 24$$
$$ES_7 = EF_7 - D_7 = 26 - 14 = 10$$

故应取 $ES_7 = \max\{10, 6\} = 10$

$$EF_7 = 10 + 14 = 24$$

其他各工作均可按此方法计算,并将结果填入图 7.43。
至此所有工作的最早开始和最早完成时间都已计算完毕。这时,就要把网络图中最早完

成时间最大的工作节点找出来,如果这项工作不在终点节点而在虚拟终点节点前的某工作处,则应将此工作用虚箭线连至增加的虚拟终点节点,这时终点节点的最早开始和最早完成时间就都等于全网络图中各个节点最早完成时间的最大值,这就是计划总工期。本例中,最早完成时间最大值是工作 7 的最早完成时间,故应用虚箭线将节点 7 与终点节点连接起来。

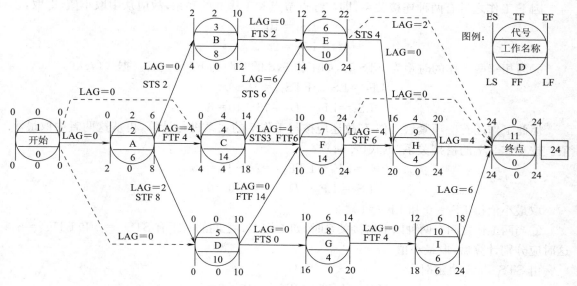

图 7.43　搭接网络计划的时间参数计算

(2)最迟开始时间和最迟完成时间的计算

同单代号网络计划一样,计算工作的最迟时间应从终点节点开始逆箭头方向向起点节点计算。当遇到有多个紧后工作时,应分别计算,再从中取最小值。

①终点节点的最迟完成时间等于总工期。凡与虚拟终点节点相联系的工作,其最迟成时间即为总工期。

$$LF_7 = LF_9 = LF_{10} = 24$$
$$LS_7 = LF_7 - D_7 = 24 - 14 = 10$$
$$LS_9 = LF_9 - D_9 = 24 - 4 = 20$$
$$LS_{10} = LF_{10} - D_{10} = 24 - 6 = 18$$

②当相邻两工作的时距为 STS 时,如工作 6、9 的时距为 $STS_{6-9} = 4$。据式(7.42)得

$$LS_6 = LS_9 - STS_{6-9} = 20 - 4 = 16$$
$$LS_6 = LE_6 - D_6 = 16 + 10 = 26$$

工作 6 的最迟完成时间为 26,大于总工期 24,显然是不合理的。所以应把工作 6 用虚箭线与终点节点连接起来。这时工作 6 的最迟时间除受 H 的约束之外,还受到终点节点的决定性约束,故

$$LF_6 = 24$$
$$LS_6 = LF_6 - D_6 = 24 - 10 = 14$$

③当相邻两项工作的时距为 FTF 时,如工作 8,10 时距为 $FTF_{8-10} = 4$,据式(7.44)

$$LF_8 = LF_{10} - FTF_{8-10} = 24 - 4 = 20$$

$$LS_8 = LF_8 - D_8 = 20 - 4 = 16$$

④当相邻两工作的时距为 STF 时,如工作 7,9 的时距为 $STF_{7\text{-}9} = 6$。据式(7.46)

$$LS_7 = LF_9 - STF_{7\text{-}9} = 24 - 6 = 18$$

$$LF_7 = LS_7 + D_7 = 18 + 14 = 32$$

因 F 工作之后有两种连接关系,即与终点节点和工作 9 的联系,故应从中取小值,即取:

$$LS_7 = 10$$

$$LF_7 = 24$$

⑤当相邻两工作的时距为 FTS 时,如工作 5,8 的时距为 $FTS_{5\text{-}8} = 0$。据式(7.40)

$$LF_5 = LS_8 - FTS_{5\text{-}8} = 16 - 0 = 16$$

$$LS_5 = LF_5 - D_5 = 16 - 10 = 6$$

但此工作还有一项紧后工作 7,故还应按与工作 7 的关系进行计算,再从这两者中取最小值。按工作 5,7 的搭接关系,据式(7.44)

$$LF_5 = LF_7 - FTF_{5\text{-}7} = 24 - 14 = 10$$

$$LS_5 = LF_5 - D_5 = 10 - 10 = 0$$

取最小值得 $LS_5 = 0$ 和 $LF_5 = 10$。

⑥当两工作之间有两种以上搭接关系时,如工作 4,7 之间的时距有 $STS_{4\text{-}7} = 3$ 和 $FTF_{4\text{-}7} = 6$,这时应分别计算后,取最小值。

由 $STS_{4\text{-}7} = 3$ 决定时

$$LS_4 = LS_7 - STS_{4\text{-}7} = 10 - 3 = 7$$

由 $FTF_{4\text{-}7} = 6$ 决定时

$$LF_4 = LF_7 - FTF_{4\text{-}7} = 26 - 6 = 18$$

$$LS_4 = LF_4 - D_4 = 18 - 14 = 4$$

按以上两种时距关系后,LS 应取最小值 4,但工作 4 还有一项紧后工作 6,故还应按工作 4,6 的关系确定的计算值考虑进去,取其最小值。

$$LS_4 = LS_6 - STS_{4\text{-}6} = 14 - 6 = 8$$

故应取 $LS_4 = 4$；$LF_4 = 4 + 14 = 18$

其他各项工作都可按上述方法分别计算出最迟时间。将计算结果填入图 7.43 中。

(3)时间间隔($LAG_{i,j}$)的计算

在搭接网络计划中决定相邻两工作之间制约关系的是时距,可是往往在相邻两工作之间除满足时距要求之外,还有一段多余的空闲时间,这种时间我们把他叫做“间隔时间”,一般用 $LAG_{i,j}$ 表示。

由于各工作之间的搭接关系不同,所以确定 LAG 时必须根据相应搭接关系和不同时距进行计算。

①当与唯一的紧后工作关系为 STS 时,按式(7.41)$ES_j = ES_i + STS_{i\text{-}j}$(参看图 7.44),当在搭接网络计划中出现 $ES_j > ES_i + STS_{i\text{-}j}$ 的情况时,即表明工作 i,j 之间存在 $LAG_{i,j}$。所以:

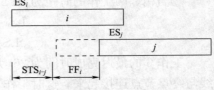

图 7.44　工作间采用时距 STS 时的 LAG

$$LAG_{i,j} = ES_j - (ES_i + STS_{i\text{-}j})$$

$$= ES_j - ES_i - STS_{i\text{-}j} \qquad (7.47)$$

②同理,当紧后工作只有唯一的一项工作且它们之间的关系为 FTF 时,则依式(7.43)可以推出:

$$LAG_{i,j}=EF_j-EF_i-FTF_{i-j} \tag{7.48}$$

③当紧后工作只有唯一的一项工作而且它们之间的关系为 STF 时,则依式(7.45)可以推出:

$$LAG_{i,j}=EF_j-ES_i-STF_{i-j} \tag{7.49}$$

④当紧后工作只有唯一的一项工作而且它们之间的关系为 FTS 时,则依式(7.39)可以推出:

$$LAG_{i,j}=ES_j-EF_i-FTS_{i-j} \tag{7.50}$$

⑤当相邻两工作之间是有两种时距以上的关系连接时,则应分别计算出其 LAG,然后取用其中的最小值,在以上四种时距连接关系中,可能会出现任何组合的情况,可用式(7.51)来进行计算。

$$LAG_{i,j}=\min\begin{cases}ES_j-ES_i-STS_{i-j}\\EF_j-EF_i-FTF_{i-j}\\EF_j-ES_i-STF_{i-j}\\ES_j-EF_i-FTS_{i-j}\end{cases} \tag{7.51}$$

根据上式所列出的计算公式可以求出图 6.43 中各工作之间的时间间隔(LAG)。

例如工作 4,7 之间存在 STS 和 FTF 两种关系,则其时间间隔为:

$$LAG_{4,7}=\min\begin{cases}ES_j-ES_i-STS_{i-j}\\EF_j-EF_i-FTF_{i-j}\end{cases}=\min\begin{cases}10-0-3\\24-14-6\end{cases}=4$$

其他所有工作间的时间间隔都可仿此求出,其计算结果如图 7.43 中箭线。

(4)时差计算

①总时差(TF$_i$)

工作总时差是在不影响工程总工期的条件下该工作可能机动利用的最大幅度。以 TF$_i$ 表示。其计算公式也与一般单代号网络计划相同,即

$$TF_i=LS_i-ES_i=LF_i-EF_i \tag{7.52}$$

②自由时差(FF$_i$)

工作自由时差是在不影响所有紧后工作的最早开始时间的条件下该工作可能机动利用的最大幅度。以 FF$_i$ 表示。

工作的自由时差为本工作与其紧后工作之间时间间隔 LAG$_{i,j}$ 的最小值,即

$$LAG_{i,j}=\min\{LAG_{i,j}\}=\min\begin{cases}ES_j-ES_i-STS_{i-j}\\EF_j-EF_i-FTF_{i-j}\\EF_j-ES_i-STF_{i-j}\\ES_j-EF_i-FTS_{i-j}\end{cases} \tag{7.53}$$

根据以上求总时差与自由时差的关系式,可以计算出图 7.42 中所有工作的总时差和自由时差,如图 7.43 所示。

4. 关键工作和关键线路的确定

单代号搭接网络计划的关键工作是总时差为最小的工作。

单代号搭接网络计划的关键线路应是从起点节点开始到终点节点均为关键工作,且所有工作的时间间隔均为 $0(LAG_{i,j}=0)$。

还可以利用 LAG 来寻找关键线路,即从终点向起点方向寻找,把 LAG＝0 的线路向前连通,直到起点,这条线路就是关键线路。但是这并不意味着 LAG＝0 的线路都是关键线路,只有 LAG＝0 从起点至终点贯通的线路才是关键线路。本例的关键线路为起点-D-F-终点。

7.4　网络计划优化

网络计划的优化是指在一定的约束条件下,利用最优化原理,按照既定目标对网络计划进行不断改进,以寻求满意方案的过程。根据优化目标的不同,网络计划的优化可分为工期优化、资源优化和费用优化。

7.4.1　工期优化

如前面各节所述,完成任务的计划工期是否满足规定的要求是衡量编制计划是否达到预期目标的一个首要问题。工期优化就是以缩短工期为目标,使其满足规定,对初始网络计划加以调整。一般是通过压缩关键工作的持续时间,从而使关键线路的线路时间即工期缩短。需要注意的是,在压缩关键线路的线路时间时,会使某些时差较小的次关键线路上升为关键线路,这时需要再次压缩新的关键线路,如此逐次逼近,直到达到规定工期为止。

下面以图 7.45 所示网络计划为例,说明工期优化的方法和步骤,假定上级指令性工期为100 d,图中括号内数据为工作最短持续时间。

(1)计算并找出网络计划的关键线路及关键工作。用工作正常持续时间计算节点的最早时间和最迟时间如图 7.46 所示。

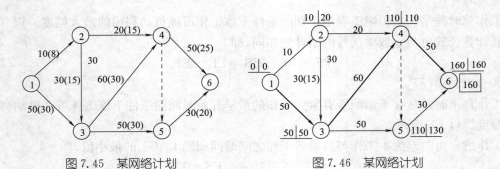

图 7.45　某网络计划　　　　　　　图 7.46　某网络计划

其中关键线路用粗实线表示,为 1-3-4-6,关键工作为 1-3、3-4、4-6。

(2)计算需缩短的工期。根据图 7.46 所计算的工期得出需要缩短时间为 60 d。

(3)确定各关键工作能缩短的持续时间。根据图 7.45 中数据,关键工作 1-3 可缩短 20 d,3-4 可缩短 30 d,4-6 可缩短 25 d,共计可缩短 75 d。

(4)选择关键工作(应选择缩短持续时间对质量和安全影响不大;有充足备用资源和缩短持续时间所需增加的费用最少的工作),调整其持续时间,并重新计算网络计划的计算工期。在本例中考虑缩短工作 4-6 增加劳动力较多,故仅缩短 10 d,重新计算网络计划工期如图 7.47

所示。其中关键线路为 1-2-3-5-6，关键工作为 1-2、2-3、3-5、5-6。

(5)若计算工期仍超过要求工期，则重复以上步骤，直到满足工期要求或已不能再压缩为止。图 7.47 所示计划工期与上级下达的指令性工期相比尚须压缩 20 d。综合考虑后，选择工作 2-3、3-5 各压缩 10 d，重新计算网络计划。如图 7.48 所示。

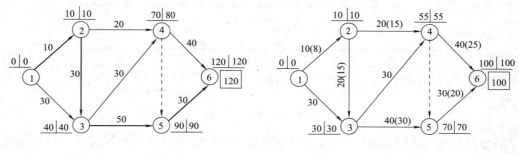

图 7.47　某网络计划　　　　　　图 7.48　某网络计划

(6)当所有关键工作的持续时间都已达到其能缩短的极限而工期仍不能满足要求时，应对原计划的技术、组织方案进行调整或对要求重新审定。图 7.48 便是满足规定工期要求的网络计划。

7.4.2　资源优化

这里所说的资源是指完成任务所需的劳动力、材料、机械设备和资金等的统称。前面对网络计划的计算和调整，一般都假定资源供应是完全充分的。然而在大多数情况下，在一定时间内所能提供的各种资源有一定限制，即使资源能满足供应，但某一时间资源需求量过大，势必会造成现场拥挤，二次搬运费用增大，劳动管理复杂，管理费用增加，给企业带来不必要的经济损失，因此就需要根据资源情况对网络计划进行调整，在保证规定工期和资源供应之间寻求相互协调和相互适应，这就是资源优化。

资源优化共有两种情况，分别介绍如下：

1. 资源有限—工期最短的优化

资源有限—工期最短的优化是指在物资资源供应有限制的条件下，要求保持网络计划各工作之间先后顺序关系不变，寻求整个计划工期最短的方案。

现以图 7.49 所示某工程网络计划为例说明资源有限—工期最短优化的工作最早开始时间调整方法与步骤。图中箭线上方的数字为工作持续时间，箭线下方的数字为工作资源强度(即工作每天需要的资源数量)，假定每天只有 9 个工人可供使用，如何安排各工作最早开始时间使工期达到最短？

(1)计算网络计划每天资源需用量，填入图 7.49 相应的栏内。

(2)从计算开始日期起，逐日检查每天资源需用量是否超过资源限量，如果在整个工期内每天均能满足资源限量的要求，可行性优化方案就编制完成，否则必须进行工作最早开始时间调整。从图 7.49 的资源需求量表可看到第一天资源需用量就超过可供资源量(9 人)的要求，必须进行调整。

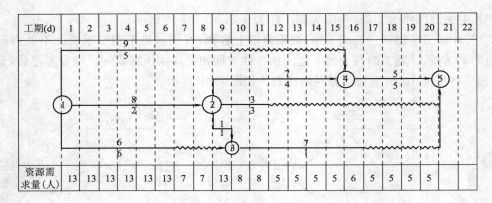

图 7.49　某网络计划

（3）分析超过资源限量的时段（每天资源需用量相同的时间区段），按式（7.54）、（7.55）计算 ΔD，依据它确定新的顺序：

$$\Delta D_{m'\text{-}n',\,i'\text{-}j'} = \min\{\Delta D_{mn,\,i\text{-}j}\} \tag{7.54}$$

$$\Delta D_{mn,\,i\text{-}j} = EF_{mn} - LS_{i\text{-}j} \tag{7.55}$$

式中　$\Delta D_{m'\text{-}n',\,i'\text{-}j'}$——在各种顺序安排中，最佳顺序安排所对应的工期延长时间的最小值，它要求将 LS 最大的工作 $i'\text{-}j'$ 安排在 $ES_{m'\text{-}n'}$ 最小的工作 $m'\text{-}n'$ 之后进行；

　　　　$\Delta D_{mn,\,i\text{-}j}$——在资源冲突的诸工作中，工作 $i\text{-}j$ 安排在工作 $m\text{-}n$ 之后进行时，工期所延长的时间。

图 7.49 中，在第 $1\sim 6$ d，有工作 1-4、1-2、1-3，分别计算 $EF_{i\text{-}j}$、$LS_{i\text{-}j}$ 等，确定调整工作最早时间方案，见表 7.7。

根据式（7.54）及（7.55），确定 $\Delta D_{m'\text{-}n',\,i'\text{-}j'}$ 的最小值。

（4）若最早完成时间 $EF_{m'\text{-}n'}$ 的最小值和最迟开始时间 $LS_{i'\text{-}j'}$ 最大值同属一个工作，应找出最早完成时间 $EF_{m'\text{-}n'}$ 的次小值和最迟开始时间 $LS_{i'\text{-}j'}$ 值为次大的工作，分别组成两个顺序方案，再从中选出较小者进行调整。从表 7.7 可看出 $\min\{EF_{mn}\}$ 和 $\max\{LS_{i\text{-}j}\}$ 属于同一工作，找出的 EF_{mn} 次小值及 $LS_{i\text{-}j}$ 的次大值是 8 和 6，组成两组方案。

表 7.7　超过资源限量的时段的工作时间参数表

工作代号 $i\text{-}j$	$EF_{i\text{-}j}$	$LS_{i\text{-}j}$
1-4	9	6
1-2	8	0
1-3	6	7

$$\Delta D_{1\text{-}3,\,1\text{-}4} = EF_{1\text{-}3} - LS_{1\text{-}4} = 6 - 6 = 0$$

$$\Delta D_{1\text{-}2,\,1\text{-}3} = EF_{1\text{-}2} - LS_{1\text{-}3} = 8 - 7 = 1$$

选择工作 1-4 安排在工作 1-3 之后工期不增加，每天资源需要量从 13 人降到 8 人，满足要求，如果有多个平行作业工作，当调整一个工作最早开始时间仍不能满足要求时，就继续调整。

（5）绘制调整后的网络计划，重复（1）到（4）步骤直到满足要求为止，图 7.49 所示网络计划的可行优化方案如图 7.50 所示。

2. 工期固定—资源均衡优化

安排建设工程进度计划时，需要使资源需用量尽可能地均衡，使整个工程每单位时间的资源需用量不出现过多的高峰和低谷，这样不仅有利于工程建设的组织与管理，而且可以降低工程费用。

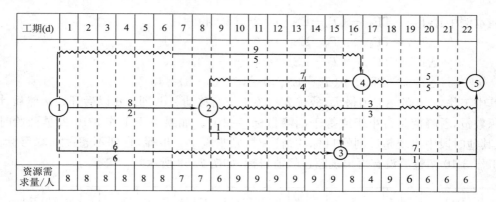

图 7.50　可行的优化网络计划

"工期固定,资源均衡"的优化方法有多种,如方差值最小法、极差值最小法、削高峰法等。这里仅介绍削高峰法的优化方法。

削高峰法是利用时差高峰时段的某些工作后移以逐步降低峰值,每次削去高峰的一个资源计量单位,反复进行直到不能再削为止。这种方法比较灵活,只要认为已基本达到要求就可停止,而且为了减少切削的次数,还可以适当的扩大资源的计量单位。

下面以图 7.51 所示网络计划为例来说明削高峰法的计算方法及步骤(图中箭线上方的数字表示工作持续时间,箭线下方的数字表示工作资源强度)。

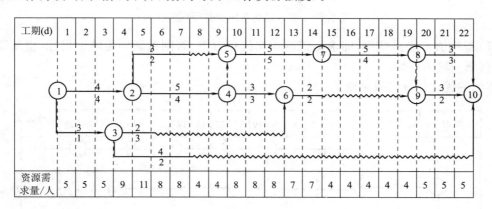

图 7.51　某时标网络计划

(1)计算每日所需资源数量并填入图 7.51 内的相应位置。

(2)确定削峰目标,其值等于每天资源需用量的最大值减一个单位量。参看图 7.51 知最大值为 11,故削峰目标定为 10(=11−1)。

(3)找出高峰时段的最后时间 T_h 及有关工作的最早开始时间 ES_{i-j} 和总时差 TF_{i-j}。

由图 7.51 可以看出 $T_h=5$。

由图可知在第 5 d 有 2-5、2-4、3-6、3-10 四个工作,相应的 TF_{i-j} 分别为 2、0、12、15,ES_{i-j} 分别为 4、4、3、3。

(4)按下式计算有关工作的时间差值 ΔT_{i-j}

$$\Delta T_{i-j} = TF_{i-j} - (T_h - ES_{i-j}) \tag{7.56}$$

优先以时间差值最大的工作 $i'-j'$ 作为调整对象,令 $ES_{i'-j'} = T_h$。

在本例中：$\Delta T_{2\text{-}5}=\mathrm{TF}_{2\text{-}5}-(T_{\mathrm h}-\mathrm{ES}_{2\text{-}5})=2-(5-4)=1$

$\qquad\qquad\Delta T_{2\text{-}4}=\mathrm{TF}_{2\text{-}6}-(T_{\mathrm h}-\mathrm{ES}_{2\text{-}4})=0-(5-4)=-1$

$\qquad\qquad\Delta T_{3\text{-}6}=\mathrm{TF}_{3\text{-}6}-(T_{\mathrm h}-\mathrm{ES}_{3\text{-}6})=12-(5-3)=10$

$\qquad\qquad\Delta T_{3\text{-}10}=\mathrm{TF}_{3\text{-}10}-(T_{\mathrm h}-\mathrm{ES}_{3\text{-}10})=15-(5-3)=13$

其中工作 3-10 的 ΔT 值最大，故优先将该工作右移动 2 d（即 5 d 以后开始），然后计算每日资源数量，看峰值是否小于或等于削峰目标（＝10）。如果由于工作 3-10 最早开始时间改变，在其他时段中出现超过削峰目标的情况时，则重复 2-4 步骤，直到不超过削峰目标为止。本例工作 3-10 调整后没有再出现超过峰值目标，如图 7.52 所示。

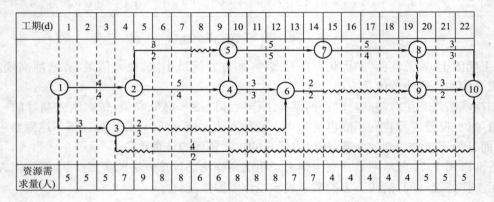

图 7.52　第一次调整后的时标网络计划

（5）若峰值不能再减少，即求得资源均衡优化方案，否则重新确定峰值目标，重复以上步骤，进行新一轮的调整。

本例的优化计算结果见图 7.53。

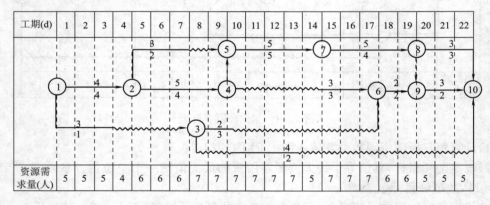

图 7.53　资源调整完成后的时标网络计划

7.4.3　费用优化

费用优化又称工期成本优化，是指寻求工程总成本最低时的工期安排，或按要求工期寻求最低成本的计划安排过程。通常在寻求网络计划的最佳工期大于规定工期或在执行计划需要加快施工进度时，需要进行工期－成本优化。

1. 费用与工期的关系

工程成本包括直接费和间接费两部分。直接费由人工费、材料费、机械使用费、其他直接费及现场经费等组成。施工方案不同，直接费也就不同；如果施工方案一定，工期不同，直接费也会不同，直接费将随着工期的缩短而增加。间接费包括企业经营管理的全部费用，它一般随着工期的缩短而减少。工程费用与工期的关系如图 7.54 所示。

间接费曲线表示间接费用和工期成正比例关系的曲线，通常用直线表示。其斜率表示间接费用在单位时间内的增加（或减少）的值。间接费用与施工单位的管理水平、施工条件、施工组织等有关。

直接费曲线表示直接费用在一定范围内和时间成反比关系的曲线。一般在施工时为了加快施工进度必须突击作业，也就是采取加班加点或采取多班制作业，这样就要增加许多非熟练工人、并且增加了高价的材料和劳动力、采用高价的施工方法及机械设备等。这样，工期虽然加快了，但直接费用也随之增加。在施工中存在着一个极限工期，是指如果工期超过此限制后，即使再增加施工费用也不能使工期缩短，这个工期称为极限工期（用 DC 表示）。同时也存在一个无论怎样延长工期也不能使直接费用再减少的工期，这个工期称为正常工期（用 DN 表示），与此相对应的费用称为最低费用，亦称正常费用（用 CN 表示）。其关系见图 7.55。

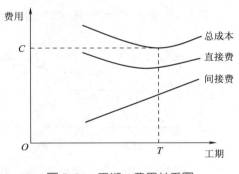

图 7.54　工期—费用关系图

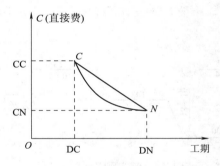

图 7.55　工期—直接费关系图

实际上直接费用曲线并不像图中的那样圆滑，而是由一系列线段所组成的折线，并且越接近最高费用（极限费用，用 CC 表示），其曲线越陡。确定曲线是一件很麻烦的事情，而且就工程而言，也不需要这样的精确，所以为了简化计算，一般都将曲线近似表示为直线，其斜率称为费用斜率，表示单位时间内直接费用的增加（或减少）量。其计算公式为：

$$\Delta C_{i\text{-}j} = \frac{CC_{i\text{-}j} - CN_{i\text{-}j}}{DN_{i\text{-}j} - DC_{i\text{-}j}} \tag{7.57}$$

式中　$\Delta C_{i\text{-}j}$——工作 $i\text{-}j$ 的直接费用率。

2. 优化的方法和步骤

费用优化的基本方法就是从组成网络计划的各项工作的持续时间与费用关系中，找出能使计划工期缩短而又能使得直接费增加最少的工作，不断地缩短其持续时间，同时考虑间接费随着工期缩短而减少的影响，把不同工期下的直接费和间接费分别叠加起来，即可求得工程成本最低时的相应最优工期和工期一定时相应的最低工程成本。

下面结合图 7.56 所示网络图［图中箭头上方为工作的正常费用和最短时间的费用（单位：千元），箭头下方为工作的正常持续时间和最短的持续时间，已知间接费率为 120 元/d］来说明费用优化的计算方法和步骤。

（1）简化网络图

简化网络图的目的是在缩短工期过程中，删去那些不能变成关键工作的非关键工作，使网络简化，减少计算工作量。

首先按工作正常持续时间计算时间参数，找出关键线路及关键工作，如图7.57所示。

其次，从图7.57中看，关键工作为1-3,3-4,4-6。用最短的持续时间置换那些关键工作的正常持续时间，重新计算，找出关键线路及关键工作。重复本步骤，直至不能增加新的关键线路为止。

经计算，图7.57中的工作2-4不能转变为关键工作，故删去它，重新整理成新的网络计划，如图7.58所示。

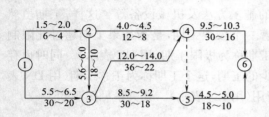

图7.56　已知网络图

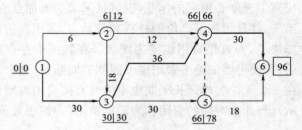

图7.57　按正常持续时间计算的网络计划

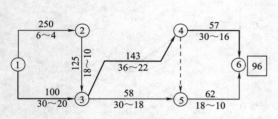

图7.58　新的网络计划

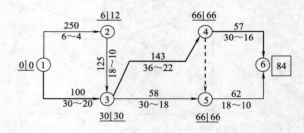

图7.59　第一次工期缩短的网络计划

1）计算各项工作的直接费用率。

工作1-2的直接费用率为：

$$\Delta C_{1\text{-}2}=\frac{CC_{1\text{-}2}-CN_{1\text{-}2}}{DN_{1\text{-}2}-DC_{1\text{-}2}}=\frac{2\ 000-1\ 500}{6-4}=250\ 元/d$$

其他工作的直接费用率均按式（7.57）计算，将它们标注在图7.58中的箭线上方。

2）计算工程总费用。

①直接费总和：$C_d=1.5+5.5+5.6+4.0+12+8.5+9.5+4.5=51.1$千元＝51 100元。

②间接费总和：$C_i=120×96=11\ 520$元。

③工程总费用：$C_t=C_d+C_i=51\ 100+11\ 520=62\ 620$元。

3）在简化网络计划中找出费用率（或组合费用率）最低的一项关键工作或一组关键工作，作为缩短持续时间的对象。在图7.58中，关键线路为1-3-4-6，工作费用率最低的关键工作是4-6。故应选择工作4-6为压缩对象。工作4-6的直接费用率57元/d，小于间接费用率120元/d，说明压缩工作4-6可使工程总费用降低。

4）缩短找出的工作或一组工作的持续时间，其缩短值必须符合所在关键线路不能变成非

关键线路,和缩短后其持续时间不小于最短持续时间的原则;

已知关键工作 4-6 的持续时间可缩短 14 d,由于工作 5-6 的总时差只有 12 d,因此,第一次缩短只能是 12 d,工作 4-6 的持续时间应改为 18 d,见图 7.59。

5)计算工期缩短后的工程总费用:

$$C_{t1}=C_t+\Delta C_1-120\times12=62\ 620+57\times12-1\ 440=61\ 860\ 元$$

6)重复第 3,4,5 步骤直到总费用不再降低或已满足工期为止。

(2)第二次压缩

在本例中,通过第一次缩短后,在图 7.59 中关键线路变成两条,即 1-3-4-6 和 1-3-4-5-6。如果使该计划的工期再缩短,必须同时缩短两条关键线路上的时间。比较后得知:工作费用率最低的关键工作是 1-3。故应选择工作 1-3 为压缩对象。工作 1-3 的直接费用率 100 元/d,小于间接费用率 120 元/d,说明压缩工作 1-3 可使工程总费用降低。

工作 1-3 持续时间可允许缩短 10 d,但 1-2 和 2-3 的总时差只有 6 d,因此工作 1-3 的持续时间只能缩短 6 d,见图 7.60。

计算第二次压缩后的工程总费用:

$$C_{t2}=C_{t1}+\Delta C_2-120\times6=61\ 860+100\times6-120\times6=61\ 740\ 元$$

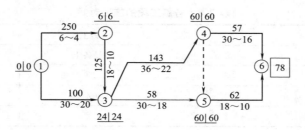

图 7.60　第二次工期缩短的网络计划

(3)第三次压缩

通过第二次压缩后,关键线路变成了四条,即 1-2-3-4-5-6、1-2-3-4-6、1-3-4-5-6 和 1-3-4-6,如果使该计划的工期再缩短,必须同时缩短四条关键线路上的时间。比较后得知:工作费用率最低的是工作 4-6 和 5-6 组合。故应选择工作 4-6 和 5-6 的组合为压缩对象。工作 4-6 和 5-6 组合的直接费用率为 119 元/d,小于间接费用率 120 元/d,说明压缩工作组 4-6 和 5-6 可使工程总费用降低。

工作 5-6 和 4-6 持续时间只允许再缩短 2 d,故该两项工作的持续时间缩短 2 d。工作 4-6 和 5-6 的持续时间改为 16 d,见图 7.61。

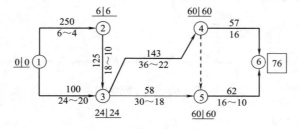

图 7.61　第三次工期缩短的网络计划

计算第三次压缩后的工程总费用：

$$C_{t3} = C_{t2} + \Delta C_3 - 120 \times 2 = 61\ 740 + (57 + 62) \times 2 - 120 \times 2 = 61\ 738\ 元$$

（4）第四次缩短

从图 7.61 上看，网络计划的关键线路没有改变，但工作 4-6 不能再缩短，工作费用率用∞来表示，比较后得知：工作费用率最低的关键工作是 3-4。故应选择工作 3-4 为压缩对象。工作 3-4 的直接费用率 143 元/d，大于间接费用率 120 元/d，说明压缩工作 3-4 会使工程总费用增加。因此，不需要压缩工作 3-4。也就是说，第三次工期压缩后的网络计划即为最优的网络计划，此时的工程总费用为 61 738 元。

7.5　网络计划技术应用举例

7.5.1　网络计划在工程中的应用

【例 7.2】　拟建 3 台设备的基础工程，施工过程包括基础开挖、基础处理和混凝土浇筑。因型号与基础条件相同，为了缩短工期，监理人指示承包商分三个施工段组织专业流水施工（一项施工作业由一个专业队完成）。各施工作业在各施工段的施工时间（单位为月）见表 7.8。

表 7.8　各施工段的施工时间

施工过程	施工段		
	设备 A	设备 B	设备 C
基础开挖	3	3	3
基础处理	4	4	4
浇混凝土	2	2	2

问题：

（1）请根据监理工程师的要求绘制双代号专业流水（平行交叉作业）施工网络进度计划图。

（2）该网络计划的计算工期为多少？并指出关键路线。

解：

（1）绘制网络图（图 7.62）。

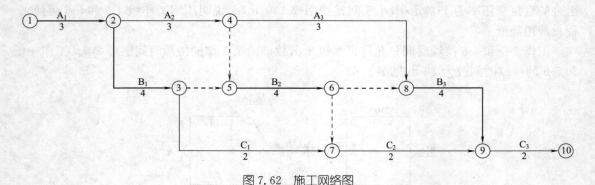

图 7.62　施工网络图

（2）计算工期为 17 个月。

关键路线为：①—②—③—⑤—⑥—⑧—⑨—⑩。

【例 7.3】 某工程网络计划如图 7.63 所示,时间单位:月。

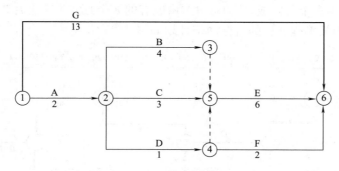

图 7.63 某工程网络图

问题:

(1)计算该网络计划的时间参数,并确定关键路线。

(2)根据上面的计算情况,回答下列问题(计划中各工作按最早时间安排下达;某工作的进度发生偏差时,认为其他工作是按计划进行的)。

①该工程的计算工期是多少?

②若该工程的计划工期等于计算工期,实施中 E 工作拖后 2 个月完成,对工期有何影响?

③若实施中 G 工作提前 2 个月完工,工期变为多少?

④若 D 工作拖延 1 个月完成,F 工作的总时差有何变化?

解:

(1)计算网络计划的时间参数,如图 7.64 所示并确定关键路线。

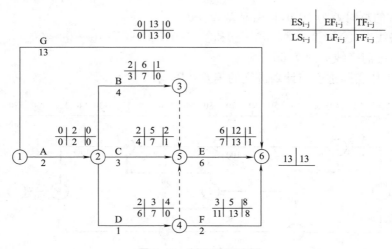

图 7.64 某工程网络图

关键路线为:①—⑥

(2)根据计算可确定:

①该工程的计算工期是 13 个月;

②实施中若 E 工作拖后 2 个月完成,工程工期将延长 1 个月。

③实施中 G 工作提前 2 个月完工,工程工期将变为 12 个月。

④若 D 工作拖延 1 个月完成,F 的总时差由原有的 8 个月变为 7 个月。

【例 7.4】 已知某工程项目的时标网络计划如图 7.65 所示。

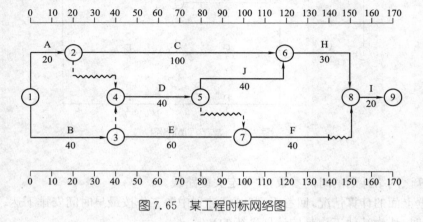

图 7.65　某工程时标网络图

问题:

(1)工作 E 的总时差及自由时差各为多少天?

(2)指出该网络计划的关键路线。

(3)工程进行到 70 d 下班时检查,发现工作 A、B 已完成,而工作 C、D、E 分别需要 40 d、30 d 和 20 d 才能完成,试绘制实际进度前锋线,分析工作 C、D、E 的实际进度与计划进度的偏差及影响。

解:

(1)工作 E 的总时差为 10 d,自由时差为 0 d。

(2)关键路线有:①—②—⑥—⑧—⑨和①—③—④—⑤—⑥—⑧—⑨。

(3)实际进度前锋线如图 7.66 所示:

分析有关工作实际进度与计划进度的偏差及影响:

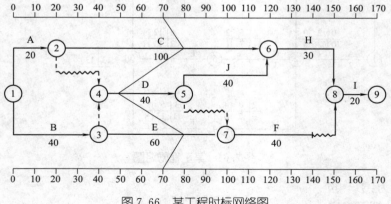

图 7.66　某工程时标网络图

①工作 C 实际进度比原计划提前 10 d。

②工作 D 实际进度比原计划拖后 20 d。因它是关键工作,总时差和自由时差均为零,所

以将使工期拖后 20 d,并将使其紧后工作 J 的最早开始时间往后推迟 20 d。

③工作 E 实际进度比原计划提前 10 d。

【例 7.5】 某建设工程项目,合同工期 12 个月。承包人向监理机构呈交的施工进度计划如图 7.67 所示。图中工作持续时间单位为月。

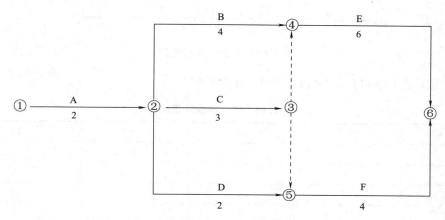

图 7.67 某工程网络图

问题:

(1)该施工进度计划的计算工期为多少个月?是否满足合同工期的要求?

(2)该施工进度计划中哪些工作应作为重点控制对象?为什么?

(3)施工过程中检查发现,工作 C 将拖后 1 个月完成,其他工作均按计划进行,工作 C 的拖后对工期有何影响?

解:

(1)该进度计划的计算工期为 12 个月,满足合同工期要求。

(2)工作 A、B、E 应作为重点控制对象。因为它们均为关键工作。

(3)无影响。因工作 C 有总时差 1 个月,它拖后的时间没有超过其总时差。

7.5.2 网络计划在拟定设备保养计划上的应用

【例 7.6】 某单位有 7 台设备,编号及经过调查分析而确定的保养工作量(单位:d,每天安排两班)见表 7.9。该单位共有维修工 7 人,每台设备配备 2 人保养。要求设备 A、B 同时开始保养,设备 C、D 在设备 A 保养完成后开始,设备 E 在设备 B 完工后保养,设备 F 在设备 D、E 完工后保养,设备 G 在设备 C 完工后保养。整个保养任务要求在 12 d 内完成。试制定从 4月 19 日开始的保养计划。

表 7.9 设备保养时间

设备编号	A	B	C	D	E	F	G
所需保养时间(d)	3	5	4	6	2	5	4

解:(1)根据约束条件画双代号网络图(图 7.68)。

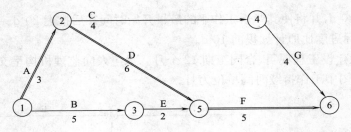

图 7.68　设备保养网络图

（2）确定关键工序和关键路线（表 7.10 及图 7.68）。

表 7.10　时间参数计算表

工序 $i \to j$	T_{ij}	ES_i	LS_j	TF_{ij}
1→2	3	0	9	0
1→3	5	0	7	2
2→4	4	3	10	3
2→5	6	3	9	0
3→5	2	3	9	2
4→6	4	7	14	3
5→6	5	9	14	0

由表 7.10 可看出，总工期为 14 d，不满足要求，需作调整。

（3）工序时间调整

采取适当措施，压缩关键工序的保养时间。

例如，加强关键工序的保养力量，每台设备配备维修工 3 人，同时将工序 2→5 由 6 d 压缩到 5 d，将工序 5→6 由 5 d 压缩为 4 d。

经过如上调整，重新计算时间参数（表 7.11），并找出调整后的关键路线。

表 7.11　调整后的时间参数计算表

工序 $i \to j$	T_{ij}	ES_i	LS_j	TF_{ij}
1→2	3	0	3	0
1→3	5	0	6	1
2→4	4	3	8	1
2→5	5	3	8	0
3→5	2	5	8	1
4→6	4	7	12	1
5→6	4	8	12	0

从表 7.11 看出，调整后的关键工序为 1→2→5→6，未发生变化。总的保养周期压缩为 12 d，满足要求。

关键工序保养力量加强后，必须分析资源高峰（保养力量）是否超出了提供能力。

（4）资源分析

保养周期内每日所需维修工人数见图 7.69。由图中看出，每天最多需要 7 人，与所给维修力量相符。因此调整后的方案是可行的，可据此编制保养计划（表 7.12）。

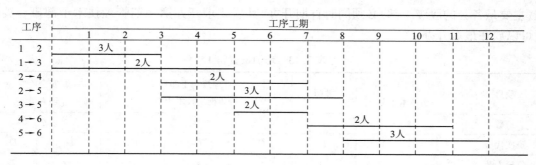

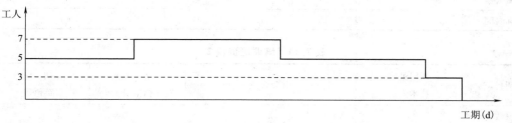

图 7.69　设备保养计划及所需维修工人数

表 7.12　设备保养计划

工序 $i \rightarrow j$	设备编号	保养时间
1→2	1	4.19-4.21
1→3	2	4.19-4.23
2→4	3	4.22-4.25
2→5	4	4.22-4.26
3→5	5	4.24-4.25
4→6	6	4.27-4.30
5→6	7	4.26-4.29

7.5.3　采用计划网络法制定岗位培训计划

【例 7.7】　某地区为了有计划地组织岗位培训，必须制定一个短期的岗位培训计划。培训任务见表 7.13、表 7.14。

计划解决四个问题：

（1）在可能条件下，寻求最短轮训周期；

（2）缩短哪些班次的培训时间对缩短轮训周期有利；

（3）列出各班的培训次序；

（4）如果首班于次年 3 月 1 日开学，给出各班的开学时间。

要求计划满足下列条件：

(1)现有培训基地最多可同时开办三个班,每班不超过 45 人。

(2)由于教学条件的限制,管理干部技术班与基层管理维修技术员班不能同时开办。

(3)考虑到县级培训工作的需要和尽可能先培训技术干部,师资班和第一期管理行政干部班(主要是各县的股级干部)必须同时首期开办,其后要求开办第一期管理技术干部班。英语班可以放在最后开办。

表 7.13　培训班资料 1

项目	管理行政干部和公司技术干部		教师	管理技术干部和科研推广技术干部			安全监理人员	
班数	2		1	3			2	
班次代号	A_1	A_2	B	C_1	C_2	C_3	D_1	D_2
每班人数	38	37	24	42	42	43	22	22
培训时间	9	9	15	12	12	12	6	6

表 7.14　培训班资料 2

项目	基层维修技术人员	财会人员		文 化档案员	初 级英语班
班数	1	2		1	1
班次代号	E	F_1	F_2	G	H
每班人数	42	30	30	30	30
培训时间	9	18	18	5	18

解:根据问题的性质,采用计划网络方法制定培训计划。为了便于计算,假设起点时间为 0,每 5 d 为一个时间单位,每月均按 30 d 计。

(1)根据题目要求画双代号网络图(图 7.70)。

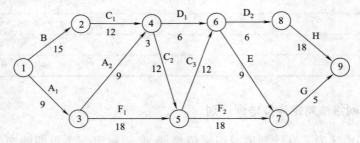

图 7.70　岗位培训初始网络图

(2)计算时间参数(表 7.15),找出关键路线。

表 7.15　初始网络图的时间参数计算表

班次	工序 $i \rightarrow j$	D_{ij}	ES_i	LS_j	TF_{ij}
A_1	$1 \rightarrow 3$	9	0	18	9
B	$1 \rightarrow 2$	15	0	15	0

班次	工序 $i \to j$	D_{ij}	ES_i	LS_j	TF_{ij}
C_1	2→4	12	15	27	0
A_2	3→4	9	9	27	9
F_1	3→5	18	9	39	12
C_2	4→5	12	27	39	0
D_1	4→6	6	27	51	18
C_3	5→6	12	39	51	0
F_2	5→7	18	39	70	13
E	6→7	9	51	70	10
D_2	6→8	6	51	57	0
H	8→9	18	57	75	0
G	7→9	5	60	75	10

　　由上表看出,关键路线为 1→2→4→5→6→8→9,培训总周期为 75 个时间单位(375 天, 12.5 个月)。

　　(3)压缩培训周期。

　　由于各班培训时间不能缩短,只能采用将关键工序与非关键工序对调的方法,且调进关键路线的班次时间必须小于调出班次的时间,选择被调整工序时必须满足题目所给条件。

　　调整后的网络图见图 7.71,时间参数见表 7.16。

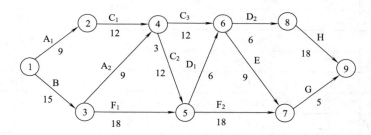

图 7.71　调整后的网络图

　　由表 7.16 看出,调整后的关键路线为 1→3→4→5→6→8→9,经检验满足各项约束条件, 最短培训总周期为 66 个时间单位(330 d,11 个月)。

表 7.16　调整后网络图的时间参数计算表

班次	工序 $i \to j$	D_{ij}	ES_i	LS_j	TF_{ij}
B	1→2	15	0	15	0
A_1	1→3	9	0	12	3
C_1	2→4	12	9	24	3
A_2	3→4	9	15	24	0
F_1	3→5	18	15	36	3
C_2	4→5	12	24	36	0

续上表

班次	工序 $i \to j$	D_{ij}	ES_i	LS_j	TF_{ij}
C_3	4→6	12	24	42	6
D_1	5→6	6	36	42	0
F_2	5→7	18	36	61	7
E	6→7	9	42	61	10
D_2	6→8	6	42	48	0
H	8→9	18	48	66	0
G	7→9	5	54	66	7

(4)培训计划时间表。

如果首班于3月1日开学,各班的开学时间可由表7.16推算出,结果见表7.17。

表 7.17　调整后的岗位培训计划

班次	最早开学时间(月.日)	最迟开学时间(月.日)
B	03.01	03.01
A_1	03.01	03.15
C_1	04.16	05.01
A_2	05.16	05.16
F_1	05.16	06.01
C_2	07.01	07.01
C_3	07.01	08.01
D_1	09.01	09.01
F_2	09.01	10.05
E	10.01	11.20
D_2	10.01	10.01
H	11.01	11.01
G	12.01	01.05

复习思考题

1. 网络计划的方法有哪些?其基本原理是什么?

2. 网络计划的特点有哪些?

3. 网络图分为哪几类?

4. 何谓工艺关系和组织关系?试举例说明。

5. 双代号网络图中工作逻辑关系有哪些?

6. 虚箭线在网络图中有哪些用途?

7. 绘制网络图的步骤和方法是什么?

8. 何谓工作的总时差和自由时差?什么是关键线路?如何确定关键线路?

9. 双代号时标网络计划的特点有哪些?

10. 网络计划调整的内容有哪些? 如何进行调整?

11. 网络计划优化包括哪些方面?

12. 某计划项目由 A、B、C、D、E、F、G、H、I 九道工序组成,其工序关系如表 7.18 所示,试绘该项目的网络计划图。

表 7.18　各工序关系

工序代号	A	B	C	D	E	F	G	H	I
紧前工序	—	—	A,B	A,B	B	D,E	C,F	D,E	G,H

13. 某工程包含 A、B、…、P 十六项工序,其工序关系如下:

(1)工序 A、B、C 同时开始;

(2)工序 D、E、F 在 A 完成后同时开始;

(3)工序 I、G 在 B、D 都完成后开始;

(4)工序 H 在 C、G 都完成后开始;

(5)工序 K、L 紧接在工序 I 之后;

(6)工序 J 紧接在 E、H 之后;

(7)工序 M、N 紧接在工序 F 之后,但必须在 E、H 都完成后才能开始;

(8)工序 O 紧接在 M、I 之后;

(9)工序 P 紧接在 J、L、O 之后;

(10)工序 K、N、P 是工程的结束工序。

试根据上述关系绘制该工程的计划网络图。

14. 根据表 7.19 绘制双代号网络图,并指出关键线路和计算出工期。

表 7.19　各工序关系

工序名称	A	B	C	D	E	F	G	H	I	J	K	L
紧前工作	—	—	A	A	A,F	B,C	F	D,E	E,G	E,G	H,I	J
持续时间	5	3	2	4	5	3	1	3	2	5	3	5

15. 根据表 7.20 绘制单代号网络图,并指出关键线路和计算出工期。

表 7.20　各工序关系

工作代号	A	B	C	D	E	F	G	H	I	J
紧后工作	—	—	A,B	B	B	C,D	C,D,E	D,E	F	F,G,H
持续时间	3	5	3	5	4	5	4	3	4	5

16. 根据表 7.21 绘制时间坐标网络图。

表 7.21　各工序关系

工序名称	A	B	C	D	E	F	G	H	I
紧前工作	—	—	A	B	B	A,D	E	C,F,E	G
持续时间	2	5	3	5	2	5	4	5	2

17. 计算如图 7.72 中网络图的时间参数,确定关键路线。

18. 某工程各工序关系及工序工时如网络图 7.73 所示,各工序所需人力分别为:1→2:6 人,1→3:3 人,1→4:5 人,2→4:4 人,2→5:7 人,3→6:4 人,4→6:3 人,5→6:5 人。试确定最短工期及人力合理安排。

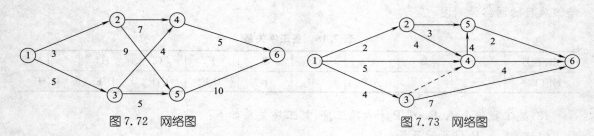

图 7.72 网络图　　　　　　　　　　　图 7.73 网络图

19. 某项工程包括六道工序,整个工程正常工期的间接费用为 2 000 元,每压缩一天工期,间接费用减少 60 元。试根据工期短、费用低的原则确定两个备选赶工方案(详细资料见表 7.22 和图 7.74 所示)。

表 7.22　工程资料

工序代号	正常工期		赶工工期		费用率(元/d)
	时间(d)	成本(元)	时间(d)	成本(元)	
A	19	1710	8	3085	125
B	11	990	5	1440	75
C	3	270	3	270	60
D	11	990	10	1170	180
E	3	270	3	270	250
F	3	270	3	270	400

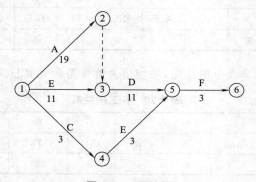

图 7.74 网络图

8

系统决策

决策是人们在工作和生活中普遍存在的一种活动。人们为了解决面临的问题，从可供选择的若干方案中选择一种最佳方案时，就要通过判断，作出决定，这就是决策。长期以来，决策者主要凭个人的经验、知识和才能进行决策。但是，随着科学技术的不断进步，社会、经济的日益发展，知识和信息量的急剧增长，各种决策问题越来越复杂，而个人的学识和经验总是有限的，所以，在各种复杂的决策问题面前仅仅靠个人的经验和智慧，常常难以作出正确的决策，甚至会出现失误。而决策的失误往往会带来严重后果，小则影响预期目的的实现，一个企业的失败，大则会给国家的政治、经济造成巨大的损失。

随着控制论、运筹学、概率论、数理统计和电子计算机等的发展，逐步形成了决策理论，使决策建立在科学的基础上，成为管理科学的一个重要组成部分。

从系统工程的观点来看，所谓决策是指从系统整体出发，为了实现特定的目标，在占有一定的信息和经验的基础上，借助一定的理论、方法和工具，对几个可供选择的方案，进行科学分析和正确的计算与判断，确定指导未来行动的方案、方针和策略。

决策理论的科学性在于决定行动之前，事先进行科学的分析，预计未来行动的后果，并对发展中可能出现的各种变化作出科学的分析，提出应付各种不同情况的策略。

政治中的外交谈判、战争中的战略选择、经济中的贸易谈判和价格竞争、生活中的各种游戏和比赛都是属于带竞争性质的现象，竞争各方为战胜对方而作出对付对方的决策，这种特殊类型的决策称为对策。研究对策现象的数学理论称为对策论。

8.1 决策分析概述

8.1.1 决策过程

决策分析包括提出问题、确定目标、搜集资料、建立决策模型、提出各种供选择的方案、确定评价各种方案的准则和尺度、综合分析、选择方案、制订行动计划等过程。

为了进行决策，首先提出所要决策的问题。在政府工作中有许多重大问题需要进行决策，如生产布局、部门结构调整等；对一个企业来讲，必须考虑生产产品的品种、产量等问题。工业产品的生产，不仅受经济规律的支配，而且受国际、国内形势的影响。农产品的生产还受自然气候等环境的影响。在不同的自然状态下，不同经营策略的选择都可应用决策分析的方法进行决策。

信息是决策的基础，在进行决策时必须掌握与决策有关的信息，掌握的信息越准确、越完全，则所决策的可信度就越高。不仅要重视搜集、整理和分析历史资料和试验数据，对现实情况进行调查研究和统计分析，而且要研究发展动向，通过科学的预测，获得决策所需的未来的信息。敏锐地发现问题，及时获得有用的信息，对于决策分析来讲是非常重要的。

　　提出问题之后,就要确定所要达到的目标,建立决策模型,提出各种可供选择的方案,并确定评价各种方案的准则和尺度。

　　决策模型定量地表达了系统对象各个部分之间的相互关系和系统在一定条件下运动的变化规律,因而能明确地表示决策问题的内容。按照模型的表现形式,决策模型可分为数学模型、决策树、决策表等。

　　建立模型以后,即可根据决策准则和运用决策规则,从各种可行方案中选择最满意的方案。在选择方案时需要进行综合分析。既要进行定量分析,也要进行定性分析。在分析时尽可能采用科学的方法,经过综合分析,最后作出最好的决策,并制订行动计划。

　　在决策过程中,随着对所要决策的问题的认识逐步深入和不断提高,这就需要对方案进行修改,使所选方案更加完善。即使在方案实施的过程中,还可能发现原来的方案有错误或者不够完善,或者由于主观和客观情况发生变化而影响实现原定的目标。这时还要针对存在的问题,采取补救措施,进行追踪决策,使修正后的决策方案更加完善和有效。

　　上述过程在决策理论中称为动态决策过程。

8.1.2　决策要素

　　先看下面的例子。

　　【例 8.1】　一个啤酒厂生产甲牌啤酒,每箱成本 16 元,售价 30 元。已知市场对甲牌啤酒的需要量是每天 1 000 箱,问该厂应当如何安排生产才能获利最大?

　　如果把上述问题变成这种情况:生产甲、乙两种品牌的啤酒,每箱成本各是 15 元、18 元,售价分别为 30 元/箱和 32 元/箱,市场对甲牌啤酒的需求量为天凉时 1 000 箱/d,天热时 1 800 箱/d,对乙牌啤酒的需求量为天凉时 1 500 箱/d,天热时 2 700 箱/d。天凉出现的概率是 0.3,天热出现的概率是 0.7。问如何安排生产获利最大?

　　解:对于前一个问题的决策很简单,因为只有一种产品,一个确定的需求量,所以每天安排 1 000 箱的生产量最好,没有脱销也没有库存。

　　后一个问题则复杂得多。

　　为了解决复杂问题的决策问题,必须应用科学的决策理论,下面首先介绍决策过程所涉及的决策要素。

　　一个单一目标的决策问题,可以采用决策表来表示,其典型形式见表 8.1。表中包括供选择的方案、自然状态、自然状态的概率和益损值四项要素。

表 8.1　决策表的一般结构

供选择的方案	自然状态			
	s_1	s_2	...	s_m
	自然状态概率			
	p_1	p_2	...	p_m
a_1	c_{11}	c_{12}	...	c_{1m}
a_2	c_{21}	c_{22}	...	c_{2m}
$\vdots$	$\vdots$	$\vdots$	$\vdots$	$\vdots$
a_n	c_{n1}	c_{n2}	...	c_{nm}

(1)供选择的方案(行动方案,策略)

a_1、a_2、$\cdots$、a_n 为供决策者选择的方案,它是决策者可以控制的因素,是根据可能的条件制订几个供决策者选用的方案,如上例提出的是安排甲牌的,还是安排乙牌的? 其中 n 是供选择的方案数。

(2)自然状态

s_1、s_2、$\cdots$、s_m 为自然状态,它们是不可控变量,其中 m 是自然状态数。在同一时期内只能出现一种自然状态。自然状态可以是经济状况、天气情况或决策者不能控制的其他环境条件,如上例中的天凉、天热。

(3)自然状态的概率

p_1、p_2、$\cdots$、p_m 为自然状态的概率,它们与自然状态 s_1、s_2、$\cdots$、s_m 相对应,也是不可控变量。各自然状态的概率之和一定等于1,即

$$p_1+p_2+\cdots+p_m=1 \text{ 或} \sum_{i=1}^{m} p_i=1 \quad (0\leqslant p_i\leqslant 1)$$

自然状态的出现,可分为客观概率和主观概率两种。所谓客观概率是指某一事件在一系列试验中出现的相对频率。客观概率也可以从历史资料或统计资料中获得,但必须指出:

①客观概率是建立在对过去事件的观察或进行试验的基础上的,或二者皆有之。因此,在利用客观概率进行决策时,必须假定将来的事件将在与过去相似的条件下推进,或者已经确认将来事件发展的明显趋势,否则将是毫无意义的。

②所观察的过程必须是稳定的过程。

③如果概率是由过去行为的抽样所决定,则必须有足够的样本,所取的抽样应能代表所研究的过程。

主观概率是主观判断自然状态的概率,是个别人根据对事件观察的直接经验而作出的。大部分主观概率往往因决策者不同而得出不同的数值,甚至同一个决策者,由于心理的、感情的或其他因素的影响,都会改变其估计。因此,主观概率有很大的随意性,一般是在不能得到客观概率时才用主观概率。在确定主观概率时,应充分发挥有经验的管理人员和专家的作用。

(4)益损值(支付值、风险值)

c_{ij} 是结果变量,表示第 i 种方案在 j 种自然状态下的收益或损失的大小(一般正值为收益,负值为损失),可用金额单位或其他单位来计量,也可用打分的方法来计量。决策过程中往往是借助益损值来协助决策者来进行决策。

例 8.1 中后面一个问题的决策表见表 8.2。

表 8.2 例 8.1 决策表

行动方案	自然状态及概率	
	天凉	天热
	0.3	0.7
甲牌	甲在天凉时的益损值	甲在天热时的益损值
乙牌	乙在天凉时的益损值	乙在天热时的益损值

各自然状态下的益损值计算如下:

甲在天凉时的益损值＝(售价－成本)×箱数＝(30－15)×1 000＝15 000(元)

甲在天热时的益损值＝(30－15)×1 800＝27 000(元)

乙在天凉时的益损值＝(32－18)×1 500＝21 000(元)

乙在天热时的益损值＝(32－18)×2 700＝37 800(元)

表8.2中的益损值可排列成矩阵的形式：$C = \begin{bmatrix} 15\ 000 & 27\ 000 \\ 21\ 000 & 37\ 800 \end{bmatrix}$，该矩阵称为益损矩阵或风险矩阵。

益损值还可以用效用值来表示。所谓效用值是表明决策者基于自己对决策所产生后果的意愿或偏好倾向而采取的一种评价输出的尺度。

例如，对于一个敢冒风险的决策者，他对获利较大但风险也较大的策略给予较大的效用值，而对获利较小，但比较有把握的策略给予较小的效用值。对于一个稳重的决策者来说，他宁肯采取稳重的策略，而不愿去冒大的风险，因而他对获利较小而有把握的策略给予较大的效用值，而对获利较大但风险也较大的策略给予较小的效用值。

表示效用值与益损值之间的函数关系，称为效用函数。当效用值与益损值成正比关系时，效用函数为一线性函数，否则为非线性函数。

8.1.3　决策类型

从不同的角度来分析决策问题，我们可以得出不同的分类。

(1)按决策的重要性可将其分为战略决策、策略决策和执行决策，或称为战略规则、管理控制和运行控制三个层次。

战略决策是涉及组织的发展和生存的有关全局性、长远、方向问题的决策，如企业厂址的选择、新产品开发、新市场开发，国家和地区的产业布局、结构调整、战略方针等。

策略决策是为完成战略决策所规定的目标而进行的决策，如企业的产品规格、工艺方案等。

执行决策是根据策略决策的要求制定执行方案的选择，如生产标准选择、生产调度、人员兵力配备等决策。

(2)按决策的性质可将其分为程序化决策和非程序化决策。

程序化决策是一种有章可循的决策，具体体现为可以重复出现，制定固定程序，如订单标价、核定工资、生产调度等。而非程序化决策表现为问题新颖、无结构，处理这类问题没有固定程序，如开辟新的市场、作战指挥决策等。

这一类决策根据问题结构化的程序又可将其分为结构化决策、半结构化决策以及非结构化决策。所谓结构化是指问题的影响变量之间的相互关系可以用数学形式表达，问题的结构可以用数学模型表示；非结构化问题比较复杂，一般也不能建立数学模型；介于二者之间的称为半结构化决策。

(3)根据人们对自然状态规律的认识和与决策有关的信息的掌握程度，决策问题通常可分为确定型决策、风险型决策(统计决策)以及非确定型(完全不确定型)决策三种。

确定型决策指决策者能完全确切地知道将发生怎样的自然状态，那么就可在既定的自然状态下选择最佳行动方案。如资源的分配优化、配置等，总之用数学规划解决的问题都属于确定型决策问题。确定型决策由于只有一种自然状态，即 $p_j = 1$，所以决策表也只有一列。如例

8.1 的第一种提法中,每日需求量为 1 000 箱,确定状态出现的概率为 1(视为必然事件),而其他自然状态出现的概率为 0(视为不可能事件)。

风险型决策也称为随机状态决策,指决策者在没有完全掌握与决策有关的信息的情况下进行决策。这种情况下,若干种可能发生的自然状态的出现是随机的,但决策者掌握各自然状态出现的概率以及在各自然状态下每一方案的益损值。由于自然状态的随机性,所以这种决策带有一定的风险,其可信度较确定型决策差。但是,这是最常遇到的决策类型。如天气好、天气坏的概率可以估计出来,这一问题就属于风险型决策问题了。

不确定型决策指决策者在很少掌握与决策有关的信息的情况下进行决策。决策者掌握可能发生的自然状态的种类以及在各自然状态下每一方案的益损值。但是,决策者不掌握各自然状态出现的概率。

一般来讲,决策者不希望在不确定状态下作出决策,因为其可信度最差。但是,当面临一种新的情况、考虑研制一种新产品或进行探索性开发时,不可避免地要在不确定状态下进行决策。

(4)按决策的目标数量可将其分为单目标决策和多目标决策。

仅有一个目标的决策问题是单目标决策,有两个或两个以上目标的决策问题称为多目标决策。

(5)按决策的阶段可将其分为单阶段决策和多阶段决策,也可称为单项决策和序贯决策。

单项决策是指整个决策过程只作一次决策就得到结果,多项决策是指整个决策过程由一系列决策组成,而其中若干关键决策环节又可分别看成单项决策。

8.1.4 系统决策的基本步骤

针对某一具体的决策问题,一项完整的决策过程应包括以下几个基本步骤:

1. 明确目标

确定目标是决策的前提。决策目标要制定得具体、明确,避免抽象、含糊。因此,决策目标最好是可度量的指标,如效益、损失等。此外,决策目标要考虑全面,整体与局部、长远和近期、实际和可能的利益要结合起来。

2. 拟定多个行动方案

根据确定的目标,拟定多个行动方案,这是科学决策的关键。

需要注意,提出的行动方案都必须是可行的,这样从中选择方案才有意义大的决策问题,还要进行可行性论证。

3. 探讨并预测未来可能的自然状态

所谓自然状态,是指那些对实施行动方案有影响而决策者又无法控制和改变的因素所处的状况。这些因素包括的范围很广泛,如气候、物价、市场需求、竞争对手的行动、成本、原材料等都可以成为影响因素。尽管影响决策问题的客观因素可能很多,但通常只选择对行动结果有重大影响的因素,以这个因素或这些因素的状况或组合状况作为该决策问题的自然状态。

例如,某企业的决策者面临是"生产产品 A"还是"不生产产品 A"的决策问题,如果影响这两种行动方案的不可控因素为"市场需求",而它的可能出现状况有"市场需求大"和"市场需求小"两种,那么行动方案实施后将遇到的自然状态就是二者之一。如果"竞争厂家是否生产类似产品"是本决策问题的另一个不容忽略的影响因素,它的可能状况有"无竞争"和"有竞争"两种。这样,两种影响因素的可能组合状况有四种:"需求小,但无竞争"、"需求小,且有竞争"、"需求大,且无竞争"和"需求大,但有竞争",这也就是本决策问题的四种可能自然状态。

此外,影响因素的状态需要事前作出明确的定义。例如,"市场需求量大"的定义是什么?指需求达到 1 000 台以上,还是 2 000 台以上呢? 显然不同的问题将有不同的回答,因此应根据具体问题作出相应的说明和定义。

4.估计各自然状态出现的概率

这是系统决策(风险型决策)问题必须进行的工作,是构成该类决策问题的条件之一。因为确切真实的自然状态出现情况只能在决策之后才能确定,为了进行系统决策,我们必须对各自然状态出现的概率作出估计。一般可以采用主观概率估计或者根据历史统计资料直接估算。

5.估算各个行动方案在不同自然状态下的益损值

这也是构成决策问题的条件之一。

6.决策分析,选择出满意的行动方案

这一步是系统决策全过程的主体,应用各种决策技术进行决策分析,应用一定的决策准则,最终为决策者选择出满意方案,也是本章以下将要讨论的内容。

8.1.5　决策技术

在决策过程中为了选择好方案,需要对所要决策的问题进行定量分析,决策技术的作用在于研究和应用定量分析方法,为决策者提供数量分析和相互比较的信息,帮助决策者提高决策水平,及时正确地作出决策。

所谓决策技术,就是决策时所采用的一系列科学理论、方法和手段的总称。系统工程为决策提供了科学的方法,计算机的应用为决策提供了有效的手段。

目前已有许多专门的技术用来进行决策分析(表 8.3 中,凡适用者以"○"表示),由于确定型单目标的决策可采用各种规划方法,确定型多目标、多方案的决策可采用系统综合评价方法,所以本章只介绍风险型及不确定型决策技术。

表 8.3　常用决策技术

决策技术	决策类型		
	确定型	风险型	不确定型
决策表	○	○	○
决策树	○	○	
线性规划	○		
分枝定界法	○		
整数规划	○		
分配论	○		
关键路线法	○		
计划评审技术		○	
动态规划	○	○	

决策技术	决策类型		
	确定型	风险型	不确定型
马尔科夫链		○	
存贮论	○	○	
排队论		○	
模拟	○	○	

8.2 风险型决策

风险型决策的主要特点是:第一,存在着两个或两个以上的自然状态,并且已知各种自然状态可能出现的概率。第二,存在着决策者希望达到的明确的目标。第三,存在着可供决策者选择的两个或两个以上的行动方案。第四,可以计算出不同行动方案在不同自然状态下的益损值。

风险型决策的关键是根据决策者所掌握的自然状态的概率,运用一定的决策准则去选择最优的方案。在风险型决策中应用的决策准则有期望值准则、最大方差准则、最大可能性准则等。其中期望值准则应用最广。为了便于理解,下面以最大化的决策问题为例,来对期望值准则进行说明。可以用类似的方法处理最小化问题。

8.2.1 期望值准则

将每一个自然状态看做是离散型的随机变量,某个方案益损值的期望值是指该方案在所有自然状态下益损值的数学期望:

$$E(a_i)=\sum_{j=1}^{m}c_{ij}p_j(s_j) \qquad i=1,2,\cdots,n$$

对于目标最大化的决策问题,期望值准则是在诸方案中选择期望值最大的方案为决策方案。即

$$\max E(a_i)=\max\sum_{j=1}^{m}c_{ij}p_j(s_j)$$

【例 8.2】 根据市场调查知道某种产品需求量的概率(表 8.4)。该产品如果当天出售,则每吨可获利 30 元,如果当天不能出售,每吨将亏损 10 元。问该产品每天应上市多少吨? 期望利润为多少?

表 8.4 市场需求量的概率

每天需求量(t)	5	6	7	8	9
概率	0.1	0.2	0.4	0.15	0.15

解:该问题属于风险型决策。自然状态有五种:$s_1=5$、$s_2=6$、$s_3=7$、$s_4=8$、$s_5=9$。行动方案也有五种选择:$a_1=5$、$a_2=6$、$a_3=7$、$a_4=8$、$a_5=9$。已知自然状态概率为 $p_1=0.1$、$p_2=0.2$、$p_3=0.4$、$p_4=0.15$、$p_5=0.15$。根据产品的需求量和销售的盈亏值,可以计算出每种方案在每种自然状态下的益损值(表 8.5)。

表 8.5 产品每天上市量决策表

行动方案	s_1 $p_1=0.1$	s_2 $p_2=0.2$	s_3 $p_3=0.4$	s_4 $p_4=0.15$	s_5 $p_5=0.15$	期望利润额（元）
a_1	150	150	150	150	150	150
a_2	140	180	180	180	180	176
a_3	130	170	210	210	210	194
a_4	120	160	200	240	240	196*
a_5	110	150	190	230	270	192

*方案 a_4 期望利润额最大。

计算各种方案的期望值。

根据期望值计算公式，求出每种方案的期望利润额分别为：

$$E(a_1)=0.1\times150+0.2\times150+0.4\times150+0.15\times150+0.15\times150=150(元)$$
$$E(a_2)=0.1\times140+0.2\times180+0.4\times180+0.15\times180+0.15\times180=176(元)$$
$$E(a_3)=0.1\times130+0.2\times170+0.4\times210+0.15\times210+0.15\times210=194(元)$$
$$E(a_4)=0.1\times120+0.2\times160+0.4\times200+0.15\times240+0.15\times240=196(元)$$
$$E(a_5)=0.1\times110+0.2\times150+0.4\times190+0.15\times230+0.15\times270=192(元)$$

将计算结果列入表中的最后一列。由此可知，最好的方案为 a_4，即每天该产品的上市量为 8 t，此时的期望利润额最大，为 196 元。其次为方案 a_3，每天上市量为 7 t，期望利润额为 194 元。

【例 8.3】 黑龙江省某农场生产队，种植小麦 11 520 亩，平均单产为 300 公斤/亩，用联合收割机收获，每台联合收割机的机组生产率为 120 亩/d。由于每年的气候条件不同，每年可能用机器适时收获的天数是不同的。根据历年情况，可以分为 3 种，即收获期为 16、12、8 d。其相应的概率分别为 0.2、0.6、0.2。如果在规定的收获期内收获不完，则小麦将因雨季到来而遭受的损失为 30 元/亩；但如果配备过多的联合收割机，超过了实际需要，每年将增加折旧费的支出（多配备的机器以每年损失折旧费 4 000 元计算）。现有配备 6、8、10、12 台联合收割机四种方案供选择，问该单位配备几台联合收割机比较合适？

解：每种方案在每种自然状态下的益损值与每种方案的可能收获总面积有关，因此，首先需要计算收获面积。

（1）计算每种方案在每种自然状态下的可能收获总面积

收获期内某种方案全部联合收割机可能收获的总面积可用下式计算：

$$F=nDW$$

式中　F——某种方案全部联合收割机可收获的总面积（亩）；

　　　n——联合收割机台数；

　　　D——机器可能适时收获的天数；

　　　W——每台机组的生产率（亩/d）。

根据已知的数据进行计算，把计算得到的每种方案在不同自然状态下可能收获的总面积（亩）列入表 8.6 中。例如，方案 a_1 为 6 台，第一种自然状态 s_1 为 16 d，已知机组生产率 $W=120$ 亩/d，则此时可能收获的总面积为 $F_{11}=6\times16\times120=11\,520$ 亩，把此数值填入表 8.6 中的相关位置。表中其他数据依此类推。

表 8.6 各种方案在不同自然状态下可能适时收获的总面积（亩）

行动方案	s_1 (16 d)	s_2 (12 d)	s_3 (8 d)
	$p_1=0.2$	$p_2=0.6$	$p_3=0.2$
a_1 (6 台)	11 520	8 640	5 760
a_2 (8 台)	15 320	11 520	7 680
a_3 (10 台)	19 260	14 400	9 600
a_4 (12 台)	23 040	17 280	11 520

（2）计算每种方案在各种自然状态下的益损值

每种方案在各种自然状态下的益损值指相应的预期损失金额值。根据题意，主要包括下列两项：

（i）在收获期内没有及时收获的小麦因下雨而遭受损失。

（ii）由于配备的联合收割机超过了实际需要，每年增加折旧费的支出。

按照上述两项损失的金额值，即可计算每种配备方案在每种自然状态下的益损值。

例如，第一个方案在第二种自然状态下可能收获的小麦面积为 $F_{11}=8\,640$ 亩，而小麦总面积为 11 520 亩，因此有 2 880 亩小麦没有及时收回，总共损失 $2\,880\times30=86\,400$ 元。将此数据填入表 8.7 的相关位置，即 $c_{12}=86\,400$ 元。

又如，第四方案在第一种自然状态下可收获小麦面积为 $F_{41}=23\,040$ 亩，而该单位实有小麦面积仅为 11 520 亩，只要 6 台收割机就可在 16 d 内全部完成收割任务，方案 a_4 配备了 12 台，即多配备了 6 台联合收割机，多支出折旧费 $4\,000\times6=24\,000$ 元。将此值填入表 8.7 的相关位置，即 $c_{41}=24\,000$ 元。

依此类推，将所有的计算结果都填入决策表中（表 8.7）。

表 8.7 联合收割机配备决策表

行动方案	s_1 (16 d)	s_2 (12 d)	s_3 (8 d)	预期损失
	$p_1=0.2$	$p_2=0.6$	$p_3=0.2$	金额值（元）
a_1 (6 台)	0	86 400	172 800	86 400
a_2 (8 台)	8 000	0	115 200	24 640
a_3 (10 台)	16 000	8 000	57 600	19 520
a_4 (12 台)	24 000	16 000	0	14 400*

* 方案 a_4 预期损失金额值最小。

（3）决策

由表 8.7 可知，在每种自然状态下，都有一种最好的方案。例如，在收获期为 16 d 时，配备 6 台损失最小，因而在这种状态下是最好的。依此类推，在收获期为 12 d 时，配备 8 台最好；在收获期为 8 d 时，配备 12 台最好。

但是，由于存在着不确定的因素，即每年的气候条件是未知的，根据历史资料只知道各种自然状态的概率，因而采用风险型决策。

在本例中以期望损失金额值作为决策准则，即

$$\min E(a_i)=\min\sum_{j=1}^{m}c_{ij}p_j(s_j)$$

根据计算，$E(a_1)=86\ 400$ 元，$E(a_2)=24\ 640$ 元，$E(a_3)=19\ 520$ 元，$E(a_4)=14\ 400$ 元。把计算结果填入表 8.7 的最右边一列，并知道方案 a_4 最好。

8.2.2 决策树法

决策树法是应用比较广泛的决策工具，其基础仍为期望值准则。该决策方法能将行动方案、可能出现的自然状态、自然状态概率、相应的益损值、决策者的思路用图表示出来，决策全局的图形呈树枝状，故称为决策树。决策者可直接在决策树图上进行分析，非常方便。决策树还可用于多层次决策。

1. 决策树符号说明

参照图 8.1 所示的决策树对所使用的符号进行说明。

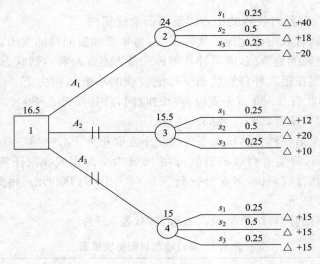

图 8.1　决策树

□——表示决策点。从它引出的每一分枝称为方案分枝，代表了一种行动方案。

○——表示方案节点。从它引出的分枝称为概率分枝。每一分枝代表了一种自然状态，分枝上方标明自然状态代号及该自然状态出现的概率。圆圈上方标明该方案的益损期望值 $E(a_i)$。

△——结束点。在其右侧标明某一方案在相应的自然状态下的益损值 c_{ij}。

十十——"剪枝"记号，表示排除的方案。

方框、圆圈内的编号为顺序编号。

2. 决策分析过程

用逆向简化法把一个复杂的决策局面简化成一个确定型的决策局面，即从右向左利用益损值和概率计算出各方案的期望值。若决策目标为效益最大，则留下最大期望值的一枝，而剪掉其他枝；如决策目标为损失最小，则应留下期望值最小的一枝。

【例 8.4】　某公司为生产一种新产品，拟建立一工厂，其建厂方案如下：

(1)若建大厂需投资 300 万元，使用 10 年。据估算，在产品销路较好的情况下，每年可获利 100 万元；在销路差的情况下，每年将亏损 30 万元。

(2)若建小厂，需投资 140 万元，使用 10 年。在产品销路较好的情况下，每年可获利 40 万元;在销路差的情况下,每年仍可获利 30 万元。

(3)若先建小厂,如果前三年产品销路好考虑三年后是否扩建小厂。如果扩建,还要增加投资 200 万元,使用 7 年,每年可获利 90 万元。

根据市场预测知道,产品销路好的概率为 0.7,销路差的概率为 0.3。试用决策树法进行决策。

解:这是一个二级决策问题。在一级决策中,公司必须决定是建大厂,还是建小厂。如果决定建小厂,在前三年产品销路好的情况下,还要决定三年后是否扩建小厂,这是二级决策。

(1)绘制决策树

根据已知数据可绘制决策树,如图 8.2 所示。

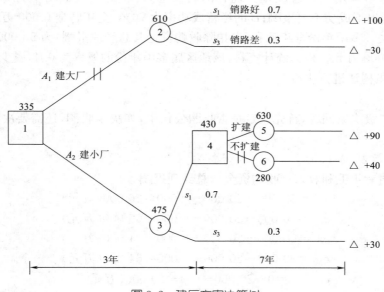

图 8.2　建厂方案决策树

(2)进行二级决策

进行一级决策之前,先进行二级决策。

(i)计算各节点期望值(逆序计算)

先计算节点⑤和⑥的期望值(按 7 年计算)

由于是确定型决策,所以

节点⑤的期望值=年盈利额×年数=90×7=630(万元)。

节点⑥的期望值=年盈利额×年数=40×7=280(万元)。

(ii)二级决策结果

扩建小厂:7 年总利润=630 万元−200 万元(投资)=430 万元

不扩建小厂:7 年总利润为 280 万元。

故决定,如果前三年销路好,就扩建小厂,从而"剪"掉"不扩建"的分枝。

(3)进行一级决策

(i)计算节点②的期望值

　节点②的期望值=(100 万元/年×10 年×0.7)+[(−30)万元/年×10 年×0.3]

　　　　　　　=610 万元

(ii)计算节点③的期望值

节点③的期望值＝[(40 万元×3 年＋430 万元)×0.7]＋(30 万元/年×10 年×0.3)
　　　　　＝475 万元

(iii)一级决策结果

建大厂:10 年总利润期望值＝610 万元－300 万元(投资)＝310 万元

建小厂:10 年总利润期望值＝475 万元－140 万元(投资)＝335 万元

故决定,先建小厂,如果前三年销路好,再扩建小厂。

【例 8.5】 公司甲由于经营不善欲拍卖,售价 20 000 万元。公司乙欲收购公司甲,但是收购公司甲后需重新聘用一位总经理。现有两名候选人:A 的经营成功率为 50%,全年聘金 4 000万元,并提出不成功不要报酬;B 的经营成功率为 70%,全年聘金 6 000 万元。该公司的利润与天气有关。多雨年份全年毛利(未扣除收购资金及总经理报酬)为 50 000 万元,少雨年份全年毛利 90 000 万元。根据统计资料,该地区属多雨年份的概率为 0.4,属少雨年份的概率为 0.6,试用决策树法进行决策。

解:

这是一个二级决策问题,首先决定是否收购公司甲,如决定收购,还需要决定聘用谁为总经理。

(1)填写决策表(表 8.8)

表中益损值＝年毛利收入－收购资金－总经理报酬

$$c_{11}＝50\ 000－20\ 000－4\ 000＝26\ 000(万元)$$
$$c_{12}＝90\ 000－20\ 000－4\ 000＝66\ 000(万元)$$
$$c_{23}＝50\ 000－20\ 000－6\ 000＝24\ 000(万元)$$
$$c_{24}＝90\ 000－20\ 000－6\ 000＝64\ 000(万元)$$
$$c_{15}＝0－20\ 000－0＝－20\ 000(万元)$$
$$c_{26}＝0－20\ 000－6\ 000＝－26\ 000(万元)$$

表 8.8　例 8.5 决策表　　　　　　　万元

行动方案		成功				不成功	
		A　0.5		B　0.7		A　0.5	B　0.3
		多雨 0.4	少雨 0.6	多雨 0.4	少雨 0.6		
收购	聘 A	26 000	66 000	—	—	－20 000	—
	聘 B	—	—	24 000	64 000	—	－26 000
不收购		0		0		0	0

(2)绘制决策树(图 8.3)

计算各节点期望值(逆序计算):

点⑤期望值:26 000×0.4＋66 000×0.6＝50 000(万元)

点⑥期望值:24 000×0.4＋64 000×0.6＝48 000(万元)

点③期望值:50 000×0.5－20 000×0.5＝15 000(万元)

点④期望值:48 000×0.7－26 000×0.3＝25 800(万元)

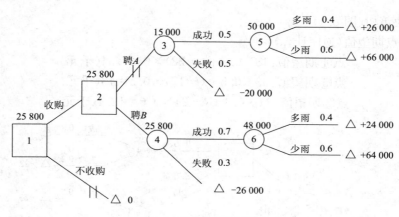

图 8.3 例 8.5 的决策树

（3）决策

二级决策：根据节点③、④的期望值，决定如果收购甲公司，则聘用 B 为总经理。

一级决策：由于收购甲公司，有 25 800 万元的期望收入，不购买没有任何收入，所以决定收购甲公司，并聘用 B 为总经理。

【例 8.6】 某公司面对一项在较短时间内研制成功某项新产品的招标，正在考虑是否投标，中标的可能性为 40%。该厂必须拿出一份论证充分的可行性报告投标，此项费用需要 2 000元。如果不中标，这笔费用无从补偿。该公司研制该产品有两种方案，甲方案成功率 80%，研制费用 10 000 元；乙方案成功率 50%，研制费用 5 000 元。中标并研制成功后，将收取招标方 60 000 元的费用，中标但研制失败则罚款 10 000 元。试就该公司是否应当投标，若投标应采取什么方案，利用决策树法进行决策。

解：这是一个二级决策问题，首先决定是否投标，如决定投标，还需要决定采用哪个方案。

（1）填写决策表（表 8.9）

表中益损值＝成功后收费－研制费用－罚款－投标费用

$$c_{11}=60\ 000-10\ 000-0-2\ 000=48\ 000(元)$$
$$c_{13}=0-10\ 000-10\ 000-2\ 000=-22\ 000(元)$$
$$c_{22}=60\ 000-5\ 000-0-2\ 000=53\ 000(元)$$
$$c_{24}=0-5\ 000-10\ 000-2\ 000=-17\ 000(元)$$
$$c_{15}=0-0-0-2\ 000=-2\ 000(元)$$
$$c_{25}=0-0-0-2\ 000=-2\ 000(元)$$

表 8.9 例 8.6 决策表　　　　　千元

行动方案		中标 0.4				不中标 0.6
		成功		失败		
		甲 0.8	乙 0.5	甲 0.2	乙 0.5	
投标	甲方案	48	—	−22	—	−2
	乙方案	—	53	—	−17	−2
不投标		0		0		0

（2）绘制决策树（图 8.4）

计算各节点期望值（逆序计算）：

点④期望值：$48 \times 0.8 + (-22) \times 0.2 = 34$（千元）

点⑤期望值：$53 \times 0.5 + (-17) \times 0.5 = 18$（千元）

点②期望值：$34 \times 0.4 + (-2) \times 0.6 = 12.4$（千元）

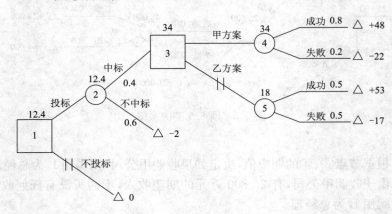

图 8.4　例 8.6 的决策树

（3）决策

二级决策：根据节点④、⑤的期望值，决定如果中标，则采用甲方案。

一级决策：由于投标，可能有 12 400 元的收入，不投标则没有任何收入，所以决定投标，并采用甲方案。

8.2.3　贝叶斯分析在决策中的应用

风险型决策的关键是估计自然状态的概率，但在复杂的情况下往往很难正确估计自然状态的概率，因此，这方面的信息显得尤为重要。如果时间上允许，就应考虑是否出钱购买（或调查）有关的信息，然后利用这些附加信息修正原来对自然状态概率的估计，并利用经过修改的概率进行决策，这就是所谓的贝叶斯决策。其决策过程包括：

（1）验前分析：决策者根据过去的经验获得自然状态的概率，这个概率称为验前概率，然后凭借这种验前概率计算效益期望值 E_1。

（2）验后分析：利用附加信息对验前概率进行修正，得出验后概率，然后凭借验后概率计算效益期望值 E_2。

（3）附加信息价值分析：分析购买附加信息或进行调查所支付的费用是否合算，显然，如果 $V = E_2 - E_1$ 大于所支付的费用，则认为值得购买或调查。V 称为附加信息的价值。

（4）决策：如果决定购买信息，则根据调查结果进行决策；否则，仍使用验前分析结果进行决策。

应用贝叶斯分析决策的特点是不改变益损值，而只是通过改变概率进行决策，同时也考虑购买或调查所需的费用。

1. 验后概率的计算

在计算验后概率时，可利用贝叶斯公式：

$$p(A_j \mid B) = \frac{p(A_j) p(B \mid A_j)}{p(B)}$$

或

$$p(A_j \mid B) = \frac{p(A_j)p(B \mid A_j)}{\sum\limits_{j=1}^{m} p(A_j)p(B \mid A_j)}$$

式中　　B——附加信息的预报结果；

　　　　A_j——可能的自然状态，其中 $j=1,2,\cdots,m$；m 为自然数；

　$p(A_j)$——A_j 的验前概率；

$p(A_j \mid B)$——A_j 的验后概率；

$p(B \mid A_j)$——在 A_j 状态下 B 的条件概率(即某个自然状态 A_j 出现的情况下，预报正确的概率)；

　$p(B)$——事件 B 的全概率。

上述公式可表述如下：自然状态 A_j 在考察某些调查事件 B 之后的验后概率 $p(A_j \mid B)$ 与 $p(A_j)$ 和 $p(B \mid A_j)$ 的乘积成正比，而与各状态下的 $p(A_j)$ 和 $p(B \mid A_j)$ 的乘积之和成反比。

2.贝叶斯决策

下面通过例子说明贝叶斯分析在决策中的应用。

【例 8.7】　某公司考虑是否开发一种新产品。市场形势有三种可能性：好(A_1)、中(A_2)、差(A_3)，公司初步估计这三种可能性的概率分别为 0.2、0.5、0.3，在不同市场形势下可能获得的利润见表 8.10。咨询公司对市场形势的估计可能更准确些，但委托咨询公司进行市场形势的调查须支付 10 000 元的调查费用，咨询公司进行这种调查的可信度资料如表 8.11 所示。试决定公司是否应委托咨询公司进行市场形势调查，然后再决定是否开发这种新产品。

表 8.10　已知有关信息及初步评价

供选择的方案	A_1	A_2	A_3	期望利润值
	$p(A_1)=0.2$	$p(A_2)=0.5$	$p(A_3)=0.3$	(元)
a_1(开发)	300 000	200 000	−600 000	−20 000
a_2(不开发)	0	0	0	0

表 8.11　咨询的可信度

调查结果	A_1	A_2	A_3
B_1(预报 A_1 出现)	$p(B_1 \mid A_1)=0.80$	$p(B_1 \mid A_2)=0.10$	$p(B_1 \mid A_3)=0.10$
B_2(预报 A_2 出现)	$p(B_2 \mid A_1)=0.10$	$p(B_2 \mid A_2)=0.90$	$p(B_2 \mid A_3)=0.20$
B_3(预报 A_3 出现)	$p(B_3 \mid A_1)=0.10$	$p(B_3 \mid A_2)=0$	$p(B_3 \mid A_3)=0.70$

解：

应用贝叶斯分析决策的步骤如下：

(1)验前分析

利用已知的验前概率及益损值计算期望利润值，结果见表 8.10。预期开发新产品将损失 20 000 元，故最初得出不开发的结论。

(2)验后分析

(i)验后概率计算

公司计划委托某咨询公司通过调查进行市场形势的预测。根据过去的记录，该咨询公司作调查预测的可信度见表 8.11，进行这种调查的费用为 10 000 元。公司经理必须决定是否应进行这种调查,然后根据调查结果再决定是否开发这种新产品。表明这种决策过程的程序如图 8.5 中的决策树所示。

已知验前概率和咨询的可信度,即可利用贝叶斯公式计算调查后的验后概率:

$$p(A_1|B_1) = \frac{p(A_1)p(B_1|A_1)}{p(A_1)p(B_1|A_1)+p(A_2)p(B_1|A_2)+p(A_3)p(B_1|A_3)}$$

$$= \frac{0.2 \times 0.8}{0.2 \times 0.8+0.5 \times 0.1+0.3 \times 0.1} = 0.667$$

$$p(A_2|B_1) = \frac{p(A_2)p(B_1|A_2)}{p(A_1)p(B_1|A_1)+p(A_2)p(B_1|A_2)+p(A_3)p(B_1|A_3)}$$

$$= \frac{0.5 \times 0.1}{0.2 \times 0.8+0.5 \times 0.1+0.3 \times 0.1} = 0.208$$

$$p(A_3|B_1) = \frac{p(A_3)p(B_1|A_3)}{p(A_1)p(B_1|A_1)+p(A_2)p(B_1|A_2)+p(A_3)p(B_1|A_3)}$$

$$= \frac{0.3 \times 0.1}{0.2 \times 0.8+0.5 \times 0.1+0.3 \times 0.1} = 0.125$$

$$p(A_1|B_2) = \frac{p(A_1)p(B_2|A_1)}{p(A_1)p(B_2|A_1)+p(A_2)p(B_2|A_2)+p(A_3)p(B_2|A_3)}$$

$$= \frac{0.2 \times 0.1}{0.2 \times 0.1+0.5 \times 0.9+0.3 \times 0.2} = 0.038$$

$$p(A_2|B_2) = \frac{p(A_2)p(B_2|A_2)}{p(A_1)p(B_2|A_1)+p(A_2)p(B_2|A_2)+p(A_3)p(B_2|A_3)}$$

$$= \frac{0.5 \times 0.9}{0.2 \times 0.1+0.5 \times 0.9+0.3 \times 0.2} = 0.849$$

$$p(A_3|B_2) = \frac{p(A_3)p(B_2|A_3)}{p(A_1)p(B_2|A_1)+p(A_2)p(B_2|A_2)+p(A_3)p(B_2|A_3)}$$

$$= \frac{0.3 \times 0.2}{0.2 \times 0.1+0.5 \times 0.9+0.3 \times 0.2} = 0.113$$

$$p(A_1|B_3) = \frac{p(A_1)p(B_3|A_1)}{p(A_1)p(B_3|A_1)+p(A_2)p(B_3|A_2)+p(A_3)p(B_3|A_3)}$$

$$= \frac{0.3 \times 0.2}{0.2 \times 0.1+0.5 \times 0+0.3 \times 0.7} = 0.087$$

$$p(A_2|B_3) = \frac{p(A_2)p(B_3|A_2)}{p(A_1)p(B_3|A_1)+p(A_2)p(B_3|A_2)+p(A_3)p(B_3|A_3)}$$

$$= \frac{0.5 \times 0}{0.2 \times 0.1+0.5 \times 0+0.3 \times 0.7} = 0$$

$$p(A_3|B_3) = \frac{p(A_3)p(B_3|A_3)}{p(A_1)p(B_3|A_1)+p(A_2)p(B_3|A_2)+p(A_3)p(B_3|A_3)}$$

$$= \frac{0.3 \times 0.7}{0.2 \times 0.1+0.5 \times 0+0.3 \times 0.7} = 0.913$$

将上述数据代入决策树(图 8.5)中的相应位置,得决策树如图 8.6 所示。

(ii)全概率计算

根据全概率计算公式分别计算事件 B_1、B_2、B_3 的全概率为 $p(B_1)=0.24$、$p(B_2)=0.53$、$p(B_3)=0.23$,将其填入图 8.6 中相应的位置。

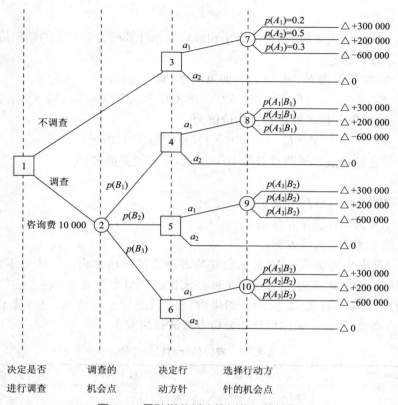

图 8.5 贝叶斯分析决策树的一般结构

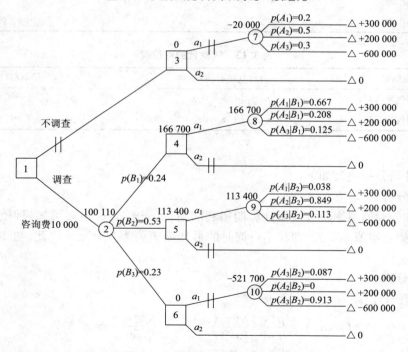

图 8.6 用验后概率作决策分析

（iii）验后分析

参考图 8.6 所示的决策树，利用全概率和验后概率计算所有节点上的期望值，然后在每个决策点上选择最佳方案。

如果不调查，期望值为 $E_1 = 0$（元）；如果调查，期望值为：

$$E_2 = 0.24 \times 166\ 700 + 0.53 \times 113\ 400 + 0.23 \times 0 = 100\ 110（元）$$

（3）附加信息价值分析。附加信息的价值为：

$$V = E_2 - E_1 = 100\ 110 - 0 = 100\ 110（元）$$

由于附加信息的价值大于调查费用 10 000 元，故调查是必要的。

（4）决策

如果调查结果为 B_1，选择方案 a_1；

如果调查结果为 B_2，选择方案 a_1；

如果调查结果为 B_3，选择方案 a_2。

【例 8.8】 某农户考虑明年 10 亩粮食作物改种某种经济作物。估计明年的气候条件有利于种植该经济作物的概率为 0.6，不利于种植该作物的概率为 0.4。在不同气候条件下，种植不同作物的盈亏值如表 8.12 所示。如果农民向当地气象台咨询，该气象台的可信度如表 8.13 所示，咨询费 20 元。试用贝叶斯分析方法进行决策。

表 8.12　农民估计的初步评价

供选择的方案	s_1（气候有利）$p(s_1) = 0.6$	s_2（气候不利）$p(s_2) = 0.4$	期望值（元）
a_1（种经济作物）	2 000	-1 000	800
a_2（种粮食作物）	500	400	460

表 8.13　气象台的可信度

预报结果	s_1（气候有利）	s_2（气候不利）
x_1（预报气候有利）	$p(x_1 \mid s_1) = 0.8$	$p(x_1 \mid s_2) = 0.2$
x_2（预报气候不利）	$p(x_2 \mid s_1) = 0.2$	$p(x_2 \mid s_2) = 0.8$

解：

应用贝叶斯分析决策如下：

（1）验前分析

利用已知的验前概率及益损值计算期望利润值，见表 8.12。由表可知，种植经济作物有利，可获得期望收益值 800 元，即在不咨询时的最佳期望值为 800 元。因此，初步认为改种经济作物有利。

（2）验后分析

（i）验后概率计算

$$p(s_1 \mid x_1) = \frac{p(s_1)p(x_1 \mid s_1)}{p(x_1)} = \frac{0.6 \times 0.8}{0.56} = 0.857$$

$$p(s_1 \mid x_2) = \frac{p(s_1)p(x_2 \mid s_1)}{p(x_2)} = \frac{0.6 \times 0.2}{0.44} = 0.273$$

$$p(s_2|x_1) = \frac{p(s_2)p(x_1|s_2)}{p(x_1)} = \frac{0.4 \times 0.2}{0.56} = 0.143$$

$$p(s_2|x_2) = \frac{p(s_2)p(x_2|s_2)}{p(x_2)} = \frac{0.4 \times 0.8}{0.44} = 0.727$$

（ii）全概率计算

$$p(x_1) = p(s_1)p(x_1|s_1) + p(s_2)p(x_1|s_2)$$
$$= 0.6 \times 0.8 + 0.4 \times 0.2 = 0.56$$
$$p(x_2) = p(s_1)p(x_2|s_1) + p(s_2)p(x_2|s_2)$$
$$= 0.6 \times 0.2 + 0.4 \times 0.8 = 0.44$$

将各验后概率和全概率填入决策树图 8.7，并利用验后概率计算期望利润。计算结果表明，如果不进行咨询，则最优方案为 a_1，期望利润为 $E_1 = 800$（元）；如果进行咨询，则期望利润为 $E_2 = 1\,067$（元）。

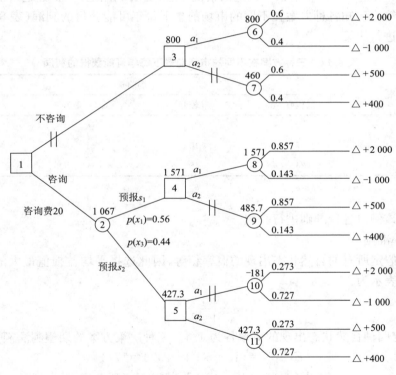

图 8.7 决定是否改种经济作物的决策树

（3）附加信息价值分析：由于 $V = E_2 - E_1 = 1\,067 - 800 = 267 > 20$（元），故有必要进行咨询。

（4）决策。如果预报气候有利，明年改种经济作物；如果预报气候不利，明年仍种粮食作物。

8.3 不确定型决策

不确定型决策与风险型决策的主要区别在于风险型决策是在已知各种自然状态可能出现的概率下进行决策，而不确定型决策则在不知道各种自然状态可能出现的概率下进行决策。

不确定型决策通常具备以下几个条件：(1)存在明确的决策目标；(2)存在两个或两个以上的行动方案；(3)存在两种或两种以上的自然状态，但决策者不能确定各种自然状态发生的概率；(4)不同行动方案在各种自然状态下的益损值可以确定。在进行不确定型决策的过程中，决策者的主观意志和经验判断居主导地位，同一个问题，可能有完全不同的方案选择。

在不确定型决策中，决策者可以采用不同的决策准则，作出不同的决策，而准则的选择往往取决于决策的总方针或决策者的经验、素质，或同时由这两种因素决定。

不确定型决策采取的决策准则主要有五种，即小中取大准则（悲观准则）、大中取大准则（乐观准则）、折中准则（a 准则）、大中取小准则（最小遗憾准则）和平均准则（等概率准则、合理准则）。为便于理解，以最大化目标的决策问题来说明这些准则。类似的方法也可应用于最小化问题。

下面通过例子来说明。

【例 8.9】　某企业在市场前景不确定的情况下，准备对利用老厂、扩建老厂和建设新厂三种方案进行决策。已知各种方案在不同的市场前景下每年可能获得的利润（表 8.14），试根据不同准则分别进行决策。

表 8.14　三种方案在不同的市场前景下每年可能获得的利润　　　　　万元

供选择的方案	市场前景			
	s_1（很好）	s_2（较好）	s_3（一般）	s_4（很差）
a_1（利用老厂）	10	5	4	-2
a_2（扩建老厂）	17	10	1	-10
a_3（建立新厂）	24	15	-3	-20

解：

下面利用该例对各种准则进行介绍。

(1)等概率准则

这种准则假定所有的自然状态出现的概率相等，因此选择平均益损值最大的方案为决策方案。用公式表示为：

$$\max_i \left\{ \frac{1}{m} \sum_{j=1}^m c_{ij} \right\}$$

本例，假定四种自然状态出现的概率各为 1/4。三种决策方案的期望利润额分别为：

$$E(a_1) = (10+5+4-2)/4 = 17/4$$
$$E(a_2) = (17+10+1-10)/4 = 18/4$$
$$E(a_3) = (24+15-3-20)/4 = 16/4$$

由上可知，方案 a_2 的期望利润最大，因此，按等概率准则最好方案为 a_2。

(2)乐观准则（大中取大准则）

这种准则假定将发生最好的情况。因此，首先找出每种方案在各自然状态下能得到的最大益损值，再从诸最大益损值中选择最大益损值所对应的方案作为最优方案。用公式表示为：

$$\max_i \{ \max_j c_{ij} \}$$

本例，按乐观准则，首先找出每种方案中利润最大的益损值，各方案的最大益损值分别为 10、17、24。然后从中选择最大值 24 所对应的方案 a_3 作为最优方案。计算过程见表 8.15。

表 8.15　按乐观准则进行决策的决策表

行动方案	市场前景				最大值	诸最大值中的最大值
	s_1	s_2	s_3	s_4		
a_1（利用老厂）	10	5	4	−2	10	
a_2（扩建老厂）	17	10	1	−10	17	
a_3（建立新厂）	24	15	−3	−20	24*	24*

注意：如果是最小化问题，如最小费用、最小损失等，则应从诸最小值中选取最小值，即小中取小准则，应用的仍然是乐观准则。

是否采用乐观准则，完全取决于决策者的判断和性格，带有很大的风险，一着失利，全盘皆输。

（3）悲观准则（小中取大准则）

这种准则假定将发生最不利的情况。因此，首先找出每种方案在各自然状态下能得到的最小的益损值，再从诸最小益损值中选择最大益损值所对应的方案作为最优方案。用公式表示为：

$$\max_i \{ \min_j c_{ij} \}$$

本例，按悲观准则，首先找出每种方案中利润最小的益损值，各方案的最小益损值分别为−2、−10、−20。然后从中选择最大值−2 所对应的方案 a_1 作为最优方案。计算过程见表 8.16。

表 8.16　按悲观准则进行决策的决策表

行动方案	市场前景				最小值	诸最小值中的最大值
	s_1	s_2	s_3	s_4		
a_1（利用老厂）	10	5	4	−2	−2	−2*
a_2（扩建老厂）	17	10	1	−10	−10	
a_3（建立新厂）	24	15	−3	−20	−20	

注意：如果是最小化问题，如最小费用、最小损失等，则应从诸最大值中选取最小值，即大中取小准则，应用的仍然是悲观准则。

（4）折中准则

这种准则考虑到实际发生的情况不完全是最好的，也不完全是最差的。因而引入一个小于 1 的折中系数 α，计算时在最好的益损值上乘以系数 α，在最差的益损值上乘以（$1-\alpha$），然后相加，取其和为最大的方案。用公式表示为：

$$\max_i \{ \alpha \max_j c_{ij} + (1-\alpha) \min_j c_{ij} \}$$

采用这种准则进行决策时，关键在于选择 α 值。α 值的选取带有很大的主观性。

$\alpha = 1$ 时，即为乐观准则；$\alpha = 0$ 时，即为悲观准则。

本例，设折中系数 $\alpha = 0.7$，则各种方案的期望值分别为：

$$E(a_1) = 0.7 \times 10 + (1-0.7) \times (-2) = 6.4$$
$$E(a_2) = 0.7 \times 17 + (1-0.7) \times (-10) = 8.9$$
$$E(a_3) = 0.7 \times 24 + (1-0.7) \times (-20) = 10.8$$

$E(a_3)$ 最大，因此按折中准则应选择方案 a_3。

（5）大中取小准则（最小遗憾准则）

所谓机会损失是指由于没有选择最好的方案而可能损失的益损值。按这种准则进行决

策,首先计算每种方案在同一种自然状态下的机会损失值(遗憾数):

$$\max_i\{c_{ij}\} - c_{ij}$$

所有遗憾数在决策表中组成后悔矩阵。

然后找出每种方案在各种自然状态下的最大的机会损失值,再从各方案最大的机会损失值中选择其中机会损失值最小的方案为决策方案(即遗憾最小)。用公式表示为:

$$\min_i\{\max_j(\max_i\{c_{ij}\} - c_{ij})\}$$

本例中各种方案的机会损失值见表 8.17。

表 8.17　按机会损失准则进行决策的决策表

行动方案	市场前景				最大机会损失	诸最大机会损失中的最小值
	s_1	s_2	s_3	s_4		
a_1(利用老厂)	24−10=14	15−5=10	4−4=0	−2+2=0	14	
a_2(扩建老厂)	24−17=7	15−10=5	4−1=3	−2+10=8	8*	8*
a_3(建立新厂)	24−24=0	15−15=0	4+3=7	−2+20=18	18	

由表 8.17 中看出,各方案的最大机会损失分别为 14、8、18。

然后再从各方案最大机会损失值中选择最小值 8 相对应的方案 a_2 作为决策方案。

上面介绍的五个准则均基于无法预测各自然状态出现概率的情况。一般遇到不确定型决策问题时应尽量找出各种自然状态出现的概率,转变成风险型决策问题,以减少在决策过程中的主观色彩,使决策结果尽量合理。

8.4　效用理论在决策中的应用

8.4.1　效用的概念

第 2 节介绍的风险型决策方法,是以益损期望值为依据的,但是其结果是否真正能被决策者接受呢?

例如,某人有多余资金 100 万元,计划向其他工厂投资。若向 A 厂投资,一年有 50% 的希望(概率为 0.5)可以获利 20 万元;有 50% 的希望(概率为 0.5)可以获利 2 万元。若向 B 厂投资,则稳获(概率为 1)8 万元。他可能向哪个厂投资呢?

首先按风险型决策技术的最大期望值准则进行决策。

向 A 厂投资的益损期望值:20×0.5+2×0.5=11(万元)

向 B 厂投资的益损期望值:8×1=8(万元)

按最大期望值据决策原则,理应向 A 厂投资,但是,这毕竟要承担风险。

如果决策者是一个谋求最大获利,不怕冒险的进取型的人,一定要采取向 A 厂投资的方案。此时,在他的观念上,认为冒 50% 的风险获得 20 万元的价值大于稳获 8 万元的价值。

如果决策者是一个不求大利、不愿冒险、谨慎小心的保守型的人,将会采取向 B 厂投资的方案。此时,在他的观念上认为稳获 8 万元的价值大于承担 50% 的风险去获取 20 万元的价值。

又如,一位家长,宁愿为一个身体非常健康的孩子交纳医疗保险费。在他的观念上认为孩子健康的价值大于医疗保险费的价值。

以上分析说明,任何一种决策结果,都与决策者的愿望、性格、知识、阅历、环境等条件有关。因此,研究决策技术的同时,还需研究决策者对决策问题的价值观念(称之为效用观念)。这对于咨询机构在判断决策者对该机构所提咨询意见采纳的程度,以及决策者本人用以总结经验、提高决策素质也是十分有用的。

我们把人们主观上衡量某种决策所具有的价值称为效用值。效用值的取值范围为 $0 \sim 1$,用效用值的大小,相对地表示决策者对风险的态度、对事物偏好的程度。凡是决策者最看好、最倾向、最愿意的事物的效用值可取 1,反之的效用值取 0,其他情况在 $[0,1]$ 内取值。

8.4.2 效用曲线

1. 效用曲线的概念

效用曲线,表示某决策者对某个问题采取不同决策结果所对应的效用值与该决策结果的可能益损值之间的关系。效用曲线是对决策者决策倾向的一种心理测定曲线。因此,不同的人、不同的问题,其效用曲线是不同的。一般通过向决策者询问的方法来获取效用曲线。

2. 效用曲线的绘制

效用曲线的绘制方法如下:

(1)建立效用曲线直角坐标系

以益损值为横坐标,以效用值为纵坐标,建立直角坐标系。

(2)确定效用曲线端点

在直角坐标系中,找出两个特殊点作端点。令所有方案中的最大益损值的效用值为 1,最小益损值的效用值为 0,此两点即为端点。

如上例,把向 A 厂投资,每年有 50% 的希望(概率为 0.5)可以获利 20 万元,有 50% 的希望(概率为 0.5)可以获利 2 万元的方案称为 A_1 方案。将最大可能获利 20 万元的效用值定为1,表示为 $U(20)=1$,将最小获利 2 万元的效用值定为 0,表示为 $U(2)=0$,这样得到效用曲线上的两个端点分别为 $(2,0)$ 和 $(20,1)$。

(3)计算方案的效用值

方案 A_1 的效用值等于各益损值对应的概率与其效用值的乘积的和,即

$$U(A_1) = 0.5 \times U(20) + 0.5 \times U(2)$$
$$= 0.5 \times 1 + 0.5 \times 0$$
$$= 0.5$$

(4)效用曲线中其他点的确定(采取向决策者询问的方法,即心理测试法)

(i)向决策者询问:"如果方案 B_1 能稳获 12 万元,你愿意采用 A_1、B_1 中的哪个方案?",若决策者能肯定地回答出采取方案 B_1,说明 12 万元的效用值大于方案 A_1 的效用值;

这时,将方案 B_1 的稳获 12 万元降为 10 万元,得方案 B_2,并请决策者将方案 B_2 与 A_1 作比较,如果回答仍是肯定地采取"能稳定获得的"方案,则询问者继续不断提出"能稳定获得的" B_3、B_4 …等方案,与方案 A_1 作比较,直到决策者认为两个方案均可考虑采用时为止。假设提出 B_4 方案稳获 8 万元时,决策者认为方案 A_1 与 B_4 均可采用,也就是说方案 B_4 的效用值等于方案 A_1 的效用值,因此方案 B_4 的效用值:

$$U(B_4) = U(8) = U(A_1) = 0.5$$

如此,$(8,0.5)$ 为效用曲线上的一个点。

(ii)将方案 A_1 修改为：以 50% 的机会获得 20 万元，50% 的机会获得 8 万元，得方案 A_2。询问者又开始提出若干个"能稳定获得的"的方案与方案 A_2 比较，直到决策者对两个比较的方案举棋不定时为止，询问告一段落。假设决策者认为能稳定获得 14 万元与方案 A_2 的价值等效，即两者的效用值相同，则 14 万元所对应的效用值为：

$$U(14)=U(A_2)$$
$$=0.5 \times U(20)+0.5 \times U(8)$$
$$=0.5 \times 1+0.5 \times 0.5$$
$$=0.75$$

如此，$(14, 0.75)$ 为效用曲线上的另一个点。

(iii)将方案 A_2 修改为：以 50% 的机会获得 8 万元，50% 的机会获得 2 万元，得方案 A_3。假设询问结果为决策者认为能稳定获得 3 万元与方案 A_3 等效，则 3 万元效用值为：

$$U(3)=U(A_3)$$
$$=0.5 \times U(8)+0.5 \times U(2)$$
$$=0.5 \times 0.5+0.5 \times 0$$
$$=0.25$$

如此，$(3, 0.25)$ 为效用曲线上的另一个点。

分析上述方法，可以总结出该方法的特点：被比较方案的效用值应总是可以计算出来的；根据"效用相等"的原则确定其他益损值的效用值。

依照上述方法还可产生效用曲线上的其他一些点，将得到的各点坐标列表如表 8.18 所示。

表 8.18　效用曲线上对应点坐标

益损值（万元）	效用值	益损值（万元）	效用值
2	0	14	0.75
3	0.25	20	1
8	0.50		

(5)绘制效用曲线

将上述点圆滑相连，绘制成效用曲线，如图 8.8 所示。

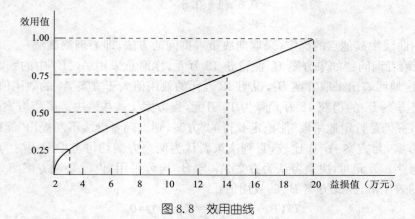

图 8.8　效用曲线

3.效用曲线的形式

绘制成的效用曲线不外乎三种形式,如图 8.9 所示。取横坐标轴上的一点 c,它代表了某一益损值,与其对应的效用值有三个:U_1、U_2、U_3,交点分别落在效用曲线 Ⅰ、Ⅱ、Ⅲ 上。以 Ⅰ 型曲线的效用值为最大,Ⅱ 型曲线的效用值次之,Ⅲ 型曲线的效用值最小。这就反映出具有不同形式效用曲线的三人,他们对待同一益损值 c,在其主观意识上反映的价值不同。具有 Ⅰ 型效用曲线的人,把益损值 c 的价值看得很重;具有 Ⅱ 型效用曲线的人次之;具有 Ⅲ 型效用曲线的人,对益损值 c 的价值看得最低。在他的观念中,只有大于益损值为 $d(d>c)$ 的效用值才等于 U_1。因此,三种不同的线型属于三种不同类型的人。

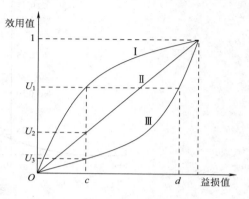

图 8.9　效用曲线类型

Ⅰ 型效用曲线的特点:当收益值较小时,效用值增加较快,随着收益值的增加,效用值的增加速度越来越慢。这表明,较小的收益对决策者就有相当大的吸引力,不愿冒大的风险,这是一位不求大利、谨慎小心、稳健、保守的决策者。

Ⅱ 型效用曲线的特点:效用值与收益值成正比,这表明,决策者完全按照机遇办事,这是一位循规蹈矩、心平气和的决策者。

Ⅲ 型效用曲线的特点:当收益很小时,效用值增加缓慢;而后,随着收益的增加,效用值迅速增加。这表明,决策者对增加收益反应敏感,甘愿冒较大的风险,而不愿太太平平地稳拿较少的收益,这是一位谋求大利、不怕冒险、锐意进取的决策者。

8.4.3　效用曲线的应用

利用期望值准则进行风险型决策所求得的最优方案是期望收益最大意义上的方案,它只能保证在统计意义上达到预期目标,即当决策问题多次反复出现时,用期望收益最大指导决策效果较好。

但是,由于决策过程中使用了自然状态的概率,所以对于一次具体的决策实践,期望收益不一定是实际收益,因此追求期望收益最大是有风险的。为了反映不同的决策者对这种风险的态度,利用方案的效用期望值来代替收益期望值进行决策分析,决策结果就能比较充分地反映决策者的意愿。

利用效用曲线进行决策分析就是在期望准则中用效益期望值代替收益期望值。

【例 8.10】　某公司欲购买甲、乙两种不同型号的设备,根据市场情况,它们的利用率不同,因此益损值不同。试分析推荐哪种机型才能被决策者接受。决策者的效用曲线如图 8.10 所示,决策信息如图 8.11 所示的决策树。

解:

(1)确定效用值

从图 8.10 中找出各益损值的效用值,然后标注在图 8.11 决策树中相应益损值后的括弧中。

(2)计算各节点的效用期望值

节点 2 的效用期望值:$0.6×1+0.3×0.2+0.1×0=0.66$

节点 3 的效用期望值:0.8×0.65+0.2×0.125=0.545

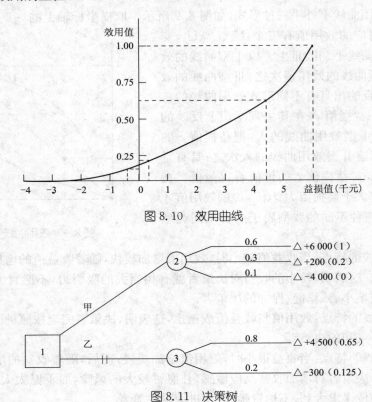

图 8.10　效用曲线

图 8.11　决策树

（3）决策

由于 0.66>0.545,应当选择甲型设备。

这里我们不妨再利用期望值准则来判断一下,用以对照。

节点 2 的益损期望值:0.6×6 000+0.3×200-0×4 000=3 260(元)

节点 3 的益损期望值:0.8×4 500-0.2×300=3 540(元)

根据益损期望值,应选乙型设备。

应用效用期望值的决策结果之所以与益损期望值的决策结果不同,其原因在于该决策者属于进取型(该效用曲线为Ⅲ型),他宁愿冒较大的风险(40%)争取 6 000 元的较大收益,而不愿意冒较低的风险(20%)获得 4 500 元的收益。如果属于其他两种类型的人,就会认为选购乙型设备比选购甲型设备为好。

8.5　对策分析

8.5.1　对策的概念

对策是决策者在某种竞争状态下作出的决策,或者说是参加竞争的各方,为了自己获胜而采取的对付对方的策略。对策论就是研究对策现象的数学理论和方法。

任何一个竞争性的活动都包括三个要素:局中人、策略和得失函数。

  局中人:参与竞争活动的各方称为局中人。局中人可以是一个公司、一个机构或决策者个人。局中人可以有两个或两个以上。

  策略:策略是指供局中人选择的行动方案,可供局中人选择的全部方案称为策略集合。如果策略的个数是有限的,就称为"有限对策",否则称为"无限对策"。

  局势:从每个局中人的策略集合中各取一个策略组成的策略组,称为局势。

  得失函数:得失函数是对策结局的量化表示,得失是局势的函数。

  如果在任一局势中,全体局中人的得失相加总是等于零,则这种对策就称为零和对策。用矩阵表示可能得失的集合,称为赢得矩阵。赢得矩阵的一般表达式如表 8.19 所示。

  其中局中人为甲、乙双方,分别有 m 和 n 个策略。当甲取策略 i,乙取策略 j 时,甲之得为 a_{ij},而乙之得为 $-a_{ij}$,则 $a_{ij} - a_{ij} = 0$,故将这种对策称为二人零和对策。

  矩阵中 a_{ij} 为赢得值,可用金额表示,也可用市场占有率或用分值表示。甲希望 a_{ij} 越大越好,乙希望 a_{ij} 越小越好。

  在对局中假定各方同时作出决定,其目标都力求获得最大的好处,且假定局中人各方都是明智的,都知道对方可能选择的策略,那么,各方在选择策略时都会很谨慎。

表 8.19　对策赢得矩阵

策略		乙方策略					
		1	2	…	j	…	n
甲方策略	1	a_{11}	a_{12}	…	a_{1j}	…	a_{1n}
	2	a_{21}	a_{22}	…	a_{2j}	…	a_{2n}
	⋮	⋮	⋮	⋮	⋮		⋮
	i	a_{i1}	a_{i2}	…	a_{ij}	…	a_{in}
	⋮	⋮	⋮	⋮	⋮		⋮
	m	a_{m1}	a_{m2}	…	a_{mj}	…	a_{mn}

8.5.2　对策的分类

  对策分为静态对策和动态对策两大类。动态对策通常是指微分对策。在静态对策中一般可按局中人的人数和得失函数是否为零来分类。

  1. 零和对策

  在零和对策中赢方得到的全部赢得值等于输方失去的赢得值。这种对策总是严格的竞争,局中人的目标是赢得对方全部失去的赢得值。有两个局中人的零和对策称为二人零和对策。在分析这类对策时有两个假设:

  (1)所有二人零和对策都是可以求解的。

  (2)局中人对对策输出的效用函数是相同的。也就是说,赢得值可以以相同的价值由一方转给另一方。如果竞争双方的效用函数不同,则这类对策就成为非零和对策。

  二人零和对策的解还可以分为两类。一类是纯策略解,另一类是混合策略解。所谓纯策略解,指不管各方采取什么方案,一旦得到决策结论,方案就唯一确定了,亦即在最终决策中,各方只采取一个方案。而混合策略解指各方可按一定的时间比例交替采取不同的方案,即最终决策包括两种或两种以上的方案。

二人零和对策的解法取决于对策的类型。如果是一个纯策略对策,则可用悲观的准则求解。如果是一个混合策略对策,则其解法取决于问题的大小。虽然所有的对策都可用线性规划求解,但是用公式求解 2×2 对策的小型问题更为方便。

2. 非零和对策

在非零和对策中,局中人一方赢得的值不等于另一方输去的值。这意味着在环境中,某些其他的参与者可能分担得失。所以非零和对策不是严格的竞争,因而具有合作的可能性,这样就使对策问题的求解过程变得更为复杂,更为不确定。因为在非零和对策中出现了像心理状态、信息交流、讨价还价等行为因素,这就可能妨碍用直接的数学方法来获得一个简单的合理的解。所以非零和对策只能根据具体参加者个人情况和需要来求解。

3. N 人对策($N > 2$)

三个或三个以上的决策者参加对策,其主要特点之一是可能形成联盟。在许多情况下经过一定时期后,他们之间的关系逐渐稳定了,这样就只成为两个对抗的集团了,在这种情况下可以采用二人对策的方法。然而当涉及 N 个决策者时,就有多种可能的途径形成两个联盟。

例如,有甲、乙、丙三个公司在一个市场上竞争,目前三个公司各占市场 1/3 的份额。假如甲为乙提供机会形成一个联盟来反对丙,这时可为乙提供 55% 的市场份额。但是,当丙发现这种情况时,他也提出与乙联合来反对甲,并愿为乙提供 60% 的市场份额。当甲发现这种情况时,于是进一步提出愿为乙或丙提供 65% 的市场份额,去联合一方反对另一方。这个过程可一直延续下去,直到形成稳定的局面为止。这种情况非常复杂,很难用一种标准的解决方法来确定如何对策,只有通过对问题的具体分析和研究,才能找出人们在这种情况下可能采取的做法。

8.5.3 有鞍点的二人零和对策——最优纯策略解

下面通过例子来说明这种对策问题的相关概念和求解过程。

【例 8.11】 在表 8.20 中,局中人甲有两个行动方案 a_1 和 a_2,局中人乙也有两个行动方案 b_1 和 b_2 可供选择,二人对局构成一个赢得矩阵。矩阵中的赢得值表示甲赢乙的金额。在对局中假定各方都知道对方可能选择的方案,而且假定双方都是明智的,各方将选择风险最小和最安全的方案,试求解该对策问题。

表 8.20　对策赢得矩阵表　　　　　　　　　　　　　　　　　　元

行动方案	b_1	b_2
a_1	200	250
a_2	100	300

解:

根据悲观原则,甲将这样来选择:如果他选 a_1,最少赢得 200 元;如果选 a_2,最少能得 100 元。按照小中取大的准则,他应选方案 a_1,这样至少他可赢得 200 元。

乙方希望损失最小,他将这样选择:如果他选 b_1,最多付出 200 元,如果选 b_2,最多付出 300 元。按照大中取小的准则,他应选择方案 b_1,这样他最多付出 200 元。

最终结果是,甲选 a_1,乙选 b_1,二者的交叉点为 200 元,此结果恰为甲、乙双方均认为最好的结果,这个点称为鞍点,对应于鞍点的双方策略组合称为最优纯策略解。其求解过程见表 8.21。

表 8.21　例 8.11 求解表　　　　　　　　　　　　　元

	b_1	b_2	行最小值
a_1	200*	250	200*（最小中的最大）
a_2	100	300	100
列最大值	200* （最大中的最小）	300	

在上述求解过程中,甲、乙分别按小中取大和大中取小的准则进行决策,因此均采用了悲观准则。在二人零和对策中,假设局中人双方都是明智的。对甲来说,他考虑每种策略可能得到的最小赢得。对 a_i,此赢得值为 $\min_j c_{ij}$。甲在这些最小赢得值中选择赢得值最大的策略,因此甲至少可赢得 V_e:

$$V_e = \max_i \{ \min_j c_{ij} \}$$

对乙来讲,甲的赢得值就是乙赢得的负值。因此,对乙的对策 b_j,此值为 $\max_i c_{ij}$,乙将选择使甲得到最大赢得值中最小的策略。按此策略,乙可使甲的赢得不超过 V_u:

$$V_u = \min_j \{ \max_i c_{ij} \}$$

在二人零和对策的纯策略中,$V_e = V_u$,即

$$\max_i \{ \min_j c_{ij} \} = \min_j \{ \max_i c_{ij} \}$$

即甲的最小最大赢得值等于乙的最大最小赢得值。在纯策略中,任何一方改变规定的策略都将导致更不利的结局。

8.5.4　优势原理

在有限二人零和对策中,为了简化对策分析,常常采取优势原理,使一个更优的策略覆盖另一个策略。例如,有一个 3×5 个策略的赢得矩阵(表 8.22)。

表 8.22　3×5 个策略的赢得矩阵

	b_1	b_2	b_3	b_4	b_5
a_1	4	5	6	4	4
a_2	4	3	4	5	5
a_3	3	4	5	6	6

由表 8.22 知,甲有三种策略,乙有五种策略。在乙的策略中,b_4 和 b_5 对甲的所有策略 a_1、a_2、a_3 的赢得值均相同,因而可以删去一个,例如删去 b_5,这不会影响对策结果。再看策略 b_1 和 b_4,不论甲采取何种策略,乙采取策略 b_1 的失去总是小于或等于采取策略 b_4 的失去。显然,乙绝不会采取策略 b_4,因而策略 b_4 也可以删去。这种情况称为 b_1 优超 b_4。

类似地,从表 8.22 中可以看到 b_2 优超 b_3,因而 b_3 也可删去。这样,乙的策略只包括 b_1 和 b_2。此时的对策赢得矩阵如表 8.23 所示。

表 8.23　初步简化后的赢得矩阵

	b_1	b_2
a_1	4	5
a_2	4	3
a_3	3	4

现在再分析甲的策略。从表 8.23 可以看出，甲采取策略 a_1 可以优超 a_2 和 a_3。但必须注意，在原对策矩阵表 8.22 中，当乙有五个策略时，a_1 并不优超 a_2 和 a_3，但由于甲已经意识到乙再也不会采取策略 b_3、b_4 和 b_5，所以他可以按表 8.23 的情况来考虑。这样，对策进一步简化为表 8.24。

表 8.24　进一步简化后的赢得矩阵

	b_1	b_2
a_1	4	5

显然，在表 8.24 中，对乙来说，b_1 优超 b_2，于是最后剩下 a_1 和 b_1，赢得值为 4。这就是简化的 1×1 对策的解，它也正是原来对策的解。可以证明，简化对策的解就是原对策的解。

由此可见，我们可以利用一个局中人策略的优超，简化已有的对策。在两个局中人之间反复进行简化，直到无法通过优超再删去任何策略为止，这常能使对策的规模大大缩减。

8.5.5　无鞍点的二人零和对策—混合策略解

某些二人零和对策不是纯策略对策，而是混合策略对策。判断一个对策是否为纯策略对策的方法是用悲观的准则去试解，如果不能得到最优纯策略解，则必须采用混合策略方法求解。这意味着在每次对策时要按每种策略的选定概率来随机地选择一种对策。

【例 8.12】　两个竞争的公司决定进行推销产品的活动。甲公司考虑以下两种方案：
a_1—通过电视做广告；a_2—在报上刊登广告。
乙公司考虑以下两种方案：
b_1—分期付款销售；b_2—降价销售。
如果甲公司选 a_1，乙公司选 b_1，则甲公司将增加 4％的销售额，而乙公司则将减少 4％的销售额。如果甲公司选 a_1，乙公司选 b_2，则甲公司将减少 1％销售额。如果甲公司选 a_2，乙公司选 b_1，则甲公司将减少 2％销售额。如果甲公司选 a_2，乙公司选 b_2，则甲公司将增加 1％销售额。

假定双方都知道上述情况，各方的目标都是为了尽可能扩大销售额，则可得赢得矩阵如表 8.25 所示。

表 8.25　赢得矩阵表

	b_1	b_2
a_1	4	-1
a_2	-2	1

表 8.25 中正值表示甲赢得而乙失去的值，负值表示甲失去而乙赢得的值。

分析：现对这个问题进行对策分析。

假定用悲观的准则去解决这个问题，如表 8.26 所示。结果是甲选择 a_1 和乙选择 b_2。

在这里要注意，甲所取的最小中的最大值 -1 不等于乙所取的最大中的最小值 1（即无鞍点）。

在这种情况下，假定甲首先选择方案 a_1，则乙将选择方案 b_2。当甲发现乙选择方案 b_2 时，甲将转向方案 a_2，这样甲将获得比 a_1 大的赢得值。当乙发现甲转向 a_2，乙也将转向 b_1。而当甲发现乙转向 b_1 时，甲又将转向 a_1，等等。

表 8.26　用悲观准则求对解策

	b_1	b_2	行最小值
a_1	4	-1	-1^*（最小中的最大）
a_2	-2	1	-2
列最大值	4	1^* （最大中的最小）	

双方将会发现：

(1) 改变方案比总是采用一种方案要好。

(2) 各方必须保守秘密，使对方不能猜到自己的下一步策略。

(3) 平均益损值由采用各方案的时间比例决定，而且在某一比例时各方都是最好的。

以上各点阐述了混合策略对策的基本思想。在这类对策中最好的策略是在长期运行中按照事先确定的比例随机选择方案，这种比例由一个频率分布所确定。例如，对甲规定的解可能是 20% 的时间选择方案 a_1，而 80% 的时间选择方案 a_2。决策必须随机确定，而且要保守秘密。

一个混合策略问题的解包括：

(1) 计算最好的方案混合比例。

(2) 计算对策值，即计算其中一方的期望得失值。

现用解析法解 2×2 混合策略对策问题。把例 8.11 中表 8.25 改写成表 8.27 的形式。

表 8.27　求解混合策略的对策（c_{ij} 为赢得值）

比例	比例	q	$1-q$
	方案	b_1	b_2
p	a_1	$c_{11} = 4$	$c_{12} = -1$
$1-p$	a_2	$c_{21} = -2$	$c_{22} = 1$

解：

假定乙始终选择方案 b_1，而甲选择 a_1 的概率为 p 和选择 a_2 的概率为 $1-p$，对于甲的期望值 V_1 为

$$V_1 = 4p - 2(1-p)$$

类似地，当乙选择方案 b_2 时，而甲选择 a_1 的概率为 p 和选择 a_2 的概率为 $1-p$，对于甲的期望值 V_2 为

$$V_2 = -2p + 1$$

为了使乙不能通过变换策略来减少甲的赢得，甲必须采取混合策略。要做到这一点，必须在当乙无论采取 b_1 或 b_2 时，甲的期望赢得值相同，即期望值 V_1 和 V_2 相等。

当 $V_1 = V_2$ 时

$$4p - 2(1-p) = -2p + 1$$

解得 $p = 3/8$

也就是说，甲选择 a_1 的时间比例为 $3/8$，选择 a_2 的时间比例为 $5/8$，才能保证不论乙选 b_1 或 b_2，甲不会减少赢得值。

用通式表示，当 $V_1 = V_2$ 时

$$c_{11}p + c_{21}(1-p) = c_{12}p + c_{22}(1-p)$$

解得

$$p = \frac{c_{22} - c_{21}}{c_{11} - c_{12} - c_{21} + c_{22}}$$

在本例中甲选择方案 a_1 的时间比例为

$$p = \frac{1 - (-2)}{4 - (-1) - (-2) + 1} = \frac{3}{8}$$

而选择方案 a_2 的时间比例为

$$1 - p = 1 - \frac{3}{8} = \frac{5}{8}$$

因此，甲应选择 a_1 的时间比例为 $3/8$，选择 a_2 的时间比例为 $5/8$。当然应当随机地混合选择。

类似地，对于乙选择 b_1 的时间比例可由公式 $V_1 = V_2$ 导出，即

$$c_{11}q + c_{12}(1-q) = c_{21}q + c_{22}(1-q)$$

解得

$$q = \frac{c_{22} - c_{12}}{c_{11} - c_{12} - c_{21} + c_{22}}$$

在本例中乙选择方案 b_1 的时间比例为

$$q = \frac{1 - (-1)}{4 - (-1) - (-2) + 1} = \frac{1}{4}$$

而选择方案 b_2 的时间比例为

$$1 - q = 1 - \frac{1}{4} = \frac{3}{4}$$

因此，乙应选择方案 b_1 的时间比例为 $1/4$，选择 b_2 的时间比例为 $3/4$。

一旦获得 p 和 q 的值，即可确定对策的价值 V。

假定甲选择 a_1 的概率为 p，则其价值可由每局的期望平均值计算。可用以下四式之一来计算：

$$V = c_{11}p + c_{21}(1-p)$$
$$V = c_{12}p + c_{22}(1-p)$$
$$V = c_{11}q + c_{12}(1-q)$$
$$V = c_{21}q + c_{22}(1-q)$$

在本例中

$$V = \frac{3}{8} \times 4 + \frac{5}{8} \times (-2) = \frac{1}{4}$$

$$V = \frac{3}{8} \times (-1) + \frac{5}{8} \times 1 = \frac{1}{4}$$

$$V = \frac{1}{4} \times 4 + \frac{3}{4} \times (-1) = \frac{1}{4}$$

$$V = \frac{1}{4} \times (-2) + \frac{3}{4} \times 1 = \frac{1}{4}$$

因此,对策的价值为 1/4。因为对策矩阵为甲的赢得值,因此甲的期望赢得值为 1/4,而乙的期望失去值为 1/4。

总结本例的解为:

甲公司选择 a_1 的时间为 3/8,选择 a_2 的时间 5/8。乙公司选择 b_1 的时间为 1/4,选择 b_2 的时间为 3/4。

对策的价值为 1/4,即甲期望赢得值为 1/4,乙期望失去值为 1/4。

复习思考题

1. 试述决策分析问题的类型及其相应的构成条件。

2. 如何识别决策者的效用函数? 效用函数在决策分析中有何作用?

3. 某货场需贷款修建一个仓库,初步考虑了三个建仓库的方案:(1)修建大型仓库;(2)修建中型仓库;(3)修建小型仓库。经初步估算,不同货物量可能发生的概率及每个方案在每种不同的货物量下的益损值如表 8.28 所示。试利用期望值准则进行决策,并给出相应的期望收益。

表 8.28 益损值表

行动方案	货物量及概率		
	货物量大	货物量中	货物量小
	0.5	0.3	0.2
建大型仓库	100	50	30
建中型仓库	60	80	50
建小型仓库	40	60	70

4. 某汽车客运公司经营某一旅游线路,每一班车平均获利润 80 元,每一班车成本 80 元,如果停开一班车则损失 30 元。上年同一时期不同"日开车班数"出现的天数如表 8.29 所示,现有日开车班数 100、110、120、130 四种方案,试利用期望值准则对今年客运班车计划进行决策,使获利最大,并给出相应的期望收益。

表 8.29 不同日开车班数出现的天数值

日开车班数	100	110	120	130	合计
不同日开车班数出现的天数值	21	38	29	12	100

5. 为生产某种新型的港口装卸机械,提出了两个建厂方案:(1)投资 300 万元建大厂;(2)投资 160 万元建小厂,均考虑十年经营期。据预测,在这十年经营期内,前三年该产品销路

好的概率为 0.7;而若前三年销路好,则后七年销路好的概率为 0.9;若前三年销路差,则后七年销路肯定差。另外,估计两个建厂方案在不同销售情况下的年益损值如表 8.30 所示。试用决策树法确定应采用哪种建厂方案,并给出相应的期望收益。

表 8.30　不同销售情况下的年益损值

建厂方案	销路好	销路差
建大厂	100	−20
建小厂	40	10

6. 将第 5 题的建小厂方案改为:先投资 160 万元建小厂,若产品销路好,则三年后考虑是否扩建成大厂,扩建投资为 140 万元,扩建后工厂的经营期为七年,每年的收益情况与大厂相同。其他所有条件与第 5 题相同,试用决策树法确定应采用哪种建厂方案,并给出相应的期望收益。

7. 某厂对明年是否生产某种产品需要作出决策。根据市场预测,这种产品明年在市场上三种销售情况(A_1 —销路好; A_2 —销路一般; A_3 —销路差)的概率及不同销售情况下的年利润如表 8.31 所示。厂方认为咨询公司对市场的预测可能更准确一些,但需支付 0.6 万元咨询费。如果咨询公司的预测准确度不高,这 0.6 万元就花得不合算。因此,厂方又对咨询公司的预测准确度进行了了解,得知咨询公司的结论也有三种: B_1 —销路好; B_2 —销路一般; B_3 —销路差,且预测的准确度如表 8.32 所示。试问,该厂应如何进行决策,并给出相应的期望收益。

表 8.31　决策表　　　　　　　　　　　　　　　　　　　　万元

供选择的方案	A_1（销路好）	A_2（销路一般）	A_3（销路差）
	$p(A_1)=0.25$	$p(A_2)=0.30$	$p(A_3)=0.45$
a_1（生产）	25	1	−6
a_2（不生产）	0	0	0

表 8.32　咨询公司预测的准确度

调查结果	A_1（销路好）	A_2（销路一般）	A_3（销路差）
B_1（预报 A_1 出现）	$p(B_1\mid A_1)=0.65$	$p(B_1\mid A_2)=0.25$	$p(B_1\mid A_3)=0.10$
B_2（预报 A_2 出现）	$p(B_2\mid A_1)=0.25$	$p(B_2\mid A_2)=0.45$	$p(B_2\mid A_3)=0.15$
B_3（预报 A_3 出现）	$p(B_3\mid A_1)=0.10$	$p(B_3\mid A_2)=0.30$	$p(B_3\mid A_3)=0.75$

8. 某货场需贷款修建一个仓库,初步考虑了三个建仓库的方案:(1)修建大型仓库;(2)修建中型仓库;(3)修建小型仓库。由于对货物量的多少不能确定,对不同规模的仓库,其获利情况、支付贷款利息及运营情况都不同。经初步估算,编制出每个方案在每种不同货物量下的益损值如表 8.33 所示。试利用等概率准则、乐观准则、悲观准则、折中准则(取折中系数 $\alpha=0.7$)和遗憾准则分别对该问题进行决策,并给出相应的期望收益。

表 8.33　不同规模仓库在不同货物量下的益损值　　　　　　　　万元

方　案	货物量大	货物量中	货物量少
建大型仓库	100	50	30
建中型仓库	60	80	50
建小型仓库	40	60	70

9. 某决策问题的决策树如图 8.12 所示,其决策者的效用曲线如图 8.13 所示,试利用效用理论进行决策,并给出相应的期望效用值。

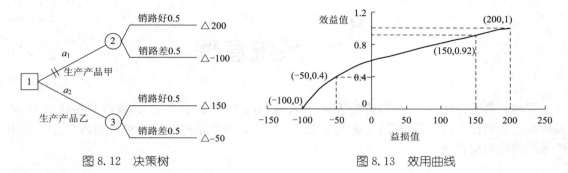

图 8.12 决策树   图 8.13 效用曲线

10. 在表 8.34 中,局中人甲有三个行动方案 a_1、a_2、a_3,局中人乙也有三个行动方案 b_1、b_2、b_3 可供选择,二人对局构成一个赢得矩阵,矩阵中的赢得值表示甲赢乙的金额。在对局中假定各方都知道对方可能选择的方案,而且假定双方都是明智的,各方将选择风险最小和最安全的方案,试判断该问题是否有最优纯策略解,并求解该对策问题。

表 8.34   方案表

	b_1	b_2	b_3
a_1	3	−4	1
a_2	−3	0	1
a_3	4	3	2

11. 设赢得矩阵为 $\boldsymbol{A}=\begin{bmatrix} 1 & 0 \\ -4 & 3 \end{bmatrix}$,试判断该对策问题是否有最优纯策略解,若无,试求其混合策略解及对策价值。

9 系统管理

管理就是通过计划、组织和监督活动,有效地利用人力、物力和财力,发挥其最佳效率,从而成功地达到预定目标,顺利地完成既定任务。系统管理就是把系统工程的原理与方法应用于系统的控制与管理。

9.1 战略研究与管理

战略研究与管理既是系统分析过程的延续,又是管理系统工程的重要内容。它更多地关注大规模复杂管理系统的总体特性及其长期变化,其目的是指导系统持续、协调地发展。战略决策及决策分析是战略研究与管理的核心内容和基本方法。战略研究是战略管理的基础,也可作为战略管理全过程的第一部分内容。

9.1.1 战略研究的三部曲

战略研究的三部曲是"总结历史、认识现状、把握未来"。可通过以下六个具体步骤来实现。

(1)明确系统的使命和目标。在充分认识企业基本使命的基础上,确定企业发展的目标,并力求使目标与基本使命保持一致,基于目标市场预测与企业方向选择制定企业的发展目标,建立指标体系,客观地反映和描述企业的发展目标。

(2)实施战略的总结。总结经验,发现问题,为研究新战略提供依据。

(3)现状分析(包括战略主体和周围环境等)。环境是企业生存和发展的空间,是企业战略管理行动的重要制约因素,也可从中发现机会,识别威胁。在分析了环境之后,就需要评估企业有哪些机会可以发掘、利用,以及企业可能会面临哪些威胁,进而分析企业的资源和能力等。

(4)未来预测和战略趋势的确定。分析和把握未来战略因素的变化及发展趋势,如:影响行业未来发展趋势的驱动与抑制因素分析;行业未来的发展格局与可能的前景;未来竞争格局;未来产业格局,如法规及监管的变化、技术的进步等;未来长、中、短期的主要市场格局,用户细分与用户需求变化,以及业务态势等的分析预测。把握战略时机,充分考虑客观条件以及进行战略调整或转移的动力及方向。

(5)新战略形成和战略评价。形成整体经营战略以及业务发展战略,市场开拓战略,营销战略,投资战略,资本运作与管理战略,合作伙伴战略,集团运作战略,人力资源战略,公共关系、政府关系与企业风险管理战略等。通过战略评价对新提出战略的合理性、可行性及对实现企业目标的潜在作用作出系统评价,从而为战略选择提供依据。

(6)战略筹划与实施。确定战略目标、战略阶段、战略重点及战略措施等;制定中、长期规划和短期计划;沟通思想,储备人力,完善政策体系。

9.1.2 战略研究的模式

当前,战略研究大体分为以下三种模式。

(1)前馈型研究模式。这种模式认为,战略是事先自觉地、有目的地制定的,并认为制定战略可依据的系统演变和环境变化是完全可以预测的。

(2)反馈型研究模式。这种模式认为,战略是一系列决策的指导思想的积累,并认为战略形成是有意识地总结一系列决策而形成的实施战略。

前馈型研究模式片面强调了战略研究的事先指导性和系统演进的可预测性,而忽视了总结历史的一面;反馈型研究模式只注重总结历史,对一系列决策的实施情况进行观察分析,通过总结已经实施的战略,进行适时的调整或转移,而忽视了战略的事先指导作用,缺乏对系统演进和环境变化的科学预测。

(3)学习控制型研究模式。通过知识获取和学习过程,并对外部环境进行系统分析,可以事先制定战略,用来指导一系列决策活动并控制战略的实施过程;同时也可以通过总结过去战略的实施,研究一系列决策活动和战略的一致性,发现问题,调整和完善战略,从而使战略研究的事先指导和历史总结相辅相成。

9.1.3 战略研究的分析方法

在企业战略研究方面,方法比较多,比较常用的有以下几种。

(1)SWOT 分析。SWOT 分析是一种企业基本态势的系统化分析方法,即根据企业自身条件及面临的外部环境进行分析,找出企业的优势、劣势及核心竞争力之所在,从而将企业的战略与企业内部资源、外部环境有机结合。其中,S 代表 strength(优势),W 代表 weakness(劣势),O 代表 opportunity(机会),T 代表 threat(威胁)。S、W 是内部因素,O、T 是外部因素。按照企业经营战略的完整概念,战略应是一个企业"能够做的"(组织的优势与劣势)和"可能做的"(环境的机会与威胁)之间的有机组合。

(2)PEST 分析。PEST 分析是指对企业外部或宏观环境进行的系统化分析。宏观环境又称一般环境,是指影响行业和企业的各种宏观或外部力量。对宏观环境因素作分析,不同行业和企业根据自身特点和经营需要,分析的具体内容会有所差异,但一般应对政治(political)、经济(economic)、社会(social)和技术(technological)这四大类影响企业的主要外部环境因素进行分析。

(3)波特价值链分析。由美国哈佛商学院著名战略学家迈克尔·波特提出的"价值链分析法"(见图 9.1),是一种功能与结构、静态与动态有机结合的系统化分析方法。

该方法把企业内外价值增加的活动分为基本活动和支持性活动。基本活动涉及企业的生产、销售、供货物流、发货物流、售后服务,支持性活动涉及人力资源管理、财务、计划、研究与开发、采购等。基本活动和支持性活动构成了企业价值链的主体内容。在不同企业参与的价值活动中,并不是每个环节都创造价值,只有某些特定的价值活动才真正创造价值。这些真正创造价值的经营活动,就是价值链上的"战略环节"。企业要保持的竞争优势,实际上就是企业在价值链某些特定的战略环节上的优势。

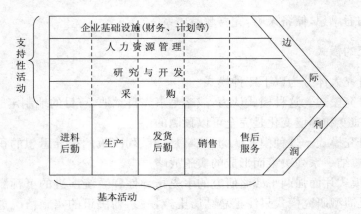

图 9.1　波特价值链

运用价值链分析方法来确定核心竞争力,就是要求企业密切关注组织的资源状态,特别关注和培养在价值链的关键环节上获得重要的核心竞争力,以形成和巩固企业在行业内的竞争优势。企业的优势既可以来源于价值活动所涉及的市场范围的调整,也可来源于企业间协调或合用价值链所带来的最优化效益。

上述模型方法在实际应用中通常相互配合,形成体系,并注重定性与定量等方面的有机结合,以更加规范、系统和有效地研究系统管理。

9.2　战略管理的发展趋势

为了走出战略管理的"困境",迎接环境变化的挑战,增强战略管理的作用,需要改变传统的战略思维方式,从"以不变应万变"转向"以变应变"。战略管理必须基于这样一种认识:企业连续不断地注视内部及外部的事件与发展趋势,以便在必要时及时做出调整。为适应环境的变化,企业必须回答以下关键战略问题:我们要成为什么样的企业? 我们是否处于正确的业务领域? 我们是否应改变经营内容? 哪些新竞争者正在进入我们的产业? 我们的用户正在发生何种变化? 正在发展着的新技术是否会将我们淘汰? 我们应采取何种战略?

为了克服传统战略计划缺乏对环境变化应变能力的弱点,使企业具有超前的预见和应变能力,企业应不断调整自身,以更好地适应急剧变化的环境,因此战略必将朝柔性化方向发展。

近年来,国内外已有一些学者对战略柔性化及柔性战略进行了研究,它代表了战略研究发展的重要方向,引起了人们的高度关注。

柔性战略深层次的含义是,它不一定完全被动地承受动荡环境的影响,单纯作出战略反应和调整;它还具有主动性,即战略管理具有"预应"的性质,通过制定、实施柔性战略,它能够主动影响环境的变化,迎接市场的挑战。柔性战略既吸收了规划方法的有益的、合理的因素,又跳出了规划方法的思维方式,综合考虑组织的环境对战略管理问题的影响。它同传统战略最大的区别是:

(1)对环境与竞争对手的分析是一个动态博弈的过程。

(2)战略方案为市场可能状态下竞争规则集(或对策集)而非传统的战略规划。

(3)不是被动适应环境变化,而是主动利用甚至制造变化来提高竞争力。

(4)不是资源驱动,而是以企业的核心能力为基础,以机会为导向。

当今时代,环境的变化越来越快,企业的战略应当适应环境的变化;以往那种认为企业间的竞争主要集中于产品与服务的质量和成本的观点已不能全面反映当今竞争活动的特点,时间的竞争和战略柔性的程度已成为新的甚至更重要的竞争内容。正因为如此,近年来有关战略的动态变化和战略柔性的问题已成为战略管理研究的热点与重要基点。

目前,国际上对战略灵活性的讨论使用着一个专门的术语,即战略柔性(strategic flexibility),并将战略柔性视为"公司借助于更高级的知识能力,通过调整其目标来适应不确定环境的能力";"通过引进新产品、扩展产品线和更快地使产品升级来适应变化的技术与市场机会"。显然,战略柔性的含义是指在原有战略的基础上,通过能力的提高来使这一战略获得有效的调整。这实际上是在战略内容中更多地考虑了环境的变化并加入可能的干预。

以战略柔性为基础,可进一步提出柔性战略(flexible strategy)的概念。

所谓柔性战略,是为主动适应复杂的环境变化,利用变化甚至制造变化来提高自身竞争能力,实现可持续发展,所制定的一组可选择的行动目标、规则及相应方案。这一概念包含以下要点。

(1)柔性战略强调战略的博弈性而不是战略的计划性。一方面,随着技术变化速度的加快及需求的多样化,企业面临的环境越来越不稳定,在动态变化的条件下,仅仅靠增强预见性是难以适应形势的;另一方面,企业环境变化的过程包括与竞争对手竞争的内容。由于各自条件的差异及目标的不同,不同企业对待这种变化的对策是不一样的。一个企业要准确掌握竞争对手的情况几乎是不可能的。因此,计划性的战略难以有效地反映实际竞争状况,也不可能引导企业形成有效的对策方案。博弈性强调企业在可行的选择中采取行动的规则,以及这些转换能力在新规则条件下有效运行的能力。

(2)柔性战略强调利用变化和制造变化来提高竞争力,形成新的竞争优势.而不是仅仅适应环境变化。环境的变化必然要引起战略发生变化。这些变化包括:①战略中有关的战略范围、资源使用、竞争优势和协同作用;②外部环境和起初的组织变化以及战略内容执行的变化。为了更好地适应变化,一些学者提出了不同的战略框架,并试图在这些框架内对战略变化给予正确的反映。然而,这些分析集中在提高战略对环境的适应性上,忽视了现代竞争条件下环境变化的混沌性和不可预见性。因此,更为主动的方案是以我为主,主动制造变化,并从中确立自己的竞争优势。这一点正是柔性战略的一个显著特点。

(3)柔性战略依赖于企业的柔性系统,因此,它是一个分层次的战略。首先,柔性战略要求有一个柔性的企业使命和管理思想。一成不变的企业发展蓝图是难以引导人们正确制定战略的。其次,柔性战略必须有柔性的组织及柔性的管理控制与之配合,以使按各种博弈规则制定的行动能迅速付诸实施,并保持较低的实施成本。最后,应有先进、适用的柔性生产系统。

(4)柔性战略强调通过战略设计获取更多的行动机会,而不仅仅考虑战略规则的实现指标。由于柔性战略强调战略的探索性和博弈性。因此,此类战略就必须保证企业有足够的选择来应付各种局面,而创造机会成为柔性战略的核心内容。显然,该战略不同于一般战略的指标导向,它强调机会导向;它不只关心具体的战略程序,更关心如何设计有利的博弈局势。

柔性战略是战略类型中的一种,它是企业适应当今企业经营环境变化无常采取的一个主要战略形式。这些年来,国内企业正处在国家经济体制转型及企业从粗放型向效益型的双重转型时期,所面临的内外环境的不确定性很高。因此,更有必要认真研究战略柔性,制定和实施柔性战略。

　　随着全球经济一体化的发展，企业面临日益激烈的竞争局面。对于像社会经济这样的系统，由于其组成十分复杂庞大，相互影响、相互制约的因素又很多，系统和外界环境的联系十分广泛，系统的功能、结构与行为越来越具有明显的多样性、复杂性和不确定性特征。为此，需要采用"从定性到定量的综合集成方法"等新的系统工程方法论来研究和处理。这类方法通常是科学理论、经验知识和专家判断力等多方面内容的结合体。进入 21 世纪，对于一些复杂社会经济系统（包括各类复杂组织系统），柔性发展战略的理论研究和实证分析将是管理科学、系统科学及其系统工程的前沿课题和焦点问题。

9.3　路　线　图

　　路线图是一种先进的规划计划方法和管理工具，主要用于对现实起点与预期目标之间的发展方向、发展路径、关键事项、时间进程以及资源配置进行科学设计和控制，主要采取图表的方式进行形象表达，其要义是围绕目标任务，强调需求牵引，选择发展路径，明确时间节点，对建设发展作出科学规划。

9.3.1　路线图的特点

　　（1）路线图是一种管理工具。路线图只是众多管理方法和工具的一种，可以广泛用于各种具体的业务领域。由于不同领域的现状、目标、方向、路径将会存在较大差异，路线图的具体运用也会有不同的思路和模式。

　　（2）路线图是一种发展过程。路线图不仅包括起点和终点，更重要的是明确了从起点到终点的方向和路径，设计了随着时间向前推移的各个节点，涵盖了事物发展的主要进程，是连接现实与未来的纽带。

　　（3）路线图是一种综合集成。路线图充分考虑了影响和制约事物发展的各种重要因素，并将各种相关因素放在同一环境中通盘考虑，使管理人员对事物发展的相关性有更加深刻的认识，有效防止顾此失彼、一叶障目的问题。

　　（4）路线图是一种图表结构。为了达到形象、直观、生动的目的，路线图一般主要采用各种图示方法或者图表与文本相结合的方式，对事物发展的要素、方向、顺序、路径进行综合表达，给人"会当凌绝顶，一览众山小"之感。值得注意的是，路线图往往不是一张图，而是一系列图表和文本的统称。

　　（5）路线图是一种操作依据。在地理领域，路线图含有准确、可靠、可操作之意。同样，管理领域的路线图通常采取量化的方式，对事物发展进程中的重要工作和项目进行较为精确的描述，从而为管理人员在操作中提供较为具体的参照和依据，达到准确控制的目的。

　　路线图不同于一般的规划技术和技术路线，主要采用定性和定量分析方法，使发展目标更加清晰；采用目标和现实对比分析的方法确定发展需求，使需求与建设发展实际结合得更加紧密；采用优选关键技术和实现路径的方法，使建设项目的安排更加科学合理；采用图、表、文结合的表现形式，使规划内容更加简明直观；采用动态更新的方法，使定期修改的文本指导性、针对性更强。

　　总之，路线图既包括对未来的预测，也包括对现实的认识；既包括对目标的确立，也包括对过程的设计;既包括对宏观的预测,也包括对微观的前瞻;既包括对系统的分解,也包括对系统的综合;既包括图示的形式,也包括文本的融合,是战略管理的重要方法与手段,是提升战略管理能力的有效途径。

9.3.2　路线图的构成要素

在路线图的制定过程中,需要聚集众多相关领域的科技专家、决策者和技术成果使用者共同参与。因此,在整个组织过程中,需要用科学的方法将各个环节进行有效的联结,以便将众多的专家以及参与者的集体智慧凝练起来,达成共识。

用于系统管理领域的路线图一般包括下列 10 个构成要素。

(1)目标愿景,没有起点和目的地,也就无所谓路线图。因此,目标愿景是路线图的基本构成要素。目标愿景反映发展主体所要表达的境地或者标准。主要是基于对建设现状和支撑条件的可行性分析,确定发展目标和建设任务。由于事物发展的复杂性和多变性,目标愿景的确立可以分层次、分类型,也可以分阶段确立。

(2)发展思路,思路决定出路,思路一变天地宽。发展思路是对发展问题的根本看法的总称,一般主要是指人们在观念层面对发展的认识与理解。发展思路决定着发展的方向、重点、原则和效率等重点问题。发展思路贯穿于路线图制定的始终,是路线图制定的主旨与灵魂。

(3)需求分析,主要是针对规划目标与建设现状之间的差距,找出薄弱环节,对建设发展提出具体需求和量化指标。无论在什么领域,需求分析一般采用定性与定量分析相结合的方法,并尽量采用量化的方法表达。

(4)发展环境,环境是指和发展主体有直接或者间接的物质、能量和信息交换的所有发展主体自身系统以外的系统总和。发展环境一般包括社会、政治、经济、军事、技术环境。不同的发展主体,其所处的发展环境是不一样的,一般要根据具体情况作具体分析。

(5)发展内容,发展内容是对发展主体作进一步区分,找出影响和制约发展主体的相关子因素及关键事项。比如,在一般的技术路线图中,将技术发展的相关领域区分为项目、技术、产品等多个子内容,每一个子内容都设置了相关子系统。

(6)重大任务,是指从起点向愿景目标迈进过程中的重要工作、关键事项、重大系统、核心技术等重要工作。正是通过这些工作的逐步完成,才可以逐步向愿景目标靠拢。

(7)时间阶段,主要是对事物发展的进程和时间范围进行明确。比如,我国的五年规划、十年规划分别确定了 5 年、10 年的发展时间。

(8)发展路径,主要是依据时代背景和发展趋势,根据目标任务,采取工程化推进的方法,对发展内容和项目的发展顺序、建设重点、里程碑标志和时间节点作出安排、统筹与设计。

(9)保障条件,主要是指对实现发展目标的人力、智力、信息、财力资源等,结合项目、计划和进度进行统筹安排。这些资源是完成系统发展的重要支撑,必须进行科学安排与周密配置。

(10)配套措施,主要是抓住影响建设发展的相关因素,通过配套措施的实施,建立有利于路线图实现的良好环境。

在路线图中,上述要素可通过一张图表进行总体设计,也可以通过多张、多格式的图表反映出来。虽然表达形式多样,但是它们都是为了回答三个问题:去何方? 处于何种状态? 如何到达目的地？如果采用多层路线图格式，可以概括地阐述一定范围的层与亚层标题下的战略主题，这一格式能够形成集成方法，并应用于不同领域和状态，如图 9.2 所示。

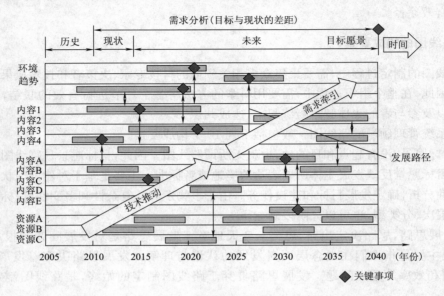

图 9.2　一种通用的路线图示意图

路线图的顶层主要列出了组织或者单位期望的目的（指导为什么），以及目的的影响因素（趋势和驱动因素），也包括现状分析与需求描述。通常，在国家、政府层面，该路线图包括外部的战略环境和内部的发展条件，以及战略需求和发展目标。

路线图的中层主要是关于通过什么原理、分解何种领域、关注哪些重点、通过什么路径实现预期目的。一般包括发展领域、发展内容、重大任务、发展路径、时间节点等。这一层次的区分一般根据具体建设领域确定。

路线图的底层主要是包括实现预期目的的各种相关资源支撑，比如人力资源、信息资源、财力资源等。在路线图中，通过调配和集成，以开发出使这些资源转化为保障路线图预期目标实现的平衡和优化机制。

实际上，路线图方法与 5W1H 方法有着基本相同的目的。在 5W1H 中，一般性的问题转化为"什么主体"（who）、"什么事情"（what）、"什么地点"（where）、"什么时间"（when）、"为什么"（why）以及"怎么做"（how）这样的疑问词引起的具体问题。5W1H 型问题提出后，再分别对这些问题加以考察分析，找出适合问题的解决方法。在路线图的设计与制定过程中，也都涉及 5W1H 的相关问题，其主要用途也是为系统地收集与问题相关的信息提供一个基本框架，由此而收集到的信息可能为问题的解决提供一套系统的视角和方法。

通过上面对路线图的构成要素分析，路线图实际上是将影响和制约事物发展的多种因素综合起来，通过系统分析它们之间的制约关系和相互作用，由发散性思维走向收敛和集成，使复杂的问题变得简单、混沌的思路变得清晰，最终通过综合集成，形成定位明确、路径科学的实施方案，如图 9.3 所示。

为了达到直观、形象、整体、连贯的目的，路线图常常采用各种图示方法、图表或者图文相结合的方法，对事物发展的要素、方向、顺序、路径进行综合表示，使人一目了然。

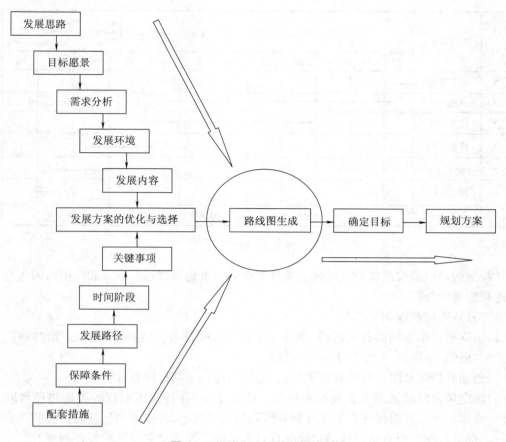

图9.3 战略集成与设计路线图

9.3.3 常见的图示方法

在路线图的制定过程中,常见的图示方法有甘特图、流程图、鱼骨图和网络计划图等。根据制定路线图背景的不同特点,可以有目的地选用相关的方法。

1. 甘特图

甘特图又叫横道图,或者条状图,它是以图示的方式通过活动列表和时间刻度形象地表示出任何特定项目的活动顺序与持续时间。是在 1917 年由亨利・甘特开发的,其内在思想简单,基本是一条线条图,横轴表示时间,纵轴表示活动(项目),线条表示在整个期间上计划和实际的活动完成情况。它直观地表明任务计划在什么时候进行,及实际进展与计划要求的对比。甘特图是一个完整地用条形图表示进度的标志系统。管理者由此极为便利地弄清一项任务(项目)还剩下哪些工作要做,并可评估工作是提前还是滞后,亦或正常进行,是一种理想的控制工具。由于甘特图形象简单,在简单、短期的项目中,甘特图都得到了最广泛的运用,如图 9.4 所示。

甘特图的优点是图形化概要,通用技术,易于理解;中小型项目一般不超过 30 项活动;有专业软件支持,无须担心复杂计算和分析。

序号	工程项目	计划开工日期：2013年4月6日　计划竣工日期：2013年6月6日											
		5	10	15	20	25	30	35	40	45	50	55	60
1	施工准备	—											
2	路基工程		—	—	—	—	—	—					
3	路面工程					—	—	—	—				
4	排水工程								—	—	—		
5	小侧石工程									—	—	—	
6	竣工清场											—	—
7	备注	计划工期60日历天，完成本工程所有工程项目。											

图 9.4　甘特图

甘特图的局限是仅仅部分地反映了项目管理的三重约束（时间、成本和范围），因为它主要关注进程管理（时间）。

绘制甘特图的步骤如下：

(1)明确项目牵涉到的各项活动、项目。内容包括项目名称（包括顺序）、开始时间、工期、任务类型（依赖/决定性）和依赖于哪一项任务。

(2)创建甘特图草图。将所有的项目按照开始时间、工期标注到甘特图上。

(3)确定项目活动依赖关系及时序进度。使用草图，并且按照项目的类型将项目联系起来，并且安排。此步骤将保证在未来计划有所调整的情况下，各项活动仍然能够按照正确的时序进行。也就是确保所有依赖性活动能并且只能在决定性活动完成之后按计划展开。

(4)计算单项活动任务的工时量。

(5)确定活动任务的执行人员及适时按需调整工时。

(6)计算整个项目时间。

2.流程图

(1)流程图简介

流程图是流经一个系统的信息流、观点流或部件流的图形代表。流程图是揭示和掌握封闭系统运动状况的有效方式。作为诊断工具，它能够辅助决策制定，让管理者清楚地知道，问题可能出在什么地方，从而确定出可供选择的行动方案。

(2)绘制流程图的步骤

绘制流程图的习惯做法是：流程图是由一些图框和流程线组成的，其中图框表示各种操作的类型，图框中的文字和符号表示操作的内容，流程线表示操作的先后次序。这些过程的各个阶段均用图形块表示，不同图形块之间以箭头相连，代表它们在系统内的流动方向。下一步何去何从，要取决于上一步的结果，如图 9.5 所示。

(3)流程图的常见分类如下。

①系统流程图

系统流程图表示系统的操作控制和数据流。系统流程图包括：指明数据存在的数据符号，这些数据符号也可指明该数据所使用的媒体；定义要执行的逻辑路径以及指明对数据执行的操作的处理符号;指明各处理和(或)数据媒体间数据流的流线符号;便于读、写系统流程图的特殊符号。

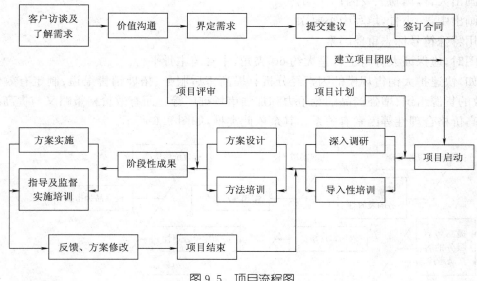

图9.5　项目流程图

②程序网络图

程序网络图表示程序激活路径和程序与相关数据的相互作用。在系统流程图中,一个程序可能在多个控制流中出现;但在程序网络图中,每个程序仅出现一次。程序网络图包括:指明数据存在的数据符号;指明对数据执行的操作的处理符号;表明各处理的激活和处理与数据间流向的流线符号;便于读、写程序网络图的特殊符号。

3. 鱼骨图

问题的特性总是受到一些因素的影响,找出这些因素,并将它们与特性值一起,按相互关联性整理而成的层次分明、条理清楚,并标出重要因素的图形,叫因果关系图。因其形状如鱼骨,所以又叫鱼骨图(或者鱼刺图)。它是一种透过现象看本质的分析方法。在制定鱼骨图时,常采用脑力激荡法(一种通过集思广益、发挥团体智慧,从各种不同角度找出问题所有原因或构成要素的会议方法)。脑力激荡法有四大原则:严禁批评、自由奔放、多多益善、搭便车。

(1)鱼骨图的三种类型

鱼骨图有三种类型。

①整理问题型鱼骨图,其特点是各要素与特性值间不存在原因关系. 而是结构构成关系。

②原因型鱼骨图,其特点是鱼头在右,特性值通常以"为什么……"来写。

③对策型鱼骨图,其特点是鱼头在左,特性值通常以"如何提高、改善……"来写。

其中原因型鱼骨图最常用。

(2)鱼骨图的制作步骤

制作鱼骨图分两个步骤:分析问题原因、结构,绘制鱼骨图。

1)分析问题原因、结构,内容包括:针对问题点,选择层别方法;按脑力激荡分别对各层别类别找出所有可能原因(因素);将找出的各要素进行归类、整理,明确其从属关系;分析选取重要因素;检查各要素的描述方法,确保语法简明、意思明确。

2)绘图过程的步骤为:

①填写鱼头(按为什么不好的方式描述),画出主骨;

②画出大骨,填写大要因;

③画出中骨、小骨,填写中小要因;

④用特殊符号标志重要因素。

绘图时,应保证大骨与主骨呈大约60°夹角,中骨与主骨平行。

例如,快速扩大销售规模的因素经分析有提高售后服务、拓展销售渠道、制定有效价格策略、有效的货源组织、增强产品的竞争力和加强市场推广等。而有效价格策略又与提高品牌指数和提高价格合理性等因素有关系。其余依此类推,如图9.6所示。

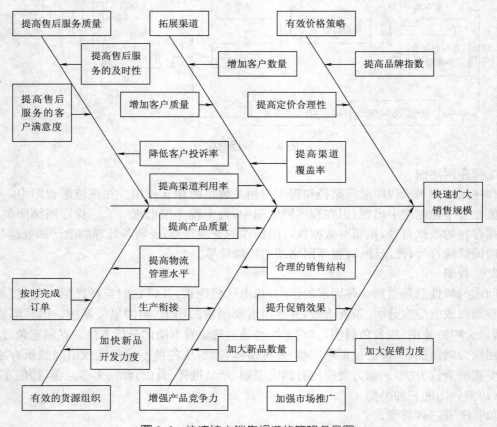

图 9.6　快速扩大销售规模的策略鱼骨图

例如,根据保持身体健康与是否接触烟酒、工作状况、生活习惯以及锻炼情况的关系,通过分析得到如图9.7所示的保持身体健康的行动策略鱼骨图。

4.雷达图

雷达图又可称为戴布拉图、蜘蛛网图,雷达图用于同时对多个指标的对比分析和对同一个指标在不同时期的变化进行分析。雷达图分为典型的图形分析方法和雷达图综合评价方法。典型的图形分析方法主要通过先绘制各评价对象的雷达图,将其用于综合评价,由评价者对照各类典型的雷达图,通过观察给出定性评价结果。优点是直观、形象、易于操作;缺点是当评价的对象较多时,很难给出综合评价的排序结果。雷达图综合评价方法是对雷达图直观综合评价方法数量化,是一种图形和数量相结合的评价方法。雷达图分析法的具体步骤首先是确定指标体系,其次是确定指标数据,最后是绘制雷达图。

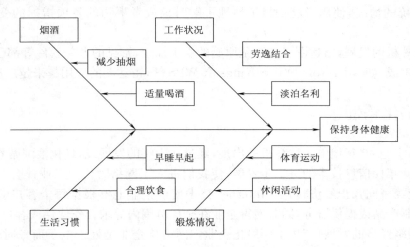

图 9.7　保持身体健康的行动策略鱼骨图

（1）雷达图的绘制方法

雷达图的绘制方法如下：

①先画 3 个同心圆,同心圆中最小的圆代表同行业平均水平的一半值或最差的情况;中心圆代表同行业的平均水平或特定比较对象的水平,称为标准线（区）;大圆表示同行业平均水平的 1.5 倍或最佳状态。

②把圆均分为 n 个扇形,每个扇形区域分别代表不同的指标区域。

③以圆心为起点,以射线的形式画出相应的指标线。然后,在相应的指标线上标出相应的指标值。将指标值用线连接起来后,就形成了一个不规则闭环图。

（2）绘制雷达图的步骤

绘制雷达图一般采取如下步骤：

①划分评价指标象限。用评价指标体系对整个圆周作 n 等分,得到 n 个坐标轴,每个坐标轴代表该体系的第 n 个指标。

②确定评价对象的等级水平。确定 m 个等级的数值,围绕原点由里到外的各层同心圆分别代表不同的评价对象的等级水平。

③连接线段,产生雷达图。将多个指标数值标记到相应坐标轴上,连接各个坐标点,围成的不规则图形直观地反映评价对象的整体分布、优劣态势。

最后得到如图 9.8 所示的雷达图。

（3）雷达图的分析方法

如果对象的指标值位于标准线以内,则说明对象的指标值低于同行业的平均水平,应认真分析原因,提出改进方

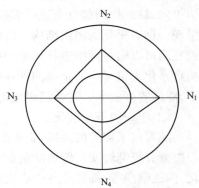

图 9.8　评价体系雷达图

向；如果对象的指标值接近或低于小圆，则说明对象的状况处于非常危的境地，急需推出改革措施以扭转局面；如果对象的指标值超过了中圆或标准线，甚至接近大圆，则表明对象的优势方面。雷达图把比较重要的项目或者因素集中画在一个圆形的表上，来表现一个对象或者一个系统的情况，使用者能一目了然地了解对象或者事物的各项指标的变动情形及其好坏趋向。

随着计算机的发展，雷达图已经不是原始的手工描绘，常见的办公软件等都已经具备了雷达图的自动生成，如 Microsoft Office、Kingsoft WPS 等，雷达图的应用越来越广泛。

9.4　网络化管理

自从 20 世纪 40 年代电子计算机的出现，经过几十年的发展，信息化浪潮席卷全球。尤其是 20 世纪 90 年代信息技术的进一步发展，使我们进入了网络时代。工业社会全面向信息社会转化，工业经济向知识经济转化。Internet 技术使得企业能够根据每个客户的具体情况和特定需求定制产品或提供服务，同时使得企业在全球范围内寻求合作伙伴或客户也成为可能。因此，随着网络经济的发展，产生了网络化企业。网络化企业是处于电子商务时代，以商贸和信息技术的发展为基础，以企业电子化、信息化、网络化为核心，以新的交易方式为手段的经济实体。

9.4.1　网络化企业组织结构

随着网络化企业的形成，产生了一种新型的组织结构——网络化企业组织结构。它是一种很精干的中心机构，以契约关系的建立和维持为基础，依靠外部进行生产经营活动的组织结构形式，它是由传统的等级组织结构向扁平的组织结构、单对单的单向组织结构向多对多的多向组织结构、命令和控制的组织结构向以信息为基础的组织结构改造而成的。这种网络化企业组织结构具有以下基本特点。

（1）组织结构扁平化

扁平化就是指通过改造传统的等级组织结构、减少管理层次、增加管理幅度、裁减冗员而形成的一种紧缩的横向组织。由于互联网的应用，企业所有部门和其他各方主体都可以通过网络方便、直接、高效地交流，管理人员间增加了相互沟通的机会。这改变了传统企业组织结构单向、缺乏横向信息交流的弊病，组织结构逐步倾向于分布化和网络化结构。使企业的机构呈现一种扁平化的组织结构。传统的中间层的协调和监督正在被网络所取代，企业最顶层和最底层可以通过网络进行沟通和联络。传统企业金字塔式的纵向管理模式将消亡。因此，结构扁平化大量减少了企业的管理层次和管理人员的数量，依靠高效率、高速度提高企业营运水平，降低管理成本。它使组织变得灵活、敏捷，富有弹性和创造性。

（2）组织决策分散化

随着电子商务的发展，企业组织结构将由过去高度集中的决策中心集权制向分散的多中心决策分权制转变。传统的企业组织结构下的单一决策容易形成的官僚主义、低效率、结构僵化、沟通壁垒等，都将在各中心决策下逐渐消失。电子商务企业的战略规划、市场预测等经营决策由跨部门、跨职能的各个组织单元共同参与、共担责任。决策的分散化增强了员工的参与感和责任感，在共同利益驱动下提高了决策的科学性和可操作性。从而提高了整个企业的决策水平。

（3）组织资产中空化

中空化就是指企业不再以实物资产作为企业存在的前提。企业资源包括有形资源和无形资源两种。随着网络经济时代的到来，在互联网的有效运用前提下，企业中最有控制力的资产不再是有形资产中的土地、资本等传统资源，而是无形资产或关键技术等。它的主要任务是创造和维护品牌、产品研发、关键技术控制等。

（4）组织动作虚拟化

电子商务企业的经营活动打破了时、空的限制，形成了一种完全新型的企业组织形式——虚拟企业。它没有企业、产业、地区之间的界限，利用网络把现有资源整合成为一种超越时间和空间的经营实体。虚拟企业可以是企业内部几个要素的组合，也可以是不同企业之间的要素组合，各方充分发挥自己的资源和知识优势，做到资源共享、风险共担、利益共享。

9.4.2 网络化管理的形成和演化趋势

面对外部环境的重大变化，通过网络技术实现外部资源整合以提高企业经营效率成为20世纪90年代西方发达国家企业经营的新趋势。在新的理念下，涌现出虚拟组织、动态联盟、业务外包、敏捷制造和供应链管理等多种经营方式创新。但是，这些创新的共同特征都是在构建企业内部核心能力基础上的外部网络化经营和内部网络化管理，可以统称为网络化管理组织模式。

企业网络化管理就是利用计算机技术、网络技术和管理手段，将现有传统工艺和职能部门尽量联结、集成在一起，追求整体效率和效益的提高，提高企业的整体柔性，并减少库存，使企业具有低能耗、低物耗、高效益、高应变的能力。

网络化管理的演化趋势表现出三个特点。

（1）自由灵活的动态调适机制

网络组织不仅仅是把众多节点联结起来的分散管理网络，更重要的是它是一个开放的系统，可以利用其灵活性来调节组织结构。网络成员各自的职责和任务是非常明确的。当任务完成后，各组织内部的职责便不复存在。相对于传统组织来说，网络组织的成员更具变化性。虽然企业不会随意更改合作对象，但每个企业都保留更改合作对象的权利。每次合作都可能有新的成员加入，也会有老成员的出局。通过不断优化，网络组织即可逐渐完成动态的创新与演化过程。

（2）网络节点的相对独立性和多角色性

网络节点之间的关系是既合作又竞争的关系，构成网络组织的节点具有决策能力，它具有获取"网络利益"的强烈冲动。同时，网络成员的目的非常明确，通过联盟，或者是强化自己的核心竞争力，或者是谋取其他"网络利益"。即使对于同样的市场需求，也存在多样的网络联结。网络成员的相对独立性和联结的不稳固性使得网络组织可以与外部企业进行各种交换，这种企业之间的联系逐渐扩大，形成组织网络。

（3）知识和技能是影响力的主要因素

网络组织以项目合作为导向，各企业相当于一个个的项目团队。知识和技能成为重要的管理标准。也就是说，大企业不一定具有更高的权威，拥有核心技术的企业往往是网络结构的中心。网络组织的特性可以给它带来灵活应变、适应性强的优势，但也不可避免地暴露出一些缺陷。例如,组织对产品总体质量的控制力较弱,因而品质管理将是网络组织模式需要解决的难题。另外,由于网络合作关系不稳固,一旦企业之间存在利益冲突,容易导致信息的延误和扭曲。

9.5　矩阵式管理

矩阵式管理(matrix management),或者称矩阵管理,最早是由美国加州理工学院的天体物理学家茨维基教授所创立,通过展开影响因素、建立系统结构来解决复杂系统管理问题的概念和方法。

矩阵式管理也称系统式或多维式管理,是相对于那种传统的按照生产、财务、销售、工程等设置的一维式管理而言的。"矩阵"是借用数学上的概念。矩阵式管理主要是将管理部门分为两种,一种是传统的职能部门,另一种是为完成某一项专门任务而由各职能部门派人联合组成的专门小组,并指定专门负责人领导,任务完成后,该小组成员就各回原部门。如果这种专门小组有若干个的话,就会形成一个为完成专门任务而出现的横向系统。这个横向系统与原来的垂直领导系统就组成了一个矩阵,因此称矩阵管理。

矩阵式管理组织结构是在克服单项垂直式管理组织结构缺点的基础上形成的,矩阵式管理组织的主要优点有:使管理中的横向联系和纵向联系、分权化与集权化有机结合起来;便于各个管理部门之间相互协调和相互监督;信息线路较短,反馈较快,组织应变能力强。这种矩阵结构,又称规划一目标结构。参加这一"规划目标"组织的成员,既接受某项专门任务小组的领导,又受原职能部门的领导。

9.5.1　矩阵式管理的组织结构

实施项目组织的结构往往对能否获得项目所需资源和以何种条件获取资源起着制约作用。组织结构可以比喻成一条连续的频谱,其一端为职能型,另一端为项目型,中间是形形色色的矩阵型。表9.1为与项目有关的主要企业组织结构类型的关键特征。

表 9.1　与项目有关的主要企业组织结构类型的关键特征

特点 ＼ 类型	职能型组织	矩阵型组织			项目型组织
		弱矩阵型	平衡矩阵型	强矩阵型	
项目经理的权利	很小或没有	有限	小～中等	中等～大	大～全权
组织中全职参与项目工作的职员比例	没有	0～25%	15%～60%	50%～95%	85%～100%
项目经理的职位	部分时间	部分时间	全时	全时	全时
项目经理的头衔	项目协调员 项目主管	项目协调员 项目主管	项目经理 项目主管	项目经理 计划经理	项目经理 计划经理
项目管理行政人员	部分时间	部分时间	部分时间	全时	全时

传统的职能型组织,其结构如图9.9所示,这种层级结构中每个职员都有一个明确的上级。员工按照其专业分组,例如顶层的生产、市场、工程和会计部门。

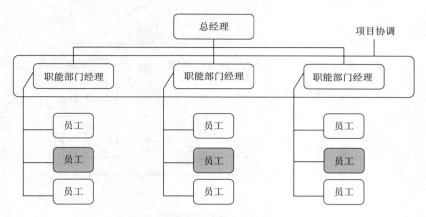

图 9.9　职能型组织

注:阴影框代表参与项目活动的员工。

工程部内还可以进一步细分出支持整体组织的职能组织,像机械、电气部门。职能型组织内仍然可以有项目存在,但是项目的范围通常会限制在职能部门内,职能型组织内的工程可以独立于制造或市场部门进行自己的项目工作。当一个纯职能组织进行新产品开发时,设计阶段经常被称为设计项目,而且仅仅包括工程部的人员。当出现制造方面问题的时候,这些问题被逐级提交给本部门领导,部门领导再与制造部门的领导进行协商,问题的答复再由部门的领导逐级下传给工程项目经理。

在频谱的另一端是项目型组织,其结构如图 9.10 所示。在项目型组织中,项目团队成员通常会被配置在一起。绝大部分的组织资源直接配置到项目工作中,并且项目经理拥有相当大的独立性和权限。项目型组织通常也称为部门的单位,但这些部门或是直接向项目经理汇报工作,或是为不同项目提供支持服务。

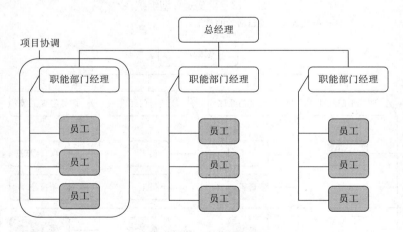

图 9.10　项目型组织

注:阴影框代表参与项目活动的员工。

矩阵型组织一般有弱矩阵型组织、平衡矩阵型组织和强矩阵型组织,其结构如图 9.11 至图 9.13 所示,兼有职能型和项目型的特征。

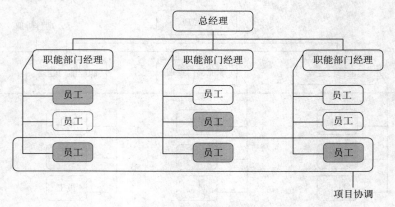

图 9.11　弱矩阵型组织

注:阴影框代表参与项目活动的员工。

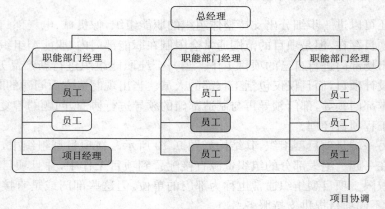

图 9.12　平衡矩阵型组织

注:阴影框代表参与项目活动的员工。

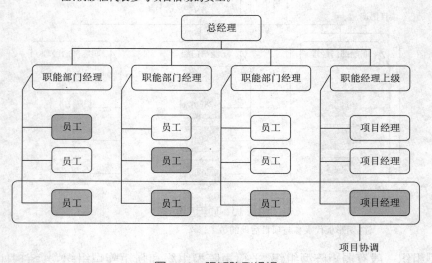

图 9.13　强矩阵型组织

注:阴影框代表参与项目活动的员工。

弱矩阵型组织保持着很多职能型组织的特征。项目经理的角色与其说是管理者,不如说是协调人和发布人。同理,强矩阵型组织保持着很多项目型组织的特征,具有拥有很大职权的专职项目经理和专职项目行政管理人员。

复合型组织,多数现代组织在不同层次上包含所有这些结构,称之为复合型组织,如图9.14所示。

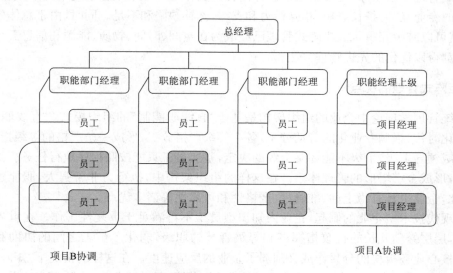

图 9.14 复合型组织
注:阴影框代表参与项目活动的员工。

例如,即使一个完全职能型的组织也可能会组建一个专门的项目团队来操作重要的项目,这样的项目团队可能具有很多项目型组织中项目的特征。团队中拥有来自不同职能部门的专职人员,可以制定自己的运作过程,并且可以脱离标准的正式报告机制进行运作。

9.5.2 矩阵式管理的组织特点

矩阵式管理的组织特点如下。

(1)纵横交叉,柔性弹性

矩阵:横有行,纵有列。这恰恰与传统的垂线式管理相对立。垂线式,或称烟囱式、等级式的管理,虽然已经习以为常了,但已经不适合现代信息时代的发展要求。采用纵横交叉的矩阵式管理组织结构,有利于提高管理效率,落实到军队管理系统中就能够适应多变的管理环境,提高部队的战斗力。矩阵式管理不是刚性的、一成不变的组织形式,而是依据战略需要,组建灵活多变、随机应变的管理班子。

(2)多主多岗,越级指挥

在矩阵管理中,人员不再是只接受一个主管的领导,也不再是只有一个岗位,而是多主管、多岗位。"垂直是命令,水平是流程。"既归上级"管",又受同级"理"。矩阵式管理克服了垂直命令式的管理模式,提高了管理过程中的控制与反馈效率。矩阵式管理排除僵化的等级壁垒,允许自上而下的跨级指挥,也允许自下而上的越级沟通,以便形成一个有活力的能灵活反应的整体。

(3)要素激活,综合保障

　　矩阵中的每个要素都将激活,不再满足于程式化的工作,而是充分发挥他们的积极性和主动性,常变常新,与时俱进。各要素只有在不断的创新中,才能得到发展,否则将会被淘汰。矩阵式管理强调发挥系统的整体功能,因此,适合于综合保障的需要。

　　(4)专业互补,减员增效

　　矩阵式管理要求专才,更要求通才。即使在人员存在专业水平差别的情况下,也可以实现人员之间的专业互补,扬长避短,相互借力和支撑,弥补缺陷和不足。同时,由于总体效能的提高,自然就可以减少冗员了。矩阵式管理已经成为在空间、时间、物质、能源和信息五个要素的利用率上都得以优化的先进管理方法。

9.5.3　矩阵式管理的优点

　　在传统管理学理论中企业的组织架构是基于"直线职能制"的组织模式,"直线职能制"产生于工业化时代,强调专业化的劳动分工,各个等级严格分工,形成一条严格的等级指挥链,上级依靠权威领导下级,下级不能怀疑上级的决定,基层员工只能按照程序执行任务。高层经过层层授权,形成金字塔形的管理体系。在这样的组织架构中,执行力非常强大,职能建立也很明确,因此,企业也具有稳定性、准确性、严格性和可靠性等诸多优点。

　　随着现代技术型企业的崛起,企业内知识型员工不再满足于重复性工作。在世界级的巨人企业中,层层繁琐冗长的行政指挥链和等级森严的职级,弱化了员工之间的协助和资源整合。不同核心业务板块的分兵作战又削弱了企业的反应速度。在这样的情况下"矩阵管理"应运而生,因为它能够有效提高企业的快速反应机制。但需要说明的是,它绝不意味着企业可以完全无序地进行"越级管理",它仅仅是对"直线职能制"作出的补充和更新。

　　矩阵式结构的优势在于它能使人力设备等资源在不同的产品服务之间灵活分配,使得组织能够适应不断变化的外界要求。这种结构也给员工提供了获得职能和一般管理的两方面技能。

9.5.4　矩阵式管理的缺点

　　矩阵结构本身存在一些缺点,而且这种复杂的组织结构在管理方面也非常具有挑战性。其中结构本身的问题主要体现在以下两方面。

　　(1)矩阵主管的问题在于如何控制他们的下属

　　由于下属接受两个主管同时领导,不自觉的员工会利用这个机会钻空子,造成主管对他的管理真空化。因此,职能主管和项目主管必须一起工作,解决问题。职能主管主要解决下属的技术水平问题,而项目主管则具体管理下属在这个项目上的行为工作结果和绩效。但这些活动需要大量的时间、沟通、耐心以及和别人共同工作的技巧,这些都是矩阵管理的一部分。

　　(2)员工接受双重领导

　　由于员工的两个直接经理的命令经常会发生冲突,这时双重主管的员工必须能够面对项目经理和职能经理的指令,形成一个综合决策来确定如何分配他的时间。员工们必须和他的两个主管保持良好关系,要显示出对这两个主管的双重忠诚。

　　因此,矩阵组织结构的潜在问题是,一旦区域部门和产品或服务部门之间的沟通和协调出现问题或发生断裂,就会严重影响公司的决策,导致无法实现对外部客户承诺的产品和服务。矩阵的结果是大家会因为某一件事展开团队工作,一个团队从组织结构上来说可能不是一个部门,也可能只是部门中的一部分。一个部门主管所带领的员工在某一时期可能是来自不同部门,一个员工也可能同时属于几个部门。员工处在一个信息交换频繁的矩阵中。实际上,在多变的经济社会环境下,企业处于各种复杂的内外部环境、不同行业、不同资源状况和文化背景下,各类企业的组织结构会复杂得多。处在不同发展时期的企业、不同规模和类型的企业必须选择符合自己特定条件的组织结构,超前或一成不变,不按企业实际盲目照搬的组织结构都会影响和制约企业健康发展。

复习思考题

1. 如何理解如下关系:(1)战略研究、战略管理与系统工程;(2)战略研究的具体步骤。
2. 列表比较 SWOT 分析、PEST 分析、波特价值链分析的特点。
3. 如何理解柔性战略的内涵及其系统性特点?
4. 矩阵式管理的组织特点、优点、缺点分别是什么?
5. 路线图的基本概念和路线图的构成要素是什么?
6. 简要说明战略研究的三种基本模式。

参考文献

[1] 周华任,姚泽清,杨满喜,等. 系统工程[M]. 北京:清华大学出版社,2011.

[2] 齐欢,王小平. 系统建模与仿真[M]. 北京:清华大学出版社,2004.

[3] 谭跃进. 系统工程原理[M]. 北京:科学出版社,2010.

[4] 陈宏民. 系统工程导论[M]. 北京:高等教育出版社,2006.

[5] 陈庆华,吕彬,李晓松. 系统工程理论与实践. 2 版[M]. 北京:国防工业出版社,2011.

[6] 周德群. 系统工程概论. 2 版[M]. 北京:科学出版社,2010.

[7] 汪应洛. 系统工程. 4 版[M]. 北京:机械工业出版社,2008.

[8] 张天学,张延欣,张福祥. 系统工程学[M]. 成都:电子科技大学出版社,2004.

[9] 王众托. 系统工程[M]. 北京:北京大学出版社,2010.

[10] 张晓冬. 系统工程[M]. 北京:科学出版社,2010.

[11] 孙东川,朱桂龙. 系统工程基本教程[M]. 北京:科学出版社,2010.

[12] 张爱霞. 系统工程基础[M]. 北京:清华大学出版社,2011.

[13] 吴祈宗. 系统工程[M]. 北京:北京理工大学出版社,2008.

[14] 王新平. 管理系统工程:方法论及建模[M]. 北京:机械工业出版社,2011.

[15] 郭齐胜,郭晓军. 系统建模原理与方法[M]. 长沙:国防科技大学出版社,2003.

[16] 齐欢,王小平. 系统建模与仿真[M]. 北京:清华大学出版社,2004.

[17] 冯树民. 交通系统工程[M]. 北京:知识产权出版社,2009.

[18] 郭瑞军. 交通运输系统工程[M]. 北京:国防工业出版社,2008.

[19] 刘舒燕. 交通运输系统工程. 2 版[M]. 北京:人民交通出版社,2008.

[20] 王振军. 交通运输系统工程[M]. 南京:东南大学出版社,2008.

[21] 赵建有. 道路交通运输系统工程[M]. 北京:人民交通出版社,2004.

[22] 陈森发. 复杂系统建模理论与方法[M]. 南京:东南大学出版社,2005.

[23] 卫民堂,王宏毅,梁磊. 决策理论与技术[M]. 西安:西安交通大学出版社,2000.

[24] 岳超源. 决策理论与方法[M]. 北京:科学出版社,2003.

[25] 杜栋,庞庆华. 现代综合评价方法与案例精选[M]. 北京:清华大学出版社,2005.

[26] 何晓群. 实用回归分析[M]. 北京:高等教育出版社,2008.

[27] 何书元. 应用时间序列分析[M]. 北京:北京大学出版社,2003.

[28] 王振龙,胡永宏. 应用时间序列分析[M]. 北京:科学出版社,2007.

[29] 刘兴堂,梁炳成,刘力,等. 复杂系统建模理论、方法与技术[M]. 北京:科学出版社,2008.

[30] 刘普寅,吴孟达. 模糊理论及其应用[M]. 长沙:国防科技大学出版社,1998.

[31] 黄贯虹,方刚. 系统工程方法与应用[M]. 广州:暨南大学出版社,2005.

[32] 易德生. 灰色理论与方法[M]. 北京:石油工业出版社,1992.

[33] 邓聚龙. 灰色控制系统[M]. 武汉:华中理工大学出版社,1985.

[34] 潘立登. 系统辨识与建模[M]. 北京:化学工业出版社,2004.

[35] 郭齐胜. 系统建模[M]. 北京:国防工业出版社,2006.

[36] 王安麟. 复杂系统的分析与建模[M]. 上海:上海交通大学出版社,2004.

[37] 秦天,赵小松,周华任,等. 路线图:一种新型战略管理工具[M]. 北京:国防大学出版社,2009.